高等职业教育课程改革系列教材

风电机组电机技术及应用

主　　编　李治琴　罗胜华
副 主 编　何智洋　宋运雄
参　　编　石　琼　刘宗瑶　叶云洋　张龙慧
　　　　　李谟发　陈文明　向　晖

机 械 工 业 出 版 社

本书以从事风力发电机组发电机装配、风力发电机组运行维护与检修、风力发电机组检测调试、风力发电机组装配技术等岗位所需要的电机相关的知识和技能为依据进行编写，内容按照从简单到复杂、从直流到交流、从基础知识到技能训练安排，介绍了电机常用的电磁定律、电机基本结构及工作原理、风电机组发电机应用、风电机组驱动电机应用以及风电场变压器应用等内容。全书的编写紧贴风电机组发电机以及电动机基础知识点和技能点，采用问题导入方式，每章结合实际应用设置技能训练以加强读者对基础知识的理解。各章设置了任务实施和评价环节，每章都配有相应的习题，以帮助读者巩固所学的知识。

本书配有电子课件等，凡选用本书作为授课教材的老师，均可来电（010-88379375）索取或登录 www. cmpedu. com 注册后下载。

本书可作为高职高专新能源类专业的教学用书，也可作为企业或相关行业从业人员的技术参考书。

图书在版编目（CIP）数据

风电机组电机技术及应用／李治琴，罗胜华主编．—北京：机械工业出版社，2021.12

高等职业教育课程改革系列教材

ISBN 978-7-111-69811-1

Ⅰ．①风…　Ⅱ．①李…　②罗…　Ⅲ．①风力发电机-发电机组-高等职业教育-教材　Ⅳ．①TM315

中国版本图书馆 CIP 数据核字（2021）第 251232 号

机械工业出版社（北京市百万庄大街 22 号　邮政编码 100037）

策划编辑：王宗锋　　责任编辑：王宗锋　韩　静

责任校对：郑　婕　张　薇　封面设计：陈　沛

责任印制：郜　敏

北京富资园科技发展有限公司印刷

2022 年 4 月第 1 版第 1 次印刷

184mm×260mm · 11 印张 · 270 千字

0001—1500 册

标准书号：ISBN 978-7-111-69811-1

定价：39.80 元

电话服务　　网络服务

客服电话：010-88361066　　机　工　官　网：www. cmpbook. com

010-88379833　　机　工　官　博：weibo. com/cmp1952

010-68326294　　金　书　网：www. golden-book. com

封底无防伪标均为盗版　　机工教育服务网：www. cmpedu. com

前　言

风电机组电机技术及应用是新能源类专业的一门核心专业基础课。通过对电机基础知识的学习，可以掌握电机在风力发电机组上的应用原理以及电机基本的日常维护、检修和常见故障的处理技术，确保电机的正常运行。

为了适应高等职业技术学校新能源风电类专业的教学要求和高等职业教育的发展，满足新能源专业的需要，从高职教育的实际出发，本书紧扣高职办学理念，以常用电机为载体，突出电机在风力发电机组上的应用。我们在充分调研企业生产和学校教学情况、广泛听取企业技术人员建议和教师对现有教材反馈意见的基础上，编写了此书。

本书具体章节内容包括：风电机组发电系统认知、电机结构及原理认知、发电机在风力发电机组中的应用、驱动电动机在风力发电机组中的应用、风电场变压器应用技术等。以风力发电机、变桨电动机和偏航电动机为主线，阐述了直流电机、三相异步电机、电励磁同步电机、永磁同步电机及伺服电动机的结构和工作原理。内容均从应用角度出发，注重理论联系实际，强化对学生职业技能的培养与训练，以期培养学生分析、解决生产实际问题的能力，为从事风机运维检修以及风力发电机装配、检测和调试等岗位打下良好的理论和实践基础。

本书在内容选取和安排上具有以下特点：

采用“问题导入 + 学习目标 + 知识准备 + 技能训练 + 小结 + 习题”的方式进行编写；注重内容的典型性、针对性，加强理论联系实际，并且内容上图文并茂，可读性强；采用国家标准规定的图形符号、文字符号、名词及术语。

本书由湖南电气职业技术学院李治琴、罗胜华副院长担任主编并统稿，湖南湘电动力有限公司何智洋副总工程师、湖南电气职业技术学院宋运雄担任副主编，由湖南电气职业技术学院王迎旭教授审稿，在此对所有参与本书编写和指导的老师和企业人员表示感谢。由于编者水平有限，书中难免存在疏漏及不妥之处，恳请各位专家和广大读者批评指正。

编　者

目 录

前 言

第1章 风电机组发电系统认知 …… 1

问题导入 …… 1
学习目标 …… 1
知识准备 …… 1
1.1 并网型风力发电系统 …… 1
1.1.1 恒速恒频发电系统 …… 1
1.1.2 变速恒频发电系统 …… 2
1.2 离网型风力发电系统 …… 4
技能训练 …… 4
技能训练 风力发电系统调研报告 …… 4
小结 …… 6
习题 …… 6

第2章 电机结构及原理认知 …… 7

问题导入 …… 7
学习目标 …… 7
知识准备 …… 7
2.1 电机基础理论 …… 7
2.1.1 电机的主要类型及应用 …… 7
2.1.2 电机基本的电磁定律 …… 9
2.2 直流电机结构及工作原理 …… 11
2.2.1 直流电机的基本结构 …… 11
2.2.2 直流电机的工作原理 …… 15
2.2.3 直流电机的铭牌 …… 17
2.2.4 直流电机的励磁方式 …… 19
2.2.5 直流电机的电枢绕组 …… 20
2.3 异步电机结构及工作原理 …… 26
2.3.1 异步电机的基本结构 …… 26
2.3.2 异步电机的工作原理 …… 30
2.3.3 三相异步电动机的铭牌 …… 35
2.3.4 三相异步电动机的定子绕组 …… 37
2.4 同步电机结构及工作原理 …… 46
2.4.1 同步电机的基本类型与结构 …… 46
2.4.2 同步电机的工作原理 …… 50
2.4.3 同步电机额定值 …… 51
2.4.4 永磁同步发电机结构及工作原理 …… 51
2.4.5 同步电机的励磁方式 …… 52
技能训练 …… 55
技能训练1 直流电机的拆装与电枢绕组直流电阻值测定 …… 55
技能训练2 三相交流异步电机结构认知 …… 58
技能训练3 同步电机结构认知与绝缘电阻值测定 …… 59
小结 …… 62
习题 …… 63

第3章 发电机在风力发电机组中的应用 …… 65

问题导入 …… 65
学习目标 …… 65
知识准备 …… 65
3.1 同步风力发电机 …… 65
3.1.1 同步发电机运行原理 …… 65
3.1.2 电励磁同步风力发电机 …… 78
3.1.3 永磁同步风力发电机 …… 80
3.1.4 永磁同步发电机冷却 …… 83
3.1.5 风电机组发电机的常见故障及维护 …… 87
3.2 双馈异步风力发电机 …… 89
3.2.1 基于双馈异步发电机的风电机组 …… 89
3.2.2 双馈异步发电机的结构 …… 90
3.2.3 双馈异步发电机的基本运行原理 …… 92
3.2.4 双馈发电机的功率传输关系 …… 96
技能训练 …… 98
技能训练1 三相同步发电机的运行特性 …… 98
技能训练2 绕线转子异步电动机的起动与调速 …… 103

小结 …… 105
习题 …… 106

第4章 驱动电动机在风力发电机组中的应用 …… 107

问题导入 …… 107
学习目标 …… 107
知识准备 …… 107
4.1 三相异步电动机的运行原理 …… 107
4.1.1 三相异步电动机的工作特性 …… 108
4.1.2 三相异步电动机的功率平衡、转矩平衡关系 …… 120
4.1.3 三相异步电动机的拖动及实现 …… 122
4.1.4 三相异步电动机的选用 …… 129
4.2 伺服电动机 …… 129
4.2.1 直流伺服电动机 …… 130
4.2.2 交流伺服电动机 …… 133
4.3 偏航驱动电动机应用 …… 135
4.3.1 偏航系统运行原理 …… 135
4.3.2 偏航电动机应用实例 …… 135
4.4 变桨驱动电动机应用 …… 139
4.4.1 变桨系统结构及运行原理 …… 139
4.4.2 变桨电动机应用实例 …… 140
技能训练 …… 142
技能训练1 三相异步电动机空载和负载测试 …… 142
技能训练2 三相异步电动机的起动与调速 …… 146
小结 …… 148
习题 …… 149

第5章 风电场变压器应用技术 …… 152

问题导入 …… 152
学习目标 …… 152
知识准备 …… 152
5.1 变压器的认知 …… 152
5.1.1 变压器的工作原理 …… 153
5.1.2 三相变压器 …… 154
5.1.3 电力系统变压器 …… 157
5.1.4 变压器的型号 …… 161
5.2 风电场变压器 …… 163
5.2.1 变压器与风力发电机组的连接 …… 163
5.2.2 风电场主变压器的选择 …… 164
技能训练 …… 164
技能训练 三相变压器的联结组测试 …… 164
小结 …… 169
习题 …… 169

参考文献 …… 170

第1章　风电机组发电系统认知

问题导入

什么是并网型风力发电系统？什么是离网型风力发电系统？并网型风力发电系统根据并网必须使频率与电网相同的特点，分为恒速恒频和变速恒频风力发电系统，那么恒速恒频风力发电系统与变速恒频风力发电系统的系统组成各有何特点？发电机应用情况如何？

学习目标

1. 了解并网型和离网型发电系统的特点。
2. 掌握恒速恒频与变速恒频风力发电机组的结构组成及发电机应用情况。
3. 掌握笼型异步发电机、交流励磁双馈发电机及永磁同步发电机等风力发电机组变速恒频控制的特点。
4. 了解混合式风力发电机组的结构特点。

知识准备

风力发电是指利用风力发电机组将风能转化为电能的发电方式，在风能的各种利用形式中，风力发电是风能利用的主要形式，也是目前可再生能源中技术最成熟、最具有规模化开发条件和商业化发展前景的发电方式之一。风力发电根据其接入电网方式的不同可分为并网型风力发电系统和离网型风力发电系统。

1.1　并网型风力发电系统

并网是指发电机或者电动机（或者其他的用电设备）与电网相连接，向电网发电或者吸收电网电能。当风力发电机与电网并联运行时，要求发电机频率和电网频率保持一致，即发电机频率保持恒定，据此，并网型风力发电系统又可分为恒速恒频发电系统和变速恒频发电系统。

1.1.1　恒速恒频发电系统

恒速恒频发电系统中，单机容量为600～750kW的风电机组多采用恒速运行方式，这种机组控制简单、可靠性好，发电机大多采用制造简单、并网容易、励磁功率可直接从电网中获得的三相笼型异步发电机。此结构为20世纪80年代、90年代欧洲制造商普遍常用的结构，具有上风向、失速调节、三叶片等特点，采用电容无功功率补偿装置和软起动装置，如图1-1所示。

恒速风力发电机组一般有两种：定桨距失速型风力发电机和变桨距风力发电机，两者一般采用的是笼型异步发电机，转速基本上是固定的。无论是定桨距还是变桨距风力发电机，并网后发电机磁场旋转速度都由电网频率所固定，异步发电机转子的转速变化范围很小，转差率一般为3% ~5%，属于恒速恒频风力发电机。

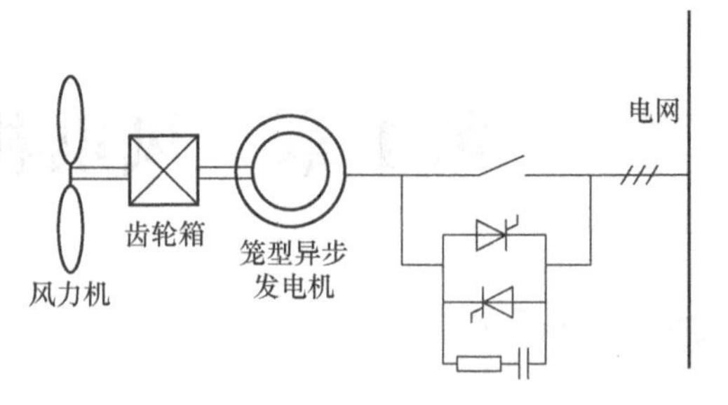

图1-1　笼型异步发电机的软并网

(1) 定桨距失速型风力发电机

这种机组普遍采用笼型异步发电机，叶片固定安装在轮毂上，其桨距角（叶片上某一点的弦线与转子平面间的夹角）固定不变，故称为定桨距。失速是指翼形桨叶本身所具有的失速特性（风速高于额定值时，气流攻角增大到失速条件，使桨叶的表面产生涡流，效率降低，以达到限制转速和输出功率的目的)。这种技术是欧洲风电制造技术的核心，优点是对发电机的控制要求比较简单，控制系统可大大简化；其缺点是与同容量变桨距机组相比叶片重量大，轮毂、塔架等部件承受力增大。

(2) 变桨距风力发电机

一般采用笼型异步发电机，这种风力发电机安装在轮毂上的叶片可借助控制技术改变其桨距角的大小，故称为变桨距。其调节方法分为三个阶段：①开机阶段，当风电机组达到运行条件时，控制系统发出命令调节桨距角，直到风力发电机达到额定转速并网发电；②当输出功率小于额定功率时，桨距角保持在零位置不变；③当发电机输出功率达到额定值后，控制系统投入运行，当输出功率增大时，控制系统及时调节桨距角的大小，以保持发电机输出功率基本恒定。

变桨距的优点是桨叶受力较小，可以做得比较轻巧，由于桨距角可以随风速的大小而进行调节，因而能尽可能多地捕获风能，输出更多的电能，同时也可在高风速时保持输出功率平稳，以免引起异步发电机过载，还能在风速超过切出风速时通过顺桨防止机组损坏，缺点则是结构相对复杂。

风的随机性和间歇性特点使风力发电机出力变化很大，机组动态负荷增加，对电网的冲击力增大，因此可通过增大异步发电机允许转差率的办法加以解决，笼型异步发电机允许的转差率s为$-0.01\sim-0.05$，而绕线转子异步发电机允许的转差率为$-0.01\sim-0.1$，转差率的增加相当于在定、转子间增加了一个弹性环节，对于减少功率波动、提高供电质量是非常有利的。

以上两种异步发电机，尽管带一定转差运行，从切入风速（如3m/s）到切出风速(25m/s)，发电机的转速变化最大可达10%，若增速齿轮箱的变速比为60:1，则实际运行中转差率s是很小的，一次叶片转速变化范围也是很小的，看上去风机叶片似乎是在恒速旋转，故通常称为恒速风力发电机。

1.1.2　变速恒频发电系统

利用变速恒频发电方式，风力发电机就可以改恒速运行为变速运行，这样就可以使风轮的转速随风速的变化而变化，使其保持在一个恒定的最佳叶尖速比，使风力发电机的风能利用系数在额定风速以下的整个运行范围内都处于最大值，从而可比恒速运行获取更多的能量。风力发电机变速恒频发电系统一般有：笼型异步发电机变速恒频风力发电系统、交流励磁双馈发电机变速恒频风力发电系统、永磁同步发电机变速恒频风力发电系统及混合式变速

恒频风力发电系统。

（1）笼型异步发电机

发电机为笼型转子，其变速恒频控制策略是在定子电路实现的，如图 1-2 所示。由于风速是不断变化的，发电机的转速也是变化的，所以实际上笼型风力发电机发出的电频率是变化的，通过定子绕组与电网之间的变频器把频率变化的电能转化为与电网频率相同的恒频电能；由于变频器在定子侧，变频器的容量需要与发电机的容量相同，使得整个系统的成本、体积和重量显著增加，尤其对于大容量的风力发电系统。

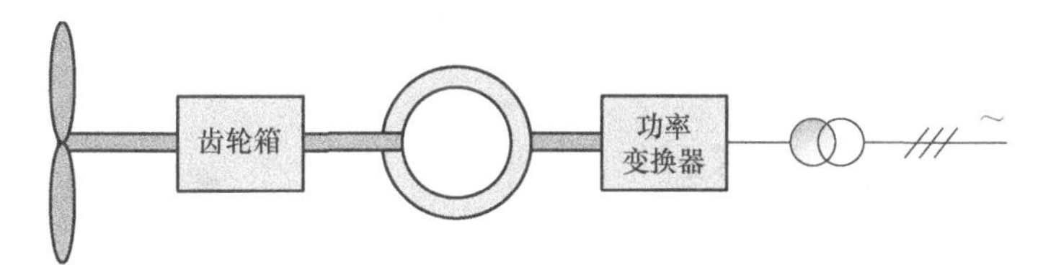

图 1-2　笼型异步发电机变速恒频风力发电系统

（2）绕线转子异步发电机的双馈风电机组

采用的发电机为转子交流励磁双馈发电机，其结构与绕线转子异步电机类似，如图 1-3 所示。变速恒频控制方案是在转子电路实现的，采用交流励磁双馈发电机的控制方案，除了可实现变速恒频控制，减少变频器的容量外，还可实现有功、无功功率的灵活控制，对电网而言可起到无功补偿的作用。缺点是交流励磁发电机仍然有集电环和电刷。

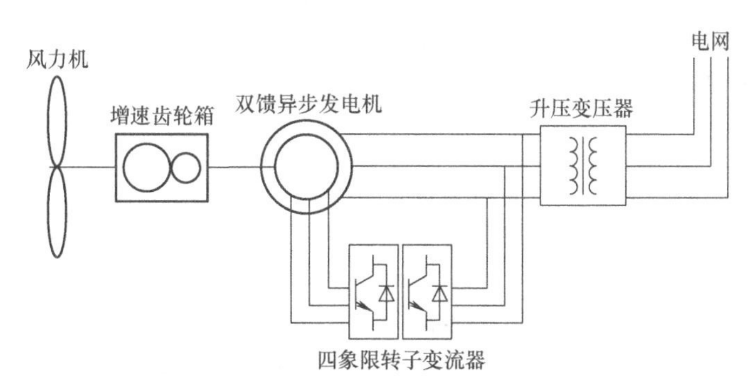

图 1-3　双馈发电机变速恒频发电系统

（3）永磁同步发电机的直驱式风电机组

这种结构目前应用较普遍，机组主要由叶轮、永磁同步发电机、机舱、塔筒、全功率变流器等组成，如图 1-4 所示。这种风力发电机组采用永磁同步发电机，可做到风力机与发电机的直接耦合，省去了齿轮箱这一部件，即为直接驱动式结构，这样可大大减少系统运行噪声，提高可靠性；永磁同步发电机的转子为永磁式结构，无须外部提供励磁电源，提高了运行效率。但永磁同步发电机的转速很低，使发电机体积很大，成本较高。

（4）综合了双馈和直驱采用永磁同步发电机的混合式风电机组

风力发电机组主要由叶轮、一级增速箱、永磁同步发电机、机舱、塔筒及全功率变流器等组成，是双馈增速型与直驱型的混合体，可看成全直驱传动系统和传统解决方案的一个折中，发电机是多极的，和直驱设计本质上是一样的，但它更紧凑，相对来说具有更高的速度和更小的转矩；与双馈增速型风机相比，增速箱减为一级，其故障率较三级的低。

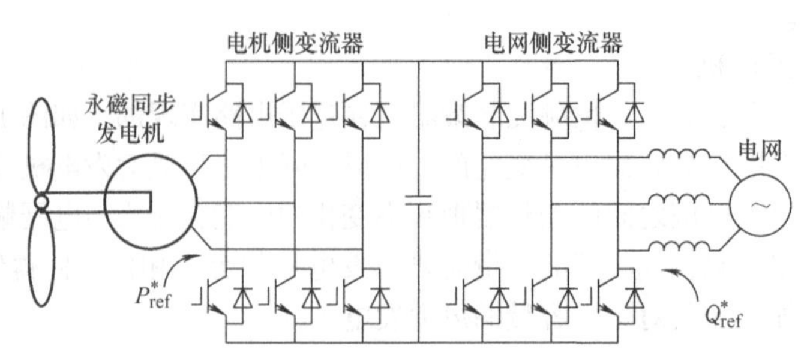

图 1-4 永磁同步发电机变速恒频风力发电系统

1.2 离网型风力发电系统

离网型风力发电机组是指不依赖于电网而独立运行的风力发电系统，专门针对无电网地区或经常停电地区场所使用。通常离网型风力发电机组容量较小，均属小型发电机组。国内生产的小型风力发电机，单机容量从 60W 到 30kW 不等。

我国的小型风力发电机产业总体是在向好的方向发展，小型风力发电机及其与太阳能的互补系统在解决边远地区无电问题上做出了不可磨灭的贡献。它的功率比同类太阳能系统来得大，能为更多的负载甚至小型生产性负载提供电力，它的价位更易为广大农牧民所接受。如果政府采用小风电或风光互补系统来解决农村无电问题，则政府的投入将比相同功率的太阳能系统少得多。但是，小型风力发电机及其行业在发展中也同样面临着困难和挑战。这些困难和挑战，既来自产业的内部，也来自产业的外部环境。

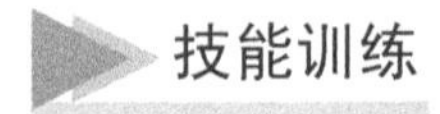
技能训练

技能训练 风力发电系统调研报告

一、任务描述

为了解目前风力发电市场的现状及发展趋势，更好地掌握风电专业知识及技能需求，制定职业规划，要求同学们通过网络或利用周边资源调研相关老师、企业技术人员等，了解当前国内外关于风力发电机组整机制造厂商、零部件制造厂商、市场风力发电机组（型号、容量及相关参数等）、风力发电机组装机容量等相关信息，并撰写一篇调研报告。

二、任务内容

1）将表 1-1 填写完整。

2）就国内外关于风力发电机组整机制造厂商、零部件制造厂商、市场风力发电机组（型号、容量及相关参数等）、风力发电机组装机容量等写一篇调研报告。

表 1-1 风力发电系统及发电机组应用

风力发电系统	发电机应用及主要特点	市场应用情况（生产厂家及容量大小、装机情况等）
定桨距失速型恒频恒速风力机		
笼型变速恒频异步发电机		

（续）

风力发电系统	发电机应用及主要特点	市场应用情况（生产厂家及容量大小、装机情况等）
绕线转子异步发电机的双馈风电机组		
永磁同步发电机的直驱式风电机组		
混合式风电机组		

三、所需设备

计算机 1 台、中科院风力发电技术学习平台。

四、实施步骤

1）利用网络资源，查阅风电机组发电机的应用及特点，将表 1-1 填写完整。

2）利用网络资源以及风机整机制造厂家调研等方式，了解目前风力发电机组整机制造厂商、零部件制造厂商、市场风力发电机组（型号、容量及相关参数等）、风力发电机组装机容量的基本信息，并就此写一份调研报告。

五、思考

1）发电机的种类有哪些？风力发电、水力发电、火力发电等发电机的类型分别是哪种？

2）目前风力发电机组最大装机容量是多少？

六、考核评价

1. 教学要求

1）教师讲解风力发电系统的结构组成及分类、电机在风力发电系统中的应用。

2）每项内容均应根据具体要求、操作要点评出成绩，填入表 1-2 给出的评定表。

2. 考核要求

表 1-2　风力发电系统认知测试成绩评定表

项目	技术要求	配分	评分标准	扣分
风力发电系统认知	风力发电系统发电机应用	30	错误一个或未填写一个	5
	风力发电系统特点	20	错误一个或未填写一个	5
	风力发电系统市场应用	10	错误一个或未填写一个	3
	调研报告	30	未写或写得很少	15
	任务总结	10	未写本次任务的总结	5
安全文明操作、出勤		没有按要求完成、缺勤扣 20～50 分		
备注	除定额时间外，各项最高扣分不得超过配分数			
得分				

小　　结

风电机组发电系统主要包括并网型风力发电系统和离网型风力发电系统，并网型发电系统是指发电机或者电动机（或者其他的用电设备）与电网相连接，向电网发电或者吸收电网电能，根据并网时电机频率必须与电网频率保持一致的特点，并网型风力发电系统结构有恒速恒频和变速恒频两种。恒速恒频风力发电系统根据其叶片的固定与否有定桨距失速型和变桨距两种，机组单机容量一般为600～750kW，采用的发电机为制造简单、并网容易、励磁可直接从电网获取的笼型异步发电机。随着控制技术的发展，为了提高风能的利用率，风力发电机组由恒速恒频逐渐转变为变速恒频，其发电系统有采用笼型异步发电机、绕线式双馈异步发电机、直驱永磁同步发电机以及综合了双馈和直驱两种机组的混合式发电系统。

离网型风力发电系统是相对并网型来说的，是指不依赖于电网而独立运行的风力发电系统，专门针对无电网地区或经常停电地区场所使用。离网型风力发电机组容量较小，均属小型发电机组，单机容量从60W到30kW不等。

习　　题

1-1　什么是离网型发电系统？简述其应用场合及采用的发电机。

1-2　简述恒速恒频风力发电机组采用的发电机及应用特点。

1-3　简述变速恒频风力发电系统的控制方案。

1-4　简述混合式变速恒频风力发电机组的特点。

第2章　电机结构及原理认知

问题导入

风力发电机组发电系统、变桨系统、偏航系统作为风力发电机组三大系统都需要用到电机，风电机组发电机可采用笼型发电机、同步发电机以及双馈异步发电机，偏航系统驱动电动机一般选用三相异步电动机，变桨系统驱动电动机大多为伺服电动机。为解决实际应用中可能出现的问题，我们首先需要掌握电机的一些基础知识，如电机由哪些结构组成、工作原理是什么。本章主要阐述三种常用电机——直流电机、三相异步电机、同步电机的结构组成和工作原理及铭牌识别等，为解决风力发电机相关问题打下理论基础。

学习目标

1. 了解电机分类、发展及常用的电磁理论。
2. 掌握直流电机、三相异步电机、同步电机及永磁同步电机的结构及工作原理。
3. 掌握电机的拆装、电机绕组直流电阻、绝缘电阻的测试及仪表的使用。

知识准备

2.1　电机基础理论

电机是与电能的生产、传输和使用有关的能量转换机械，不仅是工业、农业和交通运输业的重要设备，而且在日常生活中的应用也越来越广泛。在电力工业中，电机是发电厂和变电所的主要设备。在发电厂中，发电机由汽轮机、水轮机或风力机叶轮带动，把燃料燃烧、水流动力或风力等的能量转化为机械能传给发电机，再由发电机转换成电能。为了经济地传输和分配电能，采用变压器升高电压，再把电能送到用电地区，然后又经过变压器降低电压，供用户使用。

2.1.1　电机的主要类型及应用

在电能的生产、转换、传输、分配、使用与控制方面，都必须通过能够进行能量（或信号）传递与变换的电磁机械装置，这些电磁机械装置被广义地称为电机。电机的型式很多，但其工作原理都基于电磁感应定律和电磁力定律。因此，其构造的一般原则是：用适当的有效材料（导磁和导电材料）构成能互相进行电磁感应的磁路和电路，以产生电磁感应电动势和电磁转矩，达到转换能量的目的。电机的分类方法很多，见表2-1。

表 2-1　电机的分类

<table>
<tr><th>按功能分</th><th colspan="2">按电流类型及原理分</th><th>按运行方式分</th></tr>
<tr><td rowspan="2">发电机：把机械能转换成电能</td><td rowspan="2">直流电机</td><td>直流电动机</td><td rowspan="2">静止电机：变压器是静止的电气设备</td></tr>
<tr><td>直流发电机</td></tr>
<tr><td rowspan="4">电动机：把电能转换成机械能</td><td rowspan="4">交流电机</td><td>同步电动机</td><td rowspan="4">旋转电机：通常分为直流电机和交流电机，交流电机有异步电机和同步电机</td></tr>
<tr><td>同步发电机</td></tr>
<tr><td>三相异步电动机</td></tr>
<tr><td>单相异步电动机</td></tr>
<tr><td rowspan="2">变压器、变频机、变流机、移相器：分别用于改变电压、频率、电流及相位</td><td rowspan="2">变压器</td><td>电力变压器</td><td rowspan="6">直线电机：是一种将电能直接转换成直线运动机械能而不需要任何中间转换机构的装置</td></tr>
<tr><td>其他变压器</td></tr>
<tr><td rowspan="4">控制电机：作为控制系统中元件</td><td rowspan="4">控制电机</td><td>直流、交流测速发电机</td></tr>
<tr><td>直流、交流伺服电动机</td></tr>
<tr><td>步进电动机</td></tr>
<tr><td>旋转变压器</td></tr>
</table>

发电机在工农业生产、国防、科技及日常生活中有广泛的用途，发电机是指将其他形式的能源转换成电能的机械设备，它可由水轮机、汽轮机、柴油机以及风力机驱动提供原动力，将水流、气流、燃料燃烧或原子核裂变以及风力等产生的能量转化为机械能传输给发电机，再由发电机转换为电能。电动机应用遍及信息处理、音响设备、汽车电气设备、国防、航空航天、工农业生产、日常生活的各个领域，见表 2-2。

表 2-2　电动机应用领域及特点

应用领域	应用特点
工业传动领域	机床、起重机、锻压机、鼓风机、水泵等生产机械，几乎由三相异步电动机驱动
电气伺服传动领域	包括直流电动机、步进电动机、交流伺服电动机等。在要求速度控制和位置控制（伺服）的场合，特种电机的应用越来越广泛，如开关磁阻电动机、永磁无刷直流电动机等
信息处理领域	信息产品和支撑信息时代的半导体制造设备、电子装置以及通信设备（如硬盘驱动器、打印机、传真机、复印机等）使用着大量各种各样的特种电机。大多是永磁直流电动机、无刷直流电动机、步进电动机、单相感应电动机、同步电动机、直线电动机等
交通运输领域	在高级汽车中，为了控制燃料和改善乘车舒适感以及显示装置状态的需要，要使用 40～50 台电动机，而豪华轿车上的电动机可达 80 多台，汽车电气设备配套电动机主要为永磁直流电动机、永磁步进电动机、无刷直流电动机等
家用电器领域	工业化国家一般家庭中通常使用 50～100 台特种电机，电机主要品种为：永磁直流电动机、单相感应电动机、串励电动机、步进电动机、无刷直流电动机、交流伺服电动机等
国防领域	国防领域重点应用和发展的特种电机是永磁交流伺服系统、永磁无刷直流电动机、高频高精度双通道旋转变压器、微/轻/薄永磁直流力矩电动机、高精度角位移传感电动机、步进电动机及驱动器、低惯量直流伺服电动机等

（续）

应用领域	应用特点
特殊用途领域	一些特殊领域应用的各种飞行器、探测器、自动化装备、医疗设备等使用的电机多为特种电机或新型电机，包括从原理上、结构上和运行方式上都不同于一般电磁原理的电机，主要为低速同步电动机、谐波电动机、有限转角电动机等

2.1.2　电机基本的电磁定律

1. 磁场常用的几个物理量

（1）磁感应强度 B

磁场是导体通入电流后产生的，表征磁场强弱的物理量是磁感应强度 $\boldsymbol{B}$，它是一个矢量。磁场中任意一点的磁感应强度 $\boldsymbol{B}$ 的方向，即为过该点磁力线的切线方向，它与产生它的电流方向可以用右手螺旋定则来确定，如图 2-1 所示。国际单位制中，磁感应强度 $\boldsymbol{B}$ 的单位为 T。

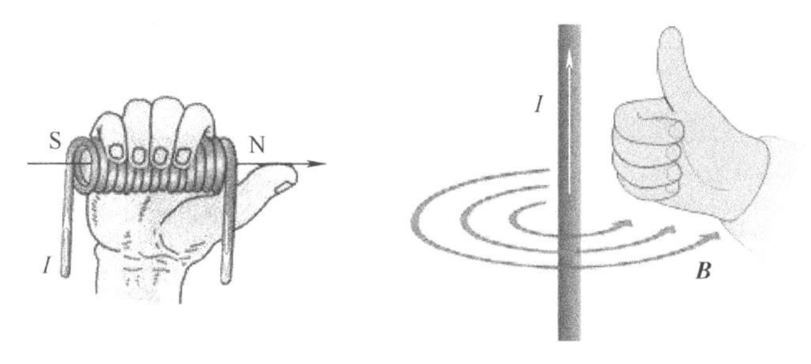

图 2-1　右手螺旋定则判断磁场方向

（2）磁通量 Φ

穿过某一截面 S 的磁感应强度 $\boldsymbol{B}$ 的通量，即穿过某截面 S 的磁力线的数目称为磁通量，简称磁通，并有

$$\Phi = \int_S \boldsymbol{B} \cdot \mathrm{d}S \tag{2-1}$$

设磁场均匀，且磁场与截面垂直，上式可简化为 $\Phi = BS$。由此可知，磁场均匀，且磁场与截面垂直时，磁感应强度的大小可以用 $B = \Phi/S$ 表示，$\boldsymbol{B}$ 也称为磁通量密度。在国际单位制中，磁通的单位为 Wb（韦伯）。

（3）磁场强度

磁场强度 $\boldsymbol{H}$ 是计算磁场时所引用的一个物理量，它也是一个矢量。用来表示物质磁导能力大小的量称为磁导率 μ，它与磁场强度 $\boldsymbol{H}$ 的乘积等于磁感应强度 $\boldsymbol{B}$，即 $\boldsymbol{B} = \mu\boldsymbol{H}$，真空的磁导率为 μ_0，国际单位制中 $\mu_0 = 4\pi \times 10^{-7}$ H/m，铁磁材料的磁导率 $\mu_{Fe} >> \mu_0$。在国际单位制中，磁场强度的单位为 A/m。

2. 磁路的概念

磁通所通过的路径称为磁路，磁通的路径可以是铁磁物质，也可以是非磁体。图 2-2 所示为两种常见的磁路。

在电机和变压器里，常把线圈套装在铁心上，当线圈内通有电流时，在线圈周围的空间（包括铁心内、外）就会形成磁场。由于铁心的导磁性能比空气要好得多，所以绝大部分磁通将在铁心内通过，这部分磁通称为主磁通，用来进行能量转换或传递。围绕载流线圈，在部分铁心和铁心周围的空间，还存在少量分散的磁通，这部分磁通称为漏磁通，漏磁通不参加能量转换或传递。主磁通和漏磁通所通过的路径分别构成主磁路和漏磁路，如图 2-2 所示。

用于产生磁场的载流线圈称为励磁线圈，励磁线圈中的电流称为励磁电流。若励磁电流为直流，磁路中的磁通是恒定的，不随时间变化而变化，这种磁路称为直流磁路，直流电机的磁路就属于这一类。若励磁电流为交流，磁路中的磁通是随时间变化而变化的，这种磁路称为交流磁路，交流铁心线圈、变压器、感应电机的磁路都属于这一类。

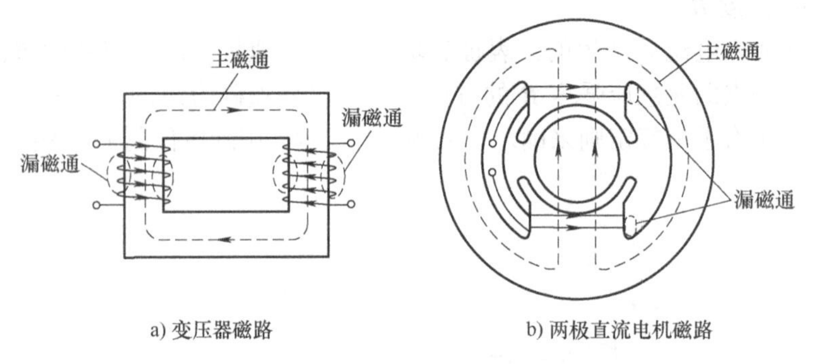

图 2-2　两种常见的磁路

3. 磁路的基本定律

（1）全电流定律

设空间有 n 根载流导体，导体中的电流分别为 I_1，I_2，…，I_n，则沿任意可包含所有这些导体的闭合路径 l，磁场强度 H 的线积分等于这些导体电流的代数和，即

$$\oint_l H\mathrm{d}l = \sum I \tag{2-2}$$

式(2-2) 就是全电流定律，亦称作安培环路定律。式中电流的符号由右手螺旋定则确定，即当导体电流的方向与积分路径的方向呈右手螺旋关系时，该电流为正，反之为负。以图 2-3 为例，虽有积分路径 l 和 l'，但其中包含的载流导体相同，积分结果必然相等，并且就是电流 I_1、I_2和 I_3的代数和。依右手螺旋定则，I_1和 I_2应取正号，而 I_3应取负号。写成数学表达形式就是

$$\oint H \cdot \mathrm{d}l = I_1 + I_2 - I_3 \tag{2-3}$$

即积分与路径无关，只与路径内包含的导体电流的大小和方向有关。全电流定律在电机中应用很广，它是电机和变压器磁路计算的基础。

（2）电磁感应定律

将一个匝数为 N 的线圈置于磁场中，与线圈交链的磁链为 $\varPsi$，则不论什么原因（如线圈与磁场发生相对运动或磁场本身发生变化等），只要 $\varPsi$ 发生了变化，线圈内就会感应出电动势。该电动势倾向于在线圈内产生电流，以阻止 $\varPsi$ 的变化。设电流的正方向与电动势的

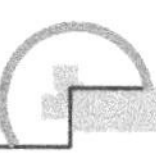

正方向一致，即正电动势产生正电流，而正电流又产生正磁通，即电流方向与磁通方向符合右手螺旋定则，如图 2-4 所示，则电磁感应定律的数学描述为

$$e = -\frac{\mathrm{d}\Psi}{\mathrm{d}t} = -N\frac{\mathrm{d}\Phi}{\mathrm{d}t} \tag{2-4}$$

即电路中感应电动势的大小，跟穿过这一电路的磁通变化率成正比。

法拉第的实验表明，不论用什么方法，只要穿过闭合电路的磁通量发生变化，闭合电路中就有电流产生。这种现象称为电磁感应现象，所产生的电流称为感应电流。

（3）电磁力定律

载流导体在磁场中会受到电磁力的作用，当磁场力和导体方向相互垂直时，载流导体所受的电磁力的公式为

$$F = BlI \tag{2-5}$$

式中　F——载流导体所受的电磁力；

B——载流导体所在处的磁感应强度；

l——载流导体处在磁场中的有效长度；

I——载流导体中流过的电流。

电磁力的方向可以由左手定则判定，如图 2-5 所示。

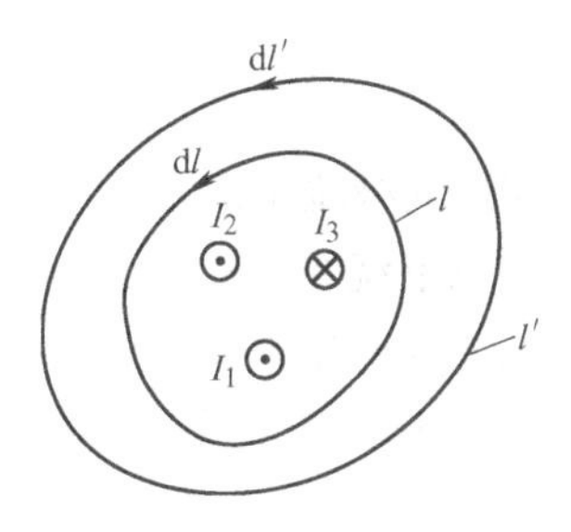

图 2-3　全电流定律

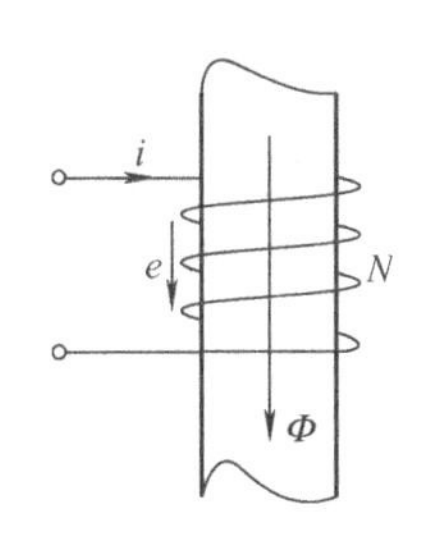

图 2-4　电磁感应定律

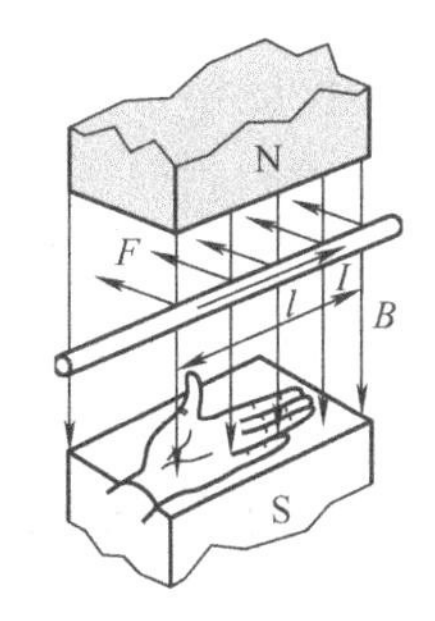

图 2-5　左手定则

2.2　直流电机结构及工作原理

根据电流性质的不同，旋转电机分为直流电机和交流电机两大类。将机械能变换为电能的称为发电机，将电能变换为机械能的称为电动机，它们的结构特点是转轴上带有换向器。直流电动机具有良好的起动和制动性能，且能在较大的范围内平滑地调节转速，因此在可逆、可调速与高精度的拖动技术领域中，相当时期内几乎都是采用以直流电动机为原动机的直流电力拖动。但是，直流电机制造工艺复杂、造价较高、维护困难，特别是在运行过程中易产生火花，因而在易爆场合和对干扰敏感场合，直流电机几乎不能采用。随着电力电子技术的发展，作为直流电源的直流发电机已逐步被电力电子变流装置所取代。

2.2.1　直流电机的基本结构

直流电机由两个主要部分组成：一是静止部分，称为定子，主要用来产生磁场；二是转动部分，称为转子，通常称为电枢，是机械能变为电能（发电机）或电能变为机械能（电动机）的枢纽。在定子、转子之间，有一定的间隙称为气隙，一般小型电机的空气隙为 0.7 ~

5mm，大型电机的为 5 ~ 10mm。图 2-6 所示是一台直流电机结构图。

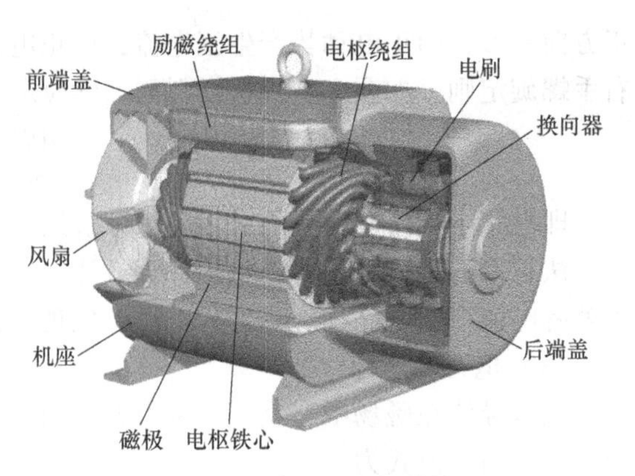

图 2-6　直流电机的结构

1. 定子

定子由主磁极、换向极、机座、端盖和电刷装置等组成。

（1）主磁极

主磁极由磁极铁心和励磁绕组组成。当励磁绕组中通入直流电流后，铁心中即产生励磁磁动势及其磁通，并在气隙中建立励磁磁场。励磁绕组通常用圆形或矩形截面的绝缘导线制成一个集中的线圈，套在磁极铁心外面。磁极铁心一般用 1 ~ 1. 5mm 厚的低碳钢板冲片叠压铆接而成，如图 2-7 所示，主磁极铁心柱体部分称为极身，靠近气隙一端较宽的部分称为极靴，极靴与极身交界处形成一个突出的肩部，用以支撑住励磁绕组。极靴沿气隙表面处制作成弧形，使极下气隙磁通密度分布更合理。整个主磁极用螺栓固定在机座上。

主磁极总是 N、S 两极成对出现。各主磁极的励磁绕组通常是相互串联连接的，连接时要能保证相邻磁极的极性按 N、S 交替排列。

（2）换向极

图 2-8 所示为直流电机换向极结构。换向极也是由换向极铁心和换向极绕组组成的，其作用是改善换向，使电刷与换向片之间火花减小。换向极绕组总是与电枢绕组串联的，它的匝数少、导线粗。换向极铁心通常用厚钢板叠制而成，用螺杆安装在相邻两主磁极之间的机座上。直流电机功率很小时，换向极可以减少为主磁极数的一半，甚至不装换向极。

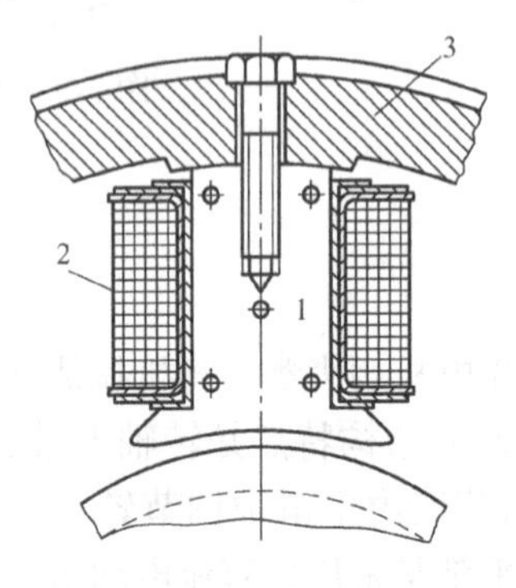

图 2-7　主磁极

1—主磁极铁心　2—励磁绕组　3—机座

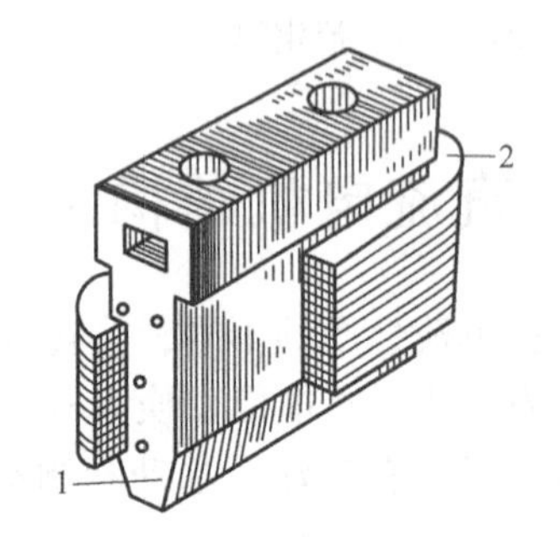

图 2-8　换向极

1—换向极铁心　2—换向极绕组

（3）机座和端盖

机座的作用是支撑电机、构成相邻磁极间磁的通路，机座通常由铸钢或厚钢板焊接制成，它有两个用途：一是用来固定主磁极、换向极和端盖；二是组成磁路的一部分，称该部分为磁轭。

机座的两端各有一个端盖，用于保护电机和防止触电。在中小型电机中，端盖还通过轴承担负支撑转子的作用。对于大型电机，考虑到端盖的强度，则采用单独的轴承座。

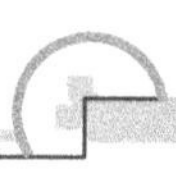

(4) 电刷装置

图2-9所示是电刷装置结构图，电刷装置是把直流电压和直流电流引入或引出的装置。它由电刷、刷握、刷杆座、压紧弹簧和铜丝辫等组成。从图中可见，电刷放在刷握内，用压紧弹簧压紧在换向器上，而刷握固定在刷杆上，刷杆装在刷杆座上，且与刷杆座绝缘。刷杆座装在端盖上或轴承内盖上，然后将其整个装置固定。

图2-9　电刷装置
1—刷握　2—电刷　3—压紧弹簧
4—压指　5—铜丝辫

2. 转子

转子由电枢铁心、电枢绕组、换向器、转轴和风扇等组成。

(1) 电枢铁心

电枢铁心是主磁路的一部分，同时也要安放电枢绕组。图2-10所示为小型直流电机的电枢铁心冲片形状和电枢铁心装配图。

电枢铁心的作用是构成电机磁路和安放电枢绕组，由于电机运行时，电枢与气隙磁场间有相对运动，通过电枢铁心的磁通是交变的，铁心中也会产生感应电动势而出现涡流和磁滞损耗。为了减少损耗，电枢铁心通常用0.35mm或0.5mm厚表面涂绝缘漆的圆形硅钢冲片叠压而成。冲片圆周外缘均匀地冲有许多齿和槽，槽内可安放电枢绕组，有的冲片上还冲有许多圆孔，以形成改善散热的轴向通风孔。

(2) 电枢绕组

电枢绕组是直流电机电路的主要部分，它的作用是产生感应电动势（发电机）和通过电流进而产生电磁转矩（电动机），使电机实现机电能量转换，是电机中的重要部件。电枢绕组由许多个线圈按一定的规律连接而成。这种线圈通常用高强度聚酯漆包线绕制而成，它的一条有效边嵌入某个槽中的上层，另一有效边则嵌入另一槽中的下层，如图2-11所示，线圈的槽外部分用绝缘带绑扎和固定。每只线圈的两个端头按一定的规律分别焊接在两片不同的换向片上。

a) 电枢铁心冲片

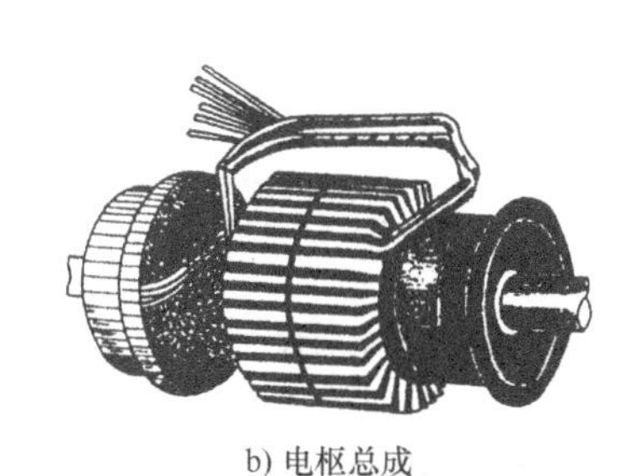

b) 电枢总成

图2-10　电枢

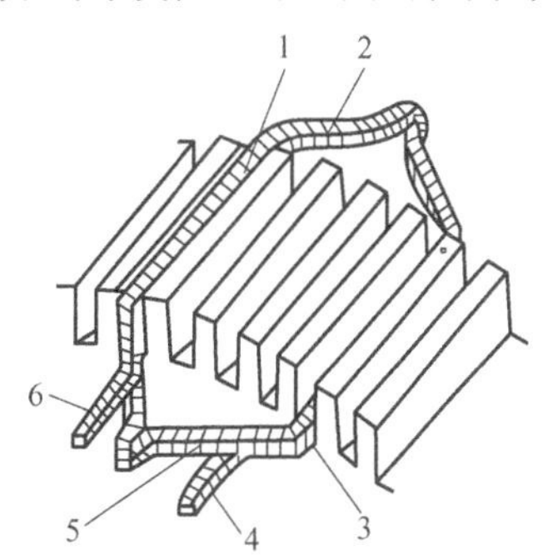

图2-11　电枢绕组
1—上层有效边　2、5—端接部分
3—下层有效边　4—线圈尾端　6—线圈首端

(3) 换向器

换向器的作用是与电刷一起将直流电动机输入的直流电流转换成电枢绕组内的交变电流，或是将直流发电机电枢绕组中的交变电动势转换成输出的直流电压。

换向器是一个由许多燕尾状的梯形铜片间隔云母片绝缘排列而成的圆柱体，每片换向片的一端有高出的部分，上面铣有线槽，供电枢绕组引出端焊接用。所有换向片均放置在与它配合的具有燕尾状槽的金属套筒内，然后用V形钢环和螺纹压圈将换向片和套筒紧固成一个整体。换向片组与套筒、V形钢环之间均要用云母环绝缘，如图2-12所示。这样的换向器称为金属套筒式换向器。

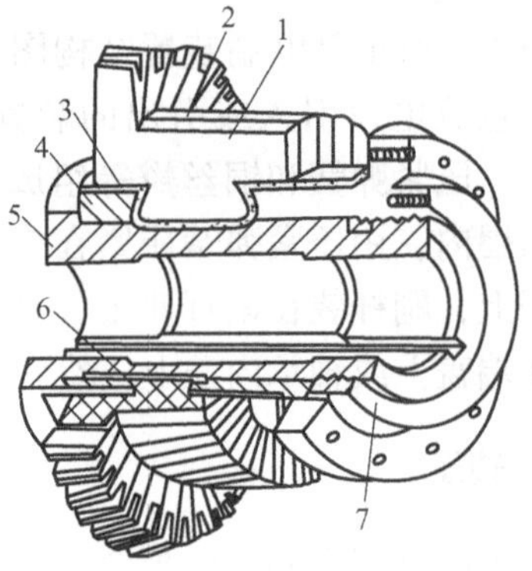

图2-12　换向器的结构
1—换向片　2—云母片　3—V形云母环
4—V形钢环　5—钢套　6—绝缘套筒
7—螺旋压圈

（4）转轴

转轴起支撑转子旋转的作用，需要有一定的机械强度和刚度，一般用圆钢加工而成。

3. 气隙

气隙是电机磁路的重要部分。它的路径虽然很短，但由于气隙磁阻远大于铁心磁阻，一般小型电机的气隙为0.7～5mm。大型电机为5～10mm。气隙对电机性能有很大的影响，在拆装直流电机时应予以重视。

综上所述，直流电机定子、转子的结构组成及特点可归纳见表2-3和表2-4。

表2-3　直流电机定子各组成部件的作用及特点

定子组成	作用及特点
主磁极	1. 由磁极铁心和励磁绕组组成，主要作用是在气隙中建立励磁磁场 2. 主磁极总是N、S两极成对出现
换向极	1. 换向极是由换向极铁心和换向极绕组组成，作用是改善换向，使电刷与换向片之间火花减小 2. 换向极绕组总是与电枢绕组串联，匝数少、导线粗
机座和端盖	1. 机座的作用是支撑电机、构成相邻磁极间磁的通路，作用是： 1）固定主磁极、换向极和端盖 2）组成磁路的一部分，称该部分为磁轭 2. 机座的两端各有一个端盖，用于保护电机和防止触电，对于中小型直流电机，还用于通过轴承支撑转子
电刷	电刷是把直流电压和直流电流引入或引出的装置

表2-4　直流电机转子各组成部件的作用及特点

转子组成	作用及特点
电枢铁心	主磁路的一部分，作用是构成电机磁路和安放电枢绕组
电枢绕组	电枢绕组是直流电机电路的主要部分，它的作用是产生感应电动势（对发电机）或流过电流而产生电磁转矩（对电动机），实现机电能量转换，是电机中的重要部件

（续）

转子组成	作用及特点
换向器	换向器的作用是与电刷一起将直流电动机输入的直流电流转换成电枢绕组内的交变电流，或是将直流发电机电枢绕组中的交变电动势转换成输出的直流电压

2.2.2　直流电机的工作原理

1. 直流发电机的工作原理

直流发电机的工作原理可用图2-13所示的模型进行说明，图中在两个空间位置固定的瓦形磁极N极与S极之间安放一个绕固定轴（几何中心线）旋转的铁制圆柱体（通常称为电枢铁心）。铁心与磁极之间的间隙称为气隙，假设铁心表面只敷设了两根导体ab和cd，并连接成单匝线圈abcd，线圈首末端分别与弧形铜片（换向片）相连，换向片与电枢铁心一起旋转，但换向片之间以及换向片与铁心和转轴之间均相互绝缘。由换向片构成的整体叫作换向器，而整个转动部分称为电枢，即为实现机电能转换及传递的枢纽。为了将电枢与外电路连接，特别装置了电刷（图中矩形片A和B），电刷的空间位置也是固定的。

当线圈以速度v做逆时针旋转时，根据磁场中运动的导体会产生感应电动势的原理，通过右手定则可判断出图2-13a中线圈abcd的电动势方向为：B→d→c→b→a→A，图2-13b中线圈abcd的电动势方向为：B→a→b→c→d→A，在A、B两电刷间的电动势为

$$e_{AB}=e_{ad}=e_{dc}+e_{ba}=2B_m l_{ab} v\sin x \tag{2-6}$$

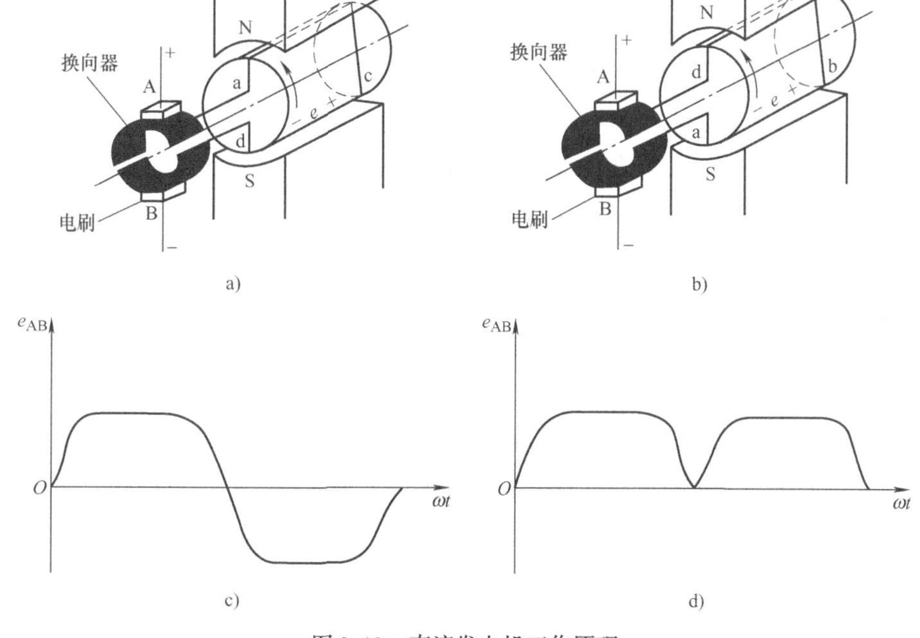

图2-13　直流发电机工作原理

由此可见，原动机拖动电机转子，导体ab在N极下感应电动势e的方向由b指向a；转子旋转180°后，导体ab在S极下感应电动势e的方向由a指向b。可以看出，当转子旋转360°经过一对磁极后，元件中的电动势将变化一个周期，转子连续旋转时，元件中产生的是交变电动势，而电刷A和电刷B之间的电动势方向却保持不变。电刷A的极性始终为正，电刷B的极性始终为负，因此在电刷A、B两端可获得直流电动势。

如图2-13d所示，它显然是半波整流状态，有明显脉动，不能作为直流电源使用。如果把一个圆铜环剖为互相绝缘的四等份（每等份称为换向片，整个环称为换向器），分别与两个线圈连接，则脉动将减半。为了使电动势的脉动程度减少，在实际发电机中，转动部分不是一个线圈，而是由许多个线圈均匀分布在电机转动部分表面，按一定的规律连接起来。经验表明，若发电机每个磁极下的导体数大于8时，电动势脉动的幅度将小于1%，即可得到近似恒稳直流电压。

从上述直流发电机工作原理表明，发电机线圈中所感应的电动势是交流的，借助换向器和电刷，才把交流电动势“换向”成为直流电动势。由于这个原因，则把上述这种发电机称为换向器式直流发电机。

2. 直流电动机的基本工作原理

直流电动机的工作原理是基于电磁力定律的基础上的，若磁场B与导体互相垂直，且导体中通以电流i，则作用于载流导体上的电磁力（用字母f表示）为$f=Bil$（式中，l为导体在磁场中的有效长度），力的方向按左手定则来确定。要使电机连续旋转，必须使载流导体在磁场中所受到的电磁力形成一种方向不变的转矩，这一点，也是用换向器和电刷装置配合来实现。

它的电刷A、B两端恒加直流电压U，在图2-14所示位置瞬间，导体l_{ab}处于S极下，而电流从b到a，则导体l_{ab}受到电磁力作用而向右，当导体l_{ab}处于N极下，电流是从d到c，所受到电磁力作用而向左，从而形成转矩，使线圈逆时针方向旋转；当转过90°时，电刷不与换向片接触，而与换向片间绝缘接触，此时线圈无电流，转矩消失，但由于惯性作用，转子仍向前转，那么导体l_{ab}与l_{cd}对换位置，即l_{ab}处于N极下，与A刷连接，l_{cd}处于S极下，与B刷连接，电流从d进a出，导体l_{cd}受电磁力作用，其方向向左，导体l_{ab}受电磁力作用，方向向右，保持原来转矩方向不变，从而使电动机继续沿着逆时针方向旋转。

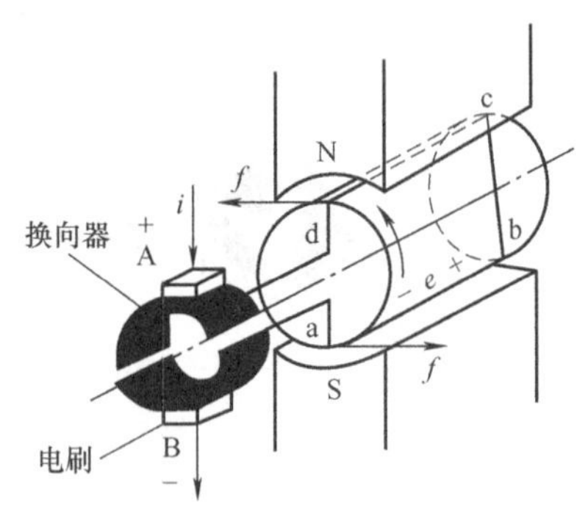

图2-14　直流电动机工作原理示意图

显然，此时产生的转矩是脉动的，如果每极换向片数增至8片以上（相应也增加线圈数），就可使转子上得到几乎不变的转矩。从电工知识可知，当直流电机作为发电机运行时，电机内部的电动势E_a必然大于电刷两端电压（电网电压）U_N，才有电流I_a输出。但由于I_a与励磁磁场作用，则在转子上将产生一个转矩，它的方向与电机旋转方向相反，故称为

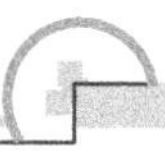

制动转矩，该转矩和空载转矩（主要是摩擦转矩）一起，与原动机转矩平衡，故发电机不断从原动机吸取机械能而转换为电能，供给电网。如果降低发电机转速（即降低切割速度）或减弱磁场（未改变方向），则发电机电动势必将下降。当 $E_a < U_N$时，则 I_a将向相反方向流动，但端电压 U_N极性未变，励磁磁场极性也未变，则从电磁力定律可知，转子上转矩改变方向，而与原动机转矩方向一致，那么原动机可脱开，而电机从电网吸取电能转换为机械能，电机从发电机状态过渡到电动机状态。

在电动机运行时，转子导体切割磁力线，也要产生电动势，但与电网电压方向相反，故称为反电动势。由此可见，发电机与电动机两者并无本质上差别，只是外界条件不同而已。所以，同一台直流电机，既可作为发电机运行，也可作为电动机运行，只仅仅改变电流 I_a的方向，这就是直流电机的可逆原理。

由于电机原理都遵循“电生磁、磁生电、电磁生力”，根据以上的描述，直流发电机和直流电动机的工作原理可归纳为表 2-5。

表 2-5 直流发电机与直流电动机工作原理

电机类型	工作原理		
	电生磁	磁生电	电磁生力
直流发电机	定子主磁极通直流电励磁，产生气隙主磁场	原动机拖动转子旋转，转子电枢绕组切割磁场产生感应电动势，对外输送直流电能	转子向外输送电能，根据磁场中带电导体受到力的作用，定、转子之间存在相互作用力
直流电动机	定子主磁极通直流电励磁，产生气隙主磁场	电枢绕组通直流电	磁场中通电导体受到力的作用，该力形成力矩使电机转子旋转，将电能转化为转子旋转的机械能，使转子旋转的力矩称为转矩，一般用字母 T 表示，单位为 N · m

2.2.3 直流电机的铭牌

图 2-15 所示是一台直流电动机的铭牌。为正确使用电机，使电机在既安全又经济的情况下运行，电机在外壳上都装有一个铭牌，上面标有电机的型号和有关物理量的额定值，供使用者使用时参考。在电机运行时，若所有的物理量均与其额定值相同，则称电机运行于额定状态。若电机的运行电流小于额定电流，则称电机为欠载运行；反之则称电机为过载运行。电机长期欠载运行使电机的额定功率不能全部发挥作用，造成浪费；长期过载运行会缩短电机的使用寿命，因此长期过载和欠载都不好。电机最好运行于额定状态或额定状态附近，此时电机的运行效率、工作性能等均比较好，铭牌中的额定值有额定功率、额定电压、额定电流和额定转速等。铭牌参数的说明见表 2-6。

直流电动机			
型　　号	Z4–250/4–1	励磁方式	他励
功　　率	90kW	励磁电压	180V
电　　压	440V	励磁电流	16.6A
电　　流	236A	防护等级	IP21S
转　　速	600r/min	工 作 制	S1
绝缘等级	F	重　　量	1550kg
标准编号	JB/T 6316—2006		
出品编号	××××	出厂日期	××××年×月
××××电机厂			

图 2-15　直流电动机铭牌

表 2-6　铭牌参数

直流电机铭牌	说明	
型号	型号标识的是电机的用途和主要的结构尺寸，表明该电机所属的系列及主要特点。掌握了型号，就可以从有关的手册及资料中查出该电机的许多技术数据。例如，Z4－250/4－1 的含义是普通用途的直流电动机；第四次改型设计；机座中心高 250（单位为 mm），极数为 4；1 为电枢铁心长度代号	
额定值	额定功率 P_N/kW	P_N是指在规定的工作条件下，长期运行时的允许输出功率。对于发电机来说，是指正负电刷之间输出的电功率；对于电动机来说，则是指轴上输出的机械功率
	额定电压 U_N/V	U_N对发电机来说，是指在额定电流下输出额定功率时的端电压；对电动机来说，是指在按规定正常工作时，加在电动机电枢绕组两端的直流电源电压
	额定电流 I_N/A	I_N是直流电机正常工作时输出或输入的最大电流值 对于发电机，三个额定值之间的关系为　$P_N=U_NI_N$ 对于电动机，三个额定值之间的关系为　$P_N=U_NI_N\eta_N$ 额定效率　$\eta_N=\frac{P_N}{P_1}\times100\%$ 式中　P_1——输出为 P_N 时的输入功率
	额定转速 n_N/（r/min）	n_N是指电机在上述各项均为额定值时的运行转速
	励磁电压/V	对直流电机来说，励磁电压是指加在电机定子绕组上的电压，一般是指额定励磁电压
	励磁电流/A	对直流电机来说，励磁电流就是直流电机定子绕组中流过的电流，电机正常运行时，这个电流是由外部加在定子绕组上的直流电压产生

例 2-1　一台 Z4 系列直流电动机，额定功率 $P_N=160\text{kW}$，额定电压 $U_N=440\text{V}$，额定效

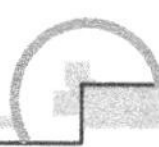

率 $\eta_N = 90\%$，额定转速 $n_N = 1500\text{r/min}$，试求该电动机的额定电流。

解：

$$I_N = \frac{P_N}{U_N \eta_N} = \frac{160 \times 10^3}{440 \times 0.9}\text{A} = 404\text{A}$$

例 2-2　一台 Z2 系列直流发电机，额定功率 $P_N = 145\text{kW}$，额定电压 $U_N = 230\text{V}$，额定转速 $n_N = 1500\text{r/min}$，试求该发电机的额定电流。

解：

$$I_N = \frac{P_N}{U_N} = \frac{145 \times 10^3}{230}\text{A} = 630.4\text{A}$$

2.2.4　直流电机的励磁方式

励磁绕组的供电方式称为励磁方式，按励磁方式的不同，直流电机可以分为他励、自励（并励、串励、复励）方式。

1. 他励直流电机

励磁绕组由其他直流电源供电，与电枢绕组之间没有电的联系，如图 2-16a、图 2-17a 所示。永磁直流电机也属于他励直流电机，因其励磁磁场与电枢电流无关。图 2-16 中电流正方向是以电动机为例设定的。

2. 并励直流电机

励磁绕组与电枢绕组并联，如图 2-16b、图 2-17b 所示。励磁电压等于电枢绕组端电压。

3. 串励直流电机

励磁绕组与电枢绕组串联，如图 2-16c、图 2-17c 所示。励磁电流等于电枢电流，所以励磁绕组的导线粗而匝数较少。

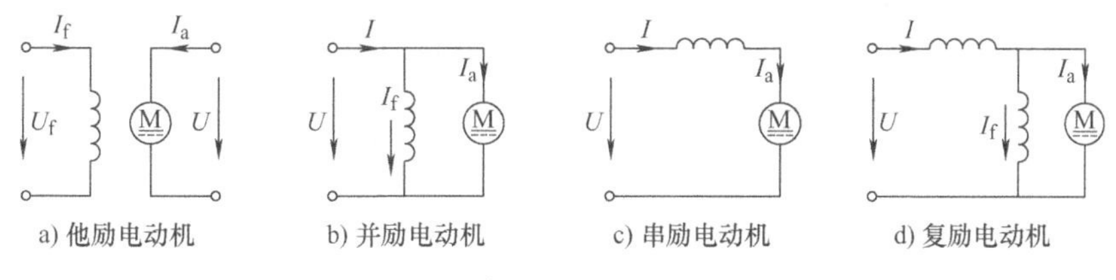

图 2-16　直流电动机的励磁方式

4. 复励直流电机

每个主磁极上套有两套励磁绕组：一个与电枢绕组并联，称为并励绕组；另一个与电枢绕组串联，称为串励绕组，如图 2-16d、图 2-17d 所示。两个绕组产生的磁动势方向相同时称为积复励，两个磁动势方向相反时称为差复励，通常采用积复励方式。

直流电机的励磁方式不同，运行特性和适用场合也不同。

电枢电压 U_a、励磁绕组电压 U_f、线路电流 I、电枢电流 I_a、励磁电流 I_f 相互之间的关系

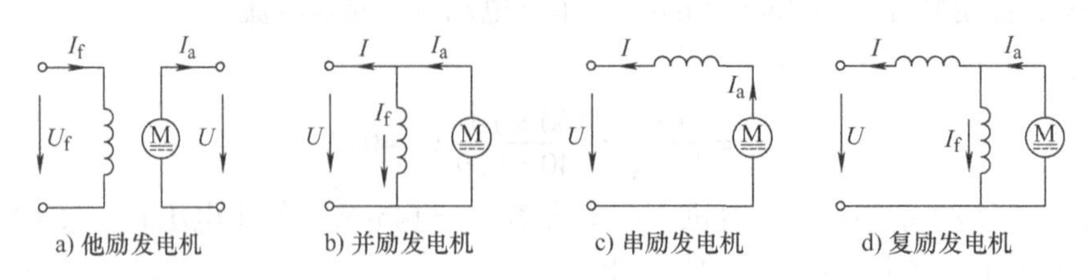

a) 他励发电机　b) 并励发电机　c) 串励发电机　d) 复励发电机

图 2-17　直流发电机的励磁方式

以及直流发电机和直流电动机的励磁方式及特点见表 2-7。

表 2-7　直流电机励磁方式及特点

电机类型	励磁方式			
	他励	并励	串励	复励
直流发电机	电枢电源和励磁电源相互独立，U_a与U_f无关，I_f与I_a无关，$I=I_a$，电机向外输送电能	电枢绕组与励磁绕组共用一个电源，$U_f=U_a$，$I=I_f+I_a$，电机向外输送电能	电枢绕组与励磁绕组共用一个电源，$U_f=U_a$，$I=I_f=I_a$，电机向外输送电能	电枢绕组与励磁绕组共用一个电源，$U_f=U_a$，$I=I_{f串}=I_{f并}+I_a$，电机向外输送电能
直流电动机	U_a与U_f无关，I_f与I_a无关，$I=I_a$，电机吸收电能	电枢绕组与励磁绕组共用一个电源，$U_f=U_a$，$I=I_f+I_a$，电机吸收电能	$U_f=U_a$，$I=I_f=I_a$，电机向外输送电能	$U_f=U_a$，$I=I_{f串}=I_{f并}+I_a$，电机吸收电能

2.2.5　直流电机的电枢绕组

电枢绕组是直流电机的核心部分。电枢绕组放置在电机的转子上，当转子在电机磁场中转动时，不论是电动机还是发电机，绕组均产生感应电动势。当转子中有电流时将产生电枢磁动势，该磁动势与电机气隙磁场相互作用产生电磁转矩，从而实现机电能量的相互转换。

按照连接规律的不同，电枢绕组分为单叠绕组、单波绕组、复叠绕组、复波绕组、蛙绕组等多种类型。本节先介绍元件的基本特点，再以单叠绕组和单波绕组为例阐述电枢绕组的构成原理和连接规律。

1. 直流电机电枢绕组基本知识

直流电机电枢绕组元件结构图如图 2-18 所示，主要电枢绕组元件及说明见表 2-8。

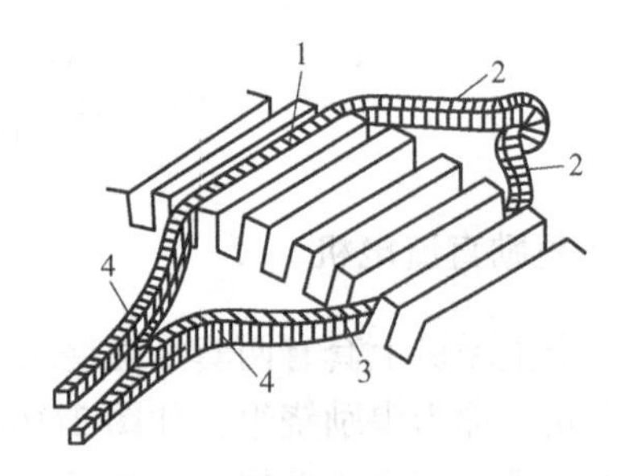

图 2-18　电枢绕组元件结构图
1—上层边　2—端接部分
3—下层边　4—元件首末端

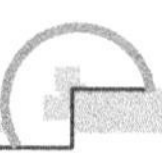

表 2-8　直流电机电枢绕组元件及说明

电枢绕组元件	说　明
元件	构成绕组的线圈称为元件，分为单匝和多匝两种
元件边	电枢绕组元件由绝缘漆包铜线绕制而成，每个元件有两个嵌放在电枢槽内、能与磁场作用产生转矩或电动势的有效边，称为元件边
端接部分	元件的槽外部分即元件边以外的部分称为端接部分。为便于嵌线，每个元件的一个元件边嵌放在某一槽的上层，称为上层边，画图时以实线表示；另一个元件边则嵌放在另一槽的下层，称为下层边，画图时以虚线表示
元件首末端	每一个元件均引出两根线与换向片相连，其中一根称为首端，另一根称为末端。每一个元件有两个元件边，每片换向片又总是接一个元件的上层边和另一个元件的下层边，所以元件数 S 总等于换向片数 K，即 $S=K$；而每个电枢槽分上下两层嵌放两个元件边，所以元件数 S 又等于槽数 Z，即 $S=K=Z$
极距	指相邻两个主磁极轴线沿电枢表面之间的距离，用 τ 表示：$$\tau=\frac{\pi D}{2p}$$式中，D 表示电枢铁心外径；p 表示直流电机磁极对数
叠绕组	指串联的两个元件总是后一个元件的端接部分紧叠在前一个元件端接部分，整个绕组呈折叠式前进
波绕组	指把相隔约为一对极距的同极性磁场下的相应元件串联起来，呈波浪式地前进

电枢绕组的节距是用来表征电枢绕组元件本身和元件之间连接规律的数据。直流电机电枢绕组的节距有第一节距 y_1、第二节距 y_2、合成节距 y 和换向节距 y_k 四种，如图 2-19 所示。

(1) 第一节距 y_1

同一个元件的两个有效边在电枢表面跨过的距离，用槽数来表示。一个磁极在电枢圆周上所跨的距离称为极距 τ，用槽数表示时，极距的表达式为

$$\tau=\frac{Z}{2p} \tag{2-7}$$

为使每个元件的感应电动势最大，第一节距 y_1 应等于一个极距 τ，但 τ 往往不一定是整数，而 y_1 只能是整数，因此，一般取第一节距为

$$y_1=\frac{Z}{2p}\pm\varepsilon=\text{整数} \tag{2-8}$$

式中　ε——小于 1 的分数。

$y_1=\tau$ 的元件称为整距元件，由整距元件构成的绕组就称为整距绕组；$y_1<\tau$ 的元件称为短距元件，相对应的绕组就称为短距绕组；$y_1>\tau$ 的元件称为长距元件，相对应的绕组称为长距绕组。由于长距绕组的电磁效果与短距绕组相似，但端接部分较长，耗铜较多，因此一般不采用。

(2) 第二节距 y_2

连至同一换向片上的两个元件中第一个元件的下层边与第二个元件的上层边间的距离。

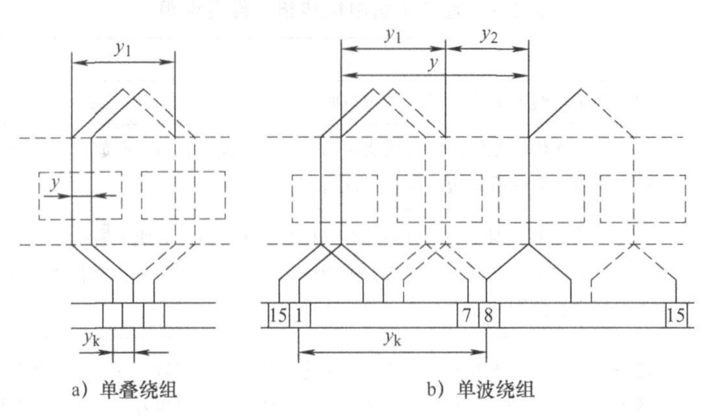

图 2-19　电枢绕组节距示意图

（3）合成节距 y

连接同一换向片上的两个元件对应边之间的距离。

单叠绕组：$y = y_1 - y_2$；

单波绕组：$y = y_1 + y_2$。

（4）换向节距 y_k

同一元件首末端连接的换向片之间的距离。由图 2-19 可知，换向节距 y_k 与合成节距 y 总是相等的，即 $y_k = y$。

2. 单叠绕组

单叠绕组的特点是相邻元件（线圈）相互叠压，合成节距与换向节距均为 1，即 $y = y_k = 1$，电机的绕组展开图是把放在铁心槽里、构成绕组的所有元件取出来画在一张图里，其作用是展示元件相互间的电气连接关系。除元件外，展开图中还包括主磁极、换向片及电刷间的相对位置关系。在画展开图前应根据所给定的电机极对数 p、槽数 Z、元件数 S 和换向片数 K，计算出各节距值，然后根据计算值画出单叠绕组的展开图，直流电机电枢绕组展开图绘制的步骤如图 2-20 所示，下面通过一个具体的例子说明绕组展开图的画法。

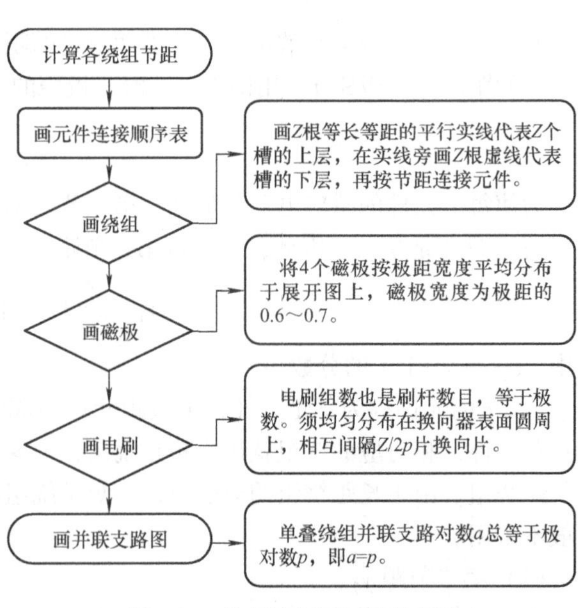

图 2-20　绘制绕组展开图的步骤

例 2-3　已知某直流电机的极对数 $p = 2$，槽数 Z、元件数 S 及换向片数 K 满足 $Z = S = K = 16$，试画出其右行单叠绕组展开图。

解：

（1）计算绕组各节距

$$y_1 = \frac{Z}{2p} \pm \varepsilon = \frac{16}{4} = 4$$

$$y_k = y = 1$$

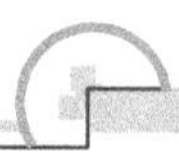

$$y_2 = y_1 - y = 4 - 3 = 1$$

（2）元件连接顺序如图 2-21 所示。

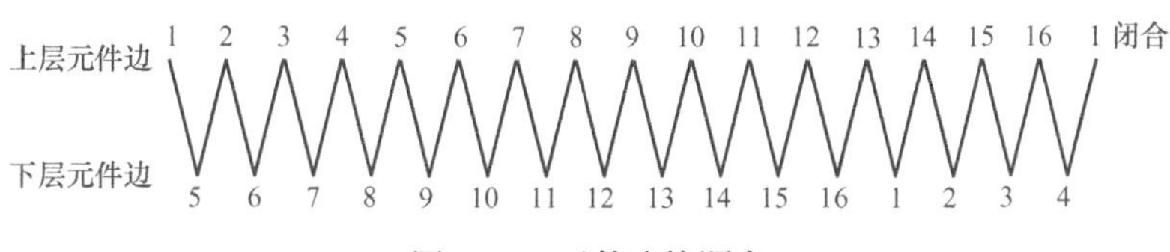

图 2-21　元件连接顺序

（3）绕组展开图绘制

绘制直流电机单叠绕组展开图的详细步骤如下：

1）画 16 根等长等距的平行实线代表 16 个槽的上层，在实线旁画 16 根平行虚线代表 16 个槽的下层。一根实线和一根虚线合起来代表一个槽，按顺序编上槽号，如图 2-22 所示。

2）按节距连接一个元件。例如将 1 号元件的上层边放在 1 号槽的上层，其下层边应放在 $1 + y_1 = 1 + 4 = 5$ 号槽的下层。由于一般情况下，元件是左右对称的，因此可把 1 号槽的上层（实线）和 5 号槽的下层（虚线）用左右对称的端接部分连成 1 号元件。

注意首端和末端之间相隔一片换向片宽度（$y_k = 1$）。为使图形规整起见，取换向片宽度等于一个槽距，从而画出与 1 号元件首端相连的 1 号换向片和与末端相连的 2 号换向片，并依次画出 3～16 号换向片。显然，元件号、上层边所在槽号和该元件首端所连换向片的编号相同。

3）画 1 号元件的平行线，可以依次画出 2～16 号元件，从而将 16 个元件通过 16 片换向片连成一个闭合的回路。

4）画磁极。该电机有 4 个主磁极，在绕组展开图圆周上应该均匀分布，即相邻磁极中心线之间相隔 4 个槽。设某一瞬间，4 个磁极中心分别对准 3、7、11、15 槽，并让磁极宽度为极距的 0.6～0.7，画出 4 个磁极，如图 2-22 所示。依次标上极性 N_1、S_1、N_2、S_2，一般假设磁极在电枢绕组上面。

5）画电刷。电刷组数（也是刷杆数目）等于极数。本电机中 $2p$ 为 4，必须均匀分布在换向器表面圆周上，相互间隔 $16/4 = 4$ 片换向片。为使被电刷短路的元件中感应电动势最小、正负电刷之间引出的电动势最大，由图分析可以看出：当元件左右对称时，电刷中心线应对准磁极中心线。图中设电刷宽度等于一片换向片的宽度，设此电机工作在电动机状态，并欲使电枢绕组向左移动，根据左手定则可知电枢绕组各元件中电流的方向应如图 2-22 所示，为此应将电刷 A_1、A_2 并联起来作为电枢绕组的“+”端，接电源正极，将电刷 B_1、B_2 并联起来作为“-”端，接电源负极。如果此电机工作在发电机状态，设电枢绕组的转向不变，则电枢绕组各元件中感应电动势的方向用右手定则确定，与电动机状态时电流方向相反，电刷的正负极性不变。

保持图 2-22 中各元件的连接顺序不变，将此瞬间不与电刷接触的换向片省去不画，可以得到图 2-23 所示的并联支路图。对照图 2-23 和图 2-22，可以看出单叠绕组的连接规律是将同一磁极下的各个元件串联起来组成一条支路。所以，单叠绕组的并联支路对数 a 总等于极对数 p，即 $a = p$。

单叠绕组的特点：

1）同一主磁极下的元件串联成一条支路，主磁极数与支路数相同。

2）电刷数等于主磁极数，电刷位置应使感应电动势最大，电刷间电动势等于并联支路电动势。

3）电枢电流等于各支路电流之和。

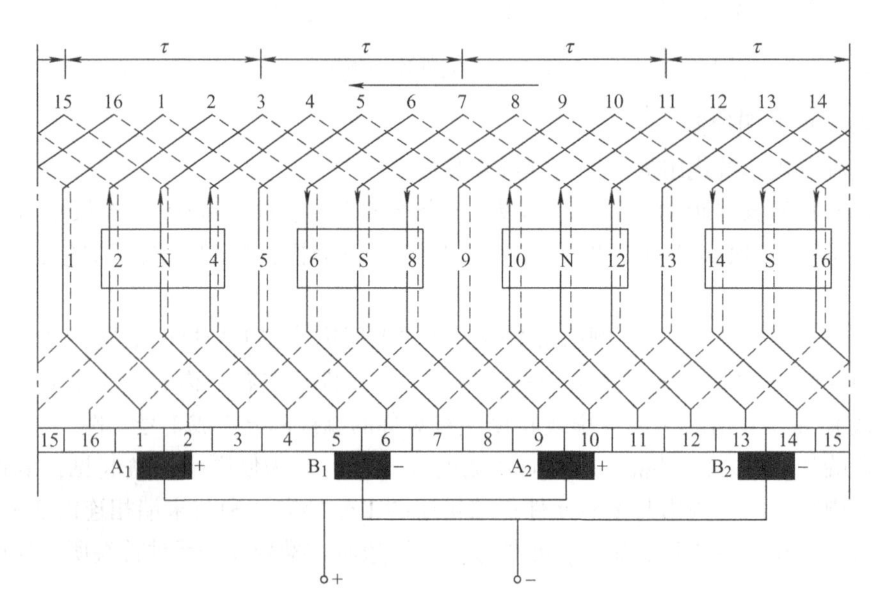

图 2-22　单叠绕组展开图（$Z=S=K=16$，$2p=4$）

3. 单波绕组

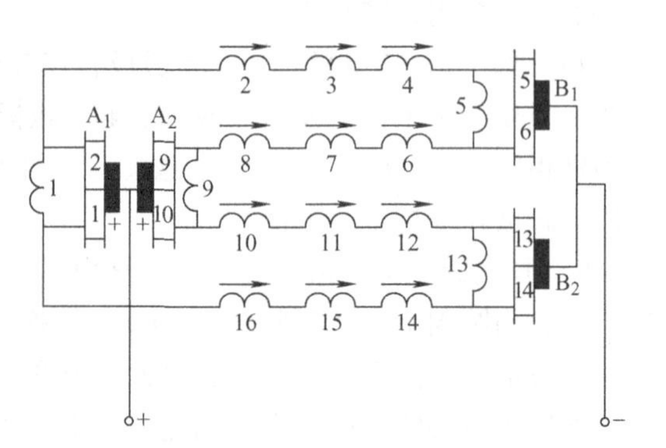

图 2-23　单叠绕组并联支路图

第一节距 y_1 的确定原则与单叠绕组相同。

合成节距 y 和换向节距 y_k：p 个元件串联后，其末尾应该落在起始换向片 1 前一片的位置，才能继续串联其余元件，为此，换向节距应满足以下关系：

$$p\,y_k = K-1 \tag{2-9}$$

换向节距

$$y_k = \frac{K-1}{p} = 整数 \tag{2-10}$$

合成节距

$$y_2 = y - y_1 \tag{2-11}$$

下面通过一个具体的例子说明绕组展开图的画法。

例 2-4　已知一台直流电机，$Z=S=K=15$，$2p=4$，试画出单波绕组左行展开图。

解：

（1）计算绕组各节距

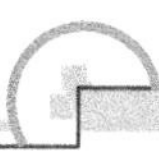

$$y_1 = \frac{Z}{2p} \pm \varepsilon = \frac{15}{4} - \frac{3}{4} = 3$$

$$y = y_k = \frac{K-1}{p} = \frac{15-1}{2} = 7$$

$$y_2 = y - y_1 = 7 - 3 = 4$$

（2）元件连接顺序如图2-24所示。

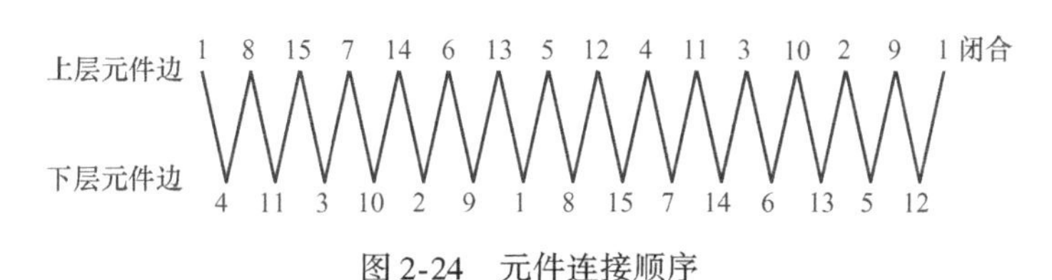

图2-24　元件连接顺序

（3）绕组展开图

按图2-25中各元件的连接顺序，将此刻不与电刷接触的换向片省去不画，可以得此单波绕组的并联支路图，如图2-26所示。将并联支路图与展开图对照分析可知，单波绕组是将同一极性磁极下所有元件串联起来组成一条支路，由于磁极极性只有N和S两种，所以单波绕组的并联支路数总是2，并联支路对数恒等于1，即 $a=1$。

单波绕组的特点：

1）同极下各元件串联起来组成一条支路，支路对数为1，与磁极对数无关。

2）当元件的几何形状对称时，电刷在换向器表面上的位置对准主磁极中心线，支路电动势最大。

3）电刷数等于磁极数。

4）电枢电动势等于支路感应电动势。

5）电枢电流等于两条支路电流之和。

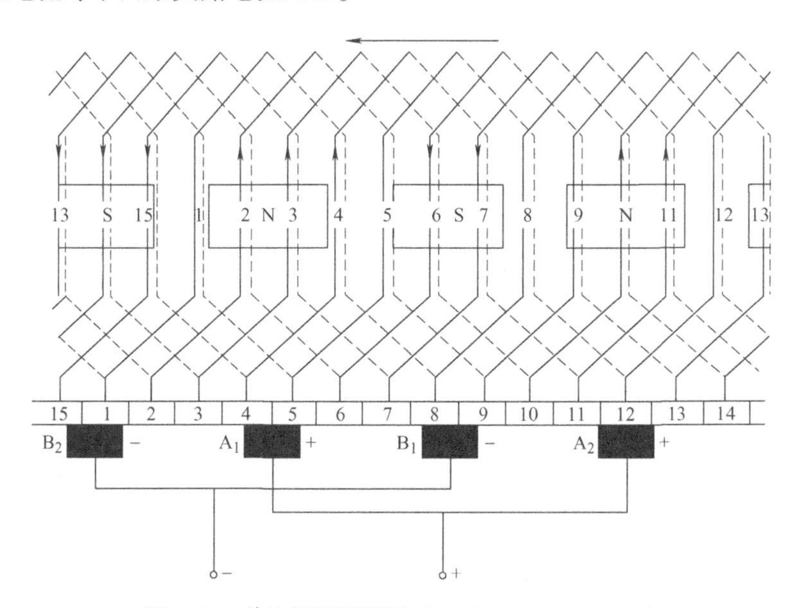

图2-25　单波绕组展开图（$Z=S=K=15$，$2p=4$）

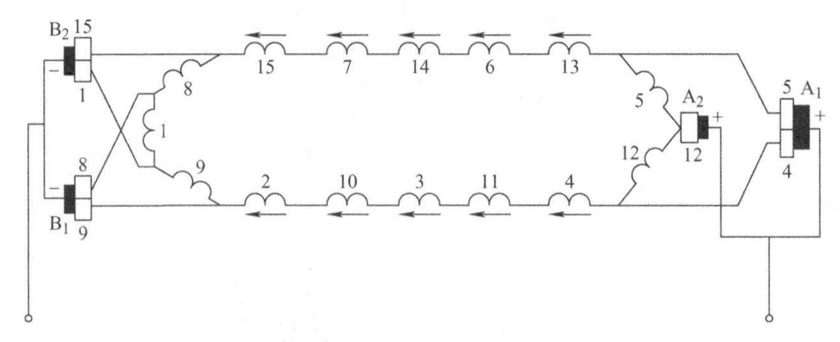

图 2-26　单波绕组并联支路图

综上所述，单叠绕组和单波绕组的特点及区别见表 2-9。

表 2-9　单叠绕组和单波绕组的特点及区别

绕组	特点			
	支路数	电刷数	电枢电流	电枢电动势
单叠绕组	支路数与主磁极数相同	电刷数等于磁极数	电枢电流等于各支路电流之和	电刷电动势等于并联支路电动势
单波绕组	支路对数为 1，与磁极对数无关	电刷数等于磁极数	电枢电流等于两条支路电流之和	电枢电动势等于支路感应电动势

2.3　异步电机结构及工作原理

交流旋转电机可分为同步电机和异步电机两大类，它们的定、转子磁场与直流电机的静止磁场不同，都是旋转的。异步电机（即感应电动机）是指电机运行时的转子转速与旋转磁场的转速不相等或与电源频率之间没有严格不变的关系，且随着负载的变化而有所改变。异步电机有异步发电机和异步电动机之分，从原理上来讲，两者是可逆的。

异步电动机中又有三相异步电动机和单相异步电动机两类。而三相异步电动机在各种电动机中应用最广、需要量最大，在各种工业生产、农业机械化、交通运输、国防工业等电力拖动装置中，有 90% 左右采用三相异步电动机，在电网总负荷中，异步电动机占 60% 左右。这是因为三相异步电动机具有结构简单、制造方便、价格低廉、运行可靠等一系列优点；还具有较高的运行效率和较好的工作特性，能满足各行各业大多数生产机械的传动要求。异步电动机还便于派生成各种专用、特殊要求的形式，以适应不同生产条件的需要。但是异步电动机运行时，必须从电网吸取感性无功功率以建立旋转磁场，使电网的功率因数变低，而且运行时受电网电压波动影响较大；另外，异步电动机的起动性能与调速性能都逊色于直流电动机。不过随着晶闸管元器件及交流调速系统的发展，其调速性能等已可与直流电动机相媲美。

2.3.1　异步电机的基本结构

三相异步电动机的种类很多，从不同的角度看，有不同的分类方法。若按转子绕组结构

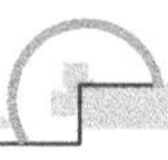

分类，有笼型异步电动机和绕线转子异步电动机两类。笼型异步电动机结构简单、制造方便、成本低、运行可靠；绕线转子异步电动机可通过其转子绕组外串电阻来改善起动性能并进行调速。若按机壳的防护形式分类，有防护式、封闭式和开启式。还可按电动机容量的大小、冷却方式等分类。

不论三相异步电动机的分类方法如何，各类三相异步电动机的基本结构是相同的。它们都由定子和转子这两个基本部分组成，在定子和转子之间具有一定的气隙。图 2-27 所示是一台小型封闭式笼型转子的三相异步电机的结构图，图 2-28 是绕线转子异步电机结构图。

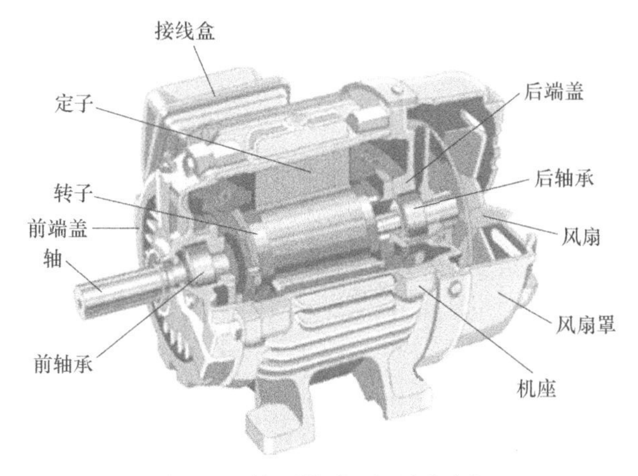

图 2-27　笼型转子三相异步电机

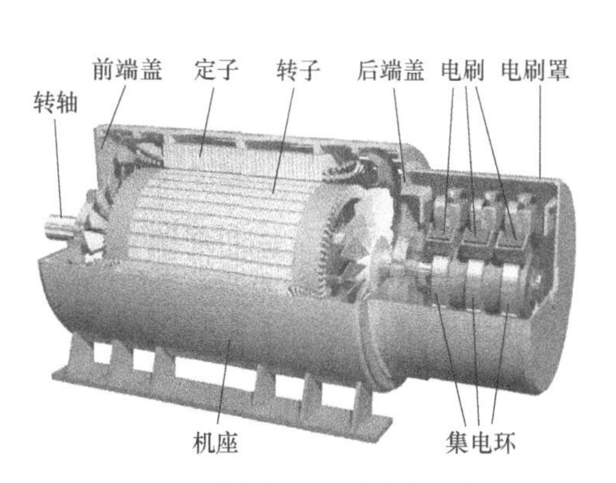

图 2-28　绕线转子异步电机结构图

1. 定子

三相异步电动机的定子主要由定子铁心、定子绕组和机座等构成。

(1) 定子铁心

定子铁心是电动机主磁路的一部分，并要放置定子绕组。为了导磁性能良好和减少交变磁场在铁心中的损耗，故采用片间绝缘的 0. 5mm 厚的硅钢片叠压而成。定子铁心及冲片的示意图如图 2-29a、b 所示。为了放置定子绕组，在铁心内圆开有槽，槽的形状有半闭口槽、半开口槽和开口槽等，分别如图 2-30a、b、c 所示。它们分别对应放置小型、中型和大中型的三相异步电动机的定子绕组。

(2) 定子绕组

定子绕组是电动机的定子电路部分，它将通过电流建立磁场，并感应电动势以实现机电能量转换。三相定子绕组的每相由许多线圈按一定的规律嵌放在铁心槽内，它可以是单层的，如图 2-30a 所示；也可以是双层的，如图 2-30b、c 所示。能分散嵌入半闭口槽的线圈由高强度漆包圆铜

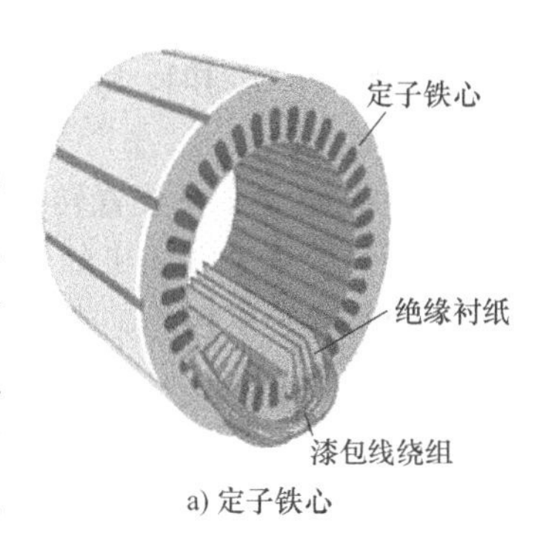

a) 定子铁心

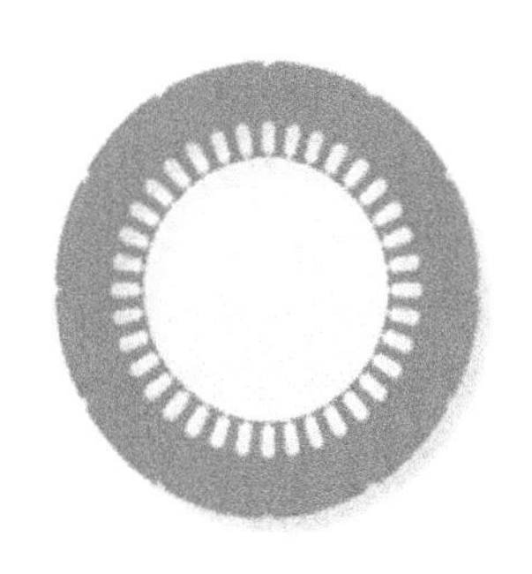

b) 定子铁心冲片

图 2-29　定子铁心及冲片

线或圆铝线绕成，放入半开口槽的成型线圈用高强度漆包扁铝线或扁铜线，或用玻璃丝包扁铜线绕成；开口槽也放入成型线圈，其绝缘通常采用云母带。线圈放入槽内必须与槽壁之间隔有“槽绝缘”，以免电动机在运行时绕组对铁心出现击穿或短路故障。若是双层绕组，层间还均需用层间绝缘。另外，槽中的绕组线圈边还需用槽楔固定。三相绕组的六个出线端都引至接线盒上，首端分别为 U_1、V_1、W_1，尾端分别为 U_2、V_2、W_2。为了接线方便，这六个出线端在接线板上的排列如图 2-31 所示，根据需要可连接成星形或三角形联结。图 2-31a 为星形联结，图 2-31b 为三角形联结。

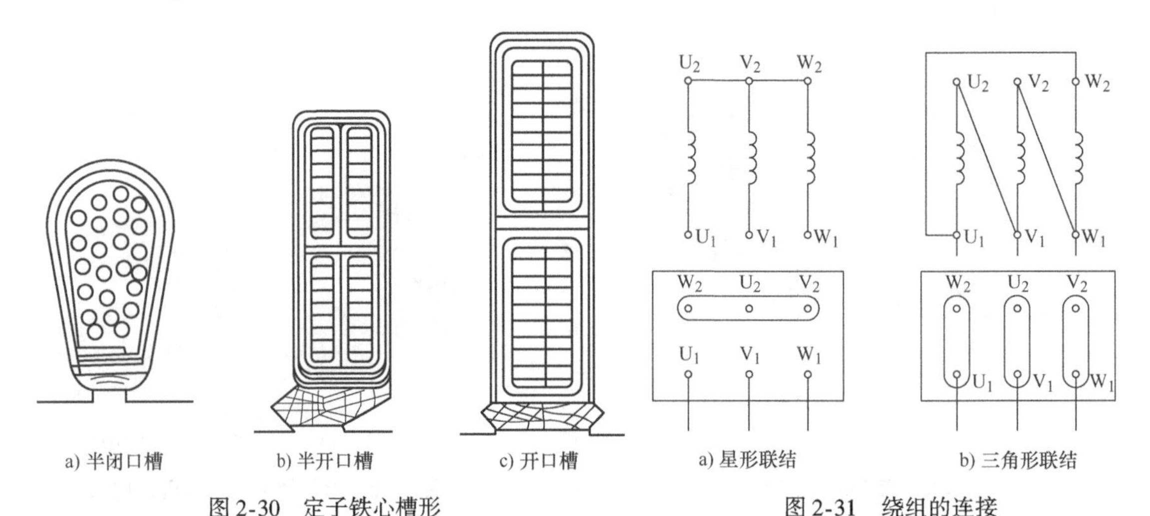

a) 半闭口槽　b) 半开口槽　c) 开口槽

图 2-30　定子铁心槽形

a) 星形联结　b) 三角形联结

图 2-31　绕组的连接

（3）机座

机座是电动机机械结构的组成部分，主要作用是固定和支撑定子铁心，还要固定端盖。在中小型电动机中，端盖兼有轴承座的作用，机座还要支撑电动机的转子部分，故机座要有足够的机械强度和刚度。中小型电动机一般采用铸铁机座，而大容量的异步电动机采用钢板焊接机座。对于封闭式中小型异步电动机，其机座表面有散热筋片以增加散热面积，使紧贴在机座内壁上的定子铁心中的定子铁耗和铜耗产生的热量，通过机座表面加快散发到周围空气中，不使电动机过热。对于大型的异步电动机，机座内壁与定子铁心之间隔开一定距离而作为冷却空气的通道，因而不需散热筋。

2. 转子

三相异步电动机的转子由转轴、转子铁心和转子绕组等构成。

（1）转子铁心

转子铁心也是电动机主磁路的一部分，并要放置转子绕组。它也用 0.5mm 厚的冲有转子槽的硅钢片叠压而成。小型和部分中型异步电动机的转子铁心一般都直接固定在转轴上，而部分中型和全部大型三相异步电动机的转子铁心则套在转子支架上，然后让支架固定在转轴上。

（2）转轴

转轴是支撑转子铁心和输出转矩的部件，它必须具有足够的刚度和强度。转轴一般用中碳钢车削加工而成，轴伸端铣有键槽，用来固定带轮或联轴器。

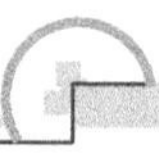

（3）转子绕组

转子绕组是转子电路部分，它的作用是感应电动势、流过感应电流并产生电磁转矩。按其结构形式可分为笼型转子和绕线转子两种。

1）笼型转子绕组。这种转子绕组是在转子铁心的每个槽内放入一根导体，在伸出铁心的两端分别用两个导电端环把所有的导条连接起来，形成一个自行闭合的短路绕组。如果去掉铁心，剩下来的绕组形状就像一个鼠笼，如图 2-32 所示，所以称之为笼型绕组。对于中小型三相异步电动机，笼型转子一般采用铸铝，将导条、端环和风叶一次铸出，如图 2-32b 所示。也有用铜条焊接在两个铜端环上的铜条笼型绕组，如图 2-32a 所示。其实在生产实际中笼型转子铁心槽沿轴向是斜的，这样导致导条也是斜的，这主要是为了削弱由于定、转子开槽引起的齿谐波，以改善笼型电动机的起动性能。

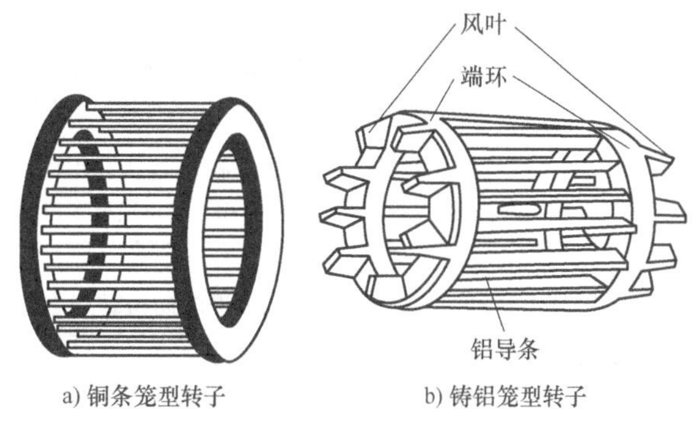

a) 铜条笼型转子　　b) 铸铝笼型转子

图 2-32　笼型转子绕组结构示意图

2）绕线转子绕组。这种转子绕组与定子绕组一样，也是一个对称三相绕组，实物图如图 2-33a 所示。它连接成星形后，其三根引出线分别接到轴上的三个集电环上，再经电刷引出而与外部电路接通，其电路图如图 2-33b 所示。通过集电环与电刷而在转子回路中串入外接的附加电阻或其他控制装置，以便改善三相异步电动机的起动性能及调速性能。当电动机起动完毕而又不需调速时，可操作手柄将电刷提起切除全部电阻，同时使三只集电环短路起来，其目的是减少电动机在运行中电刷磨损和摩擦损耗。

一般的绕线转子异步电动机的外串电阻是放在电动机非轴伸端盖外的，所以绕线转子异步电动机的外观与笼型电动机有很大的差别，看上去是一头大、一头小，大的是电动机本身，小的是三相电阻包，且还有一个手柄外露等。但值得指出的是，在生产实践中如大吨位行车主钩电动机的外串电阻可以不紧挨在电动机旁，而且不需要用手柄操作，而是操作员在驾驶室内控制接触器开关来串入或调节电阻。

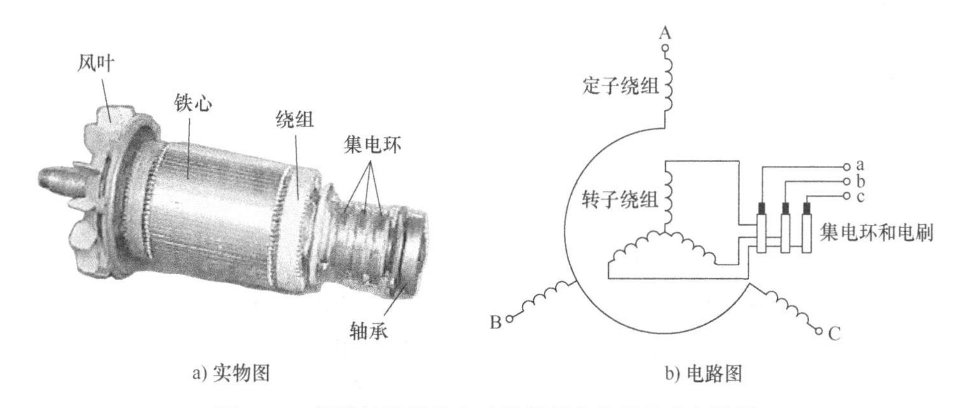

a) 实物图　　b) 电路图

图 2-33　绕线转子异步电动机转子实物及整机电路图

3. 气隙

三相异步电动机的定子与转子之间的空气隙是很小的，一般仅为0.2~1.5mm。气隙的大小对三相异步电动机的性能影响极大。气隙大，则磁阻大，由电网提供的励磁电流（滞后的无功电流）大，使电动机运行时的功率因数降低；但是气隙过小时，将使装配困难、运行不可靠、高次谐波磁场增强，从而使附加损耗增加以及使起动性能变差。如何决定气隙大小，应权衡利弊，全面考虑。一般异步电动机的气隙以较小为宜。

综上所述，异步电动机的结构特点可归纳为表2-10、表2-11。

表2-10　异步电动机定子各组成部件的作用及特点

定子组成	作用及特点
定子铁心	电动机主磁路的一部分，用于放置三相定子绕组，采用片间绝缘的0.5mm厚的硅钢片叠压而成
定子绕组	电动机的定子电路部分，它将通过电流建立磁场，并感应电动势以实现机电能量转换；三相定子绕组的每相由多个线圈按一定的规律嵌放在铁心槽内，可以是单层的，也可以是双层的
机座	电动机机械结构的组成部分，主要作用是固定和支撑定子铁心，还要固定端盖。在中小型电动机中，端盖兼有轴承座的作用，机座还要支撑电动机的转子部分，故机座要有足够的机械强度和刚度

表2-11　异步电动机转子各组成部件的作用及特点

转子组成	作用及特点
转子铁心	电动机主磁路的一部分，并要放置转子绕组，也用0.5mm厚的冲有转子槽的硅钢片叠压而成
转子绕组	有笼型绕组和绕线转子绕组两种结构。笼型绕组转子铁心的每个槽内放入一根导体，在伸出铁心的两端分别用两个导电端环把所有的导条连接起来，形成一个自行闭合的短路绕组。如果去掉铁心，剩下来的绕组形状就像一个鼠笼；绕线转子绕组与定子绕组一样，是一个对称的三相绕组，连接成星形
转轴	转轴是支撑转子铁心和输出转矩的部件，它必须具有足够的刚度和强度。转轴一般用中碳钢车削加工而成，轴伸端铣有键槽，用来固定带轮或联轴器

2.3.2　异步电机的工作原理

1. 异步电动机的工作原理

异步电动机的工作原理有三个过程：一是旋转磁场的产生，即电生磁；二是转子导体感应产生电动势，即磁变生电；三是电磁生力。

（1）旋转磁场的产生

所谓旋转磁场，就是一种极性和大小不变且以一定转速旋转的磁场。根据理论分析和实践证明，在对称多相绕组中流过对称多相电流时会产生一种旋转磁场。以两极三相异步电动机为例，定子绕组A-X、B-Y、C-Z是两极的三相对称绕组，三个绕组空间彼此互隔120°分布在定子铁心内圆的圆周上。这个对称绕组在空间的位移是B相从A相后移120°，C相从B相后移120°。当对称三相绕组接上对称三相电源时，则在该绕组中流通对称三相电流，各相电流随时间变化的曲线如图2-34所示，各相电流的表达式为

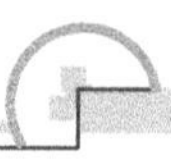

$$
\begin{aligned}
i_A &= I_m \cos\omega t \\
i_B &= I_m \cos(\omega t - 120°) \\
i_C &= I_m \cos(\omega t - 240°)
\end{aligned} \tag{2-12}
$$

三相电流随时间的变化是连续的，且极为迅速，为了便于考察对称三相电流产生的合成磁效应，我们可以通过一个特定的瞬间，以窥其全貌。为此，我们选择 $\omega t=0°$（$t=0$）、$\omega t=120°$（$t=T/3$）、$\omega t=240°$（$t=2T/3$）、$\omega t=360°$（$t=T$）四个特定瞬间，并规定：电流为正值时，从每相绕组的首端（A、B、C）流出，由绕组末端流入；电流为负值时，从每相绕组末端流出，首端流入。用符号⊙表示电流从纸面流出；⊗表示电流流入纸面。其过程分析见表 2-12。

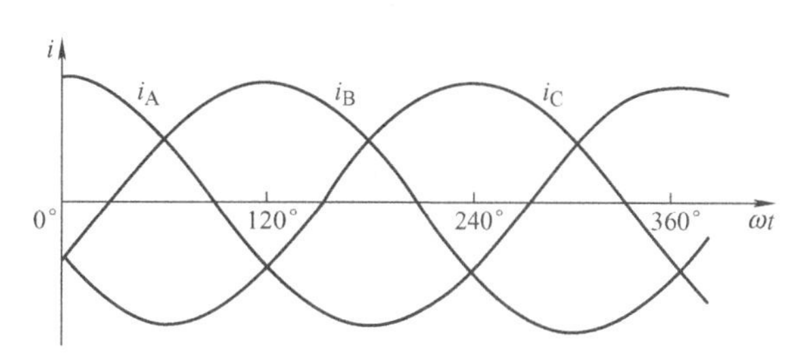

图 2-34 电流随时间变化的曲线

表 2-12 电动机在四个瞬间的磁效应

时间	特点
$\omega t=0°$（$t=0$）	无论从电流表达式还是从电流变化曲线均可得出，$\omega t=0°$时，$i_A=I_m$，$i_B=i_C=-I_m/2$。将各相电流方向表示在各相绕组剖面图上，A 相电流为正值，从 A 流出，X 流入，而 B、C 两相电流均为负值，由 B、C 流入，从 Y、Z 流出，如图 2-35a 所示。根据右手螺旋定则，可知该三个绕组中电流产生的合成磁场分布形成一对磁极，磁极的位置为上端 S 极，下端 N 极
$\omega t=120°$（$t=T/3$）	在 $\omega t=120°$，$t=T/3$ 这个瞬间，从波形图中可看出，$i_B=I_m$，$i_A=i_C=-I_m/2$。此时，B 相电流为正值，从 B 流出，Y 流入，而 A、C 两相电流为负值，由 A、C 流入，从 X、Z 流出。这时，三相电流合成磁场仍形成一对磁极，如图 2-35b 所示。但这时一对磁极在空间的位置与 $\omega t=0$ 那个时刻相比磁场在电动机里转了一个角度
$\omega t=240°$（$t=2T/3$）	在 $\omega t=240°$，$t=2T/3$ 这个瞬间，从波形图中可看出，$i_A=i_B=-I_m/2$，$i_C=I_m$。此时，C 相电流为正值，从 C 流出，Z 流入，而 A、B 两相电流为负值，由 A、B 流入，从 X、Y 流出。这时，三相电流合成磁场仍形成一对磁极，可得出三相电流合成磁场如图 2-35c 所示，产生的磁场为一对磁极
$\omega t=360°$（$t=T$）	在 $\omega t=360°$，$t=T$ 这个瞬间，从波形图中可看出，$i_A=I_m$，$i_B=i_C=-I_m/2$。此时，A 相电流为正值，从 A 流出，X 流入，而 B、C 两相电流均为负值，由 B、C 流入，从 Y、Z 流出，可得出三相电流合成磁场如图 2-35d 所示，产生的磁场为一对磁极

依次观察图 2-35a、b、c、d，可看出对称三相电流流过对称三相绕组时所建立的合成磁场并不是静止不动的，也不是方向交变的，而是犹如一对磁极旋转产生的磁场，磁场强度大小不变。从 $\omega t=0°$到 120°、240°、360°，旋转的方向是从 A 相转向 B 相，再转向 C 相，即按 A 到 B 再到 C 顺序旋转（图中为逆时针方向）。由此可知，当对称三相电流流过对称三相绕组时，必然会产生一个大小不变、转速一定的旋转磁场。

三相异步电动机定子绕组按图 2-35 所示情况通电，产生的旋转磁场是逆时针方向旋转的。如果将三相异步电动机的定子绕组接至电源的三根导线中的任意两个对调，此时三相绕组流过电流时产生的旋转磁场的旋转方向就会改变，变为顺时针方向旋转。

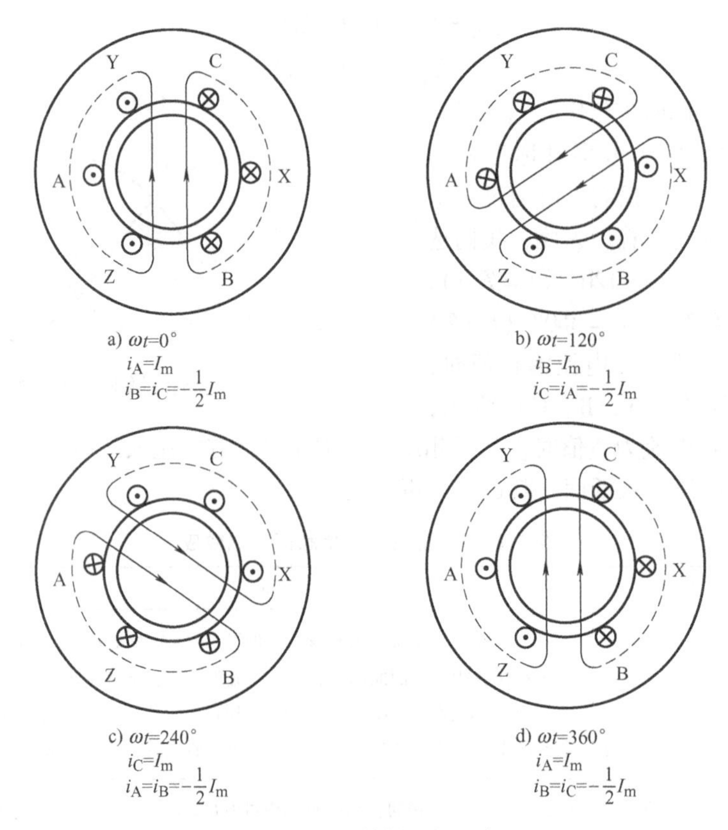

图 2-35　两极旋转磁场示意图

（2）转子导体感应电动势的产生

当三相异步电动机的定子绕组通入三相对称交流电时，在定子空间中产生旋转磁场，假定旋转磁场以转速 n_1 按逆时针方向旋转，则转子与旋转磁场之间就发生了相对运动，旋转磁场将切割转子导体。也可以认为磁场静止不动，则转子相对于磁场做逆时针切割磁力线的旋转运动。转子导体切割磁力线运动就要产生感应电动势和感应电流，根据右手定则可以判定，转子上半部导体的感应电流的方向是进入纸面，下半部导体的感应电流的方向是穿出纸面的，如图 2-36 所示。

（3）电磁转矩的产生

转子导体切割定子绕组产生的磁力线产生感应电动势和感应电流，于是转子在磁场中就会受到磁场力的作用，如图 2-36 所示。根据左手定则可判断，转子上半部所受的磁场力方向向左，下半部导体所受的磁场力方向向右，这两个力相对于转轴形成一电磁转矩，使转子随着旋转磁场的转向，以转速 n 旋转。综合图 2-34和图 2-35 的电流变化与旋转磁场旋转情况可知，当三相电流随时间变化经过一个周期 T，旋转磁场在空间相应地转 360°，即电流变化一次，旋转磁场

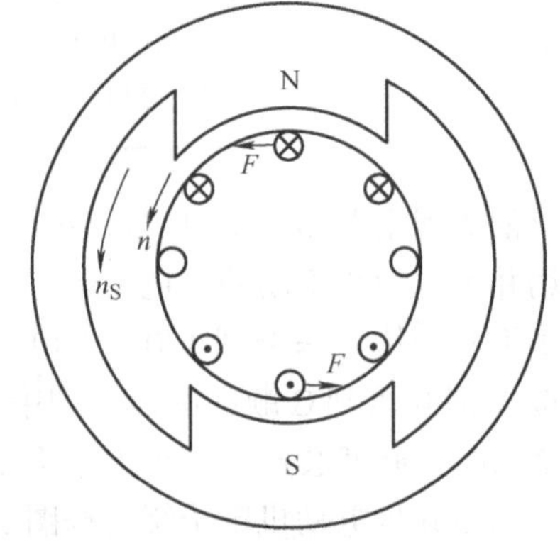

图 2-36　三相异步电动机工作原理

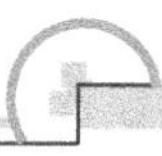

转一圈，因此，电流每秒钟变化f_1（即频率）次，则旋转磁场每秒钟转f_1转，由此，当旋转磁场为一对极情况下，其转速n_1（r/s）与交流电流频率的关系f_1为

$$n_1 = f_1 \tag{2-13}$$

如果把三相绕组按图2-37排列，A、B、C三相绕组每组分别由两个线圈A-X与A′-X′、B-Y与B′-Y′、C-Z与C′-Z′串联组成，每个线圈的跨距为1/4圆周。用同样方法决定三相电流所建立的合成磁场，仍然是一个旋转磁场。不过磁场的极数变为4个，即具有2对磁极，并且当电流变化一次时，旋转磁场仅转过1/2转。如果将绕组按一定规则排列，可得到3对、4对及p对磁极的旋转磁场。用同样方法去考察旋转磁场的转速n_1与磁场极对数p的关系，可看到它们之间是一种反比例关系，即具有p对磁极的旋转磁场，电流变化一次，磁场转过$1/p$转。由于交流电源每秒钟变化f_1次，所以极对数为p的旋转磁场的转速为

$$n_1 = \frac{f_1}{p}(\text{r/s}) = \frac{60f_1}{p}(\text{r/min}) \tag{2-14}$$

用n_1表示旋转磁场的这种转速，称为同步转速。

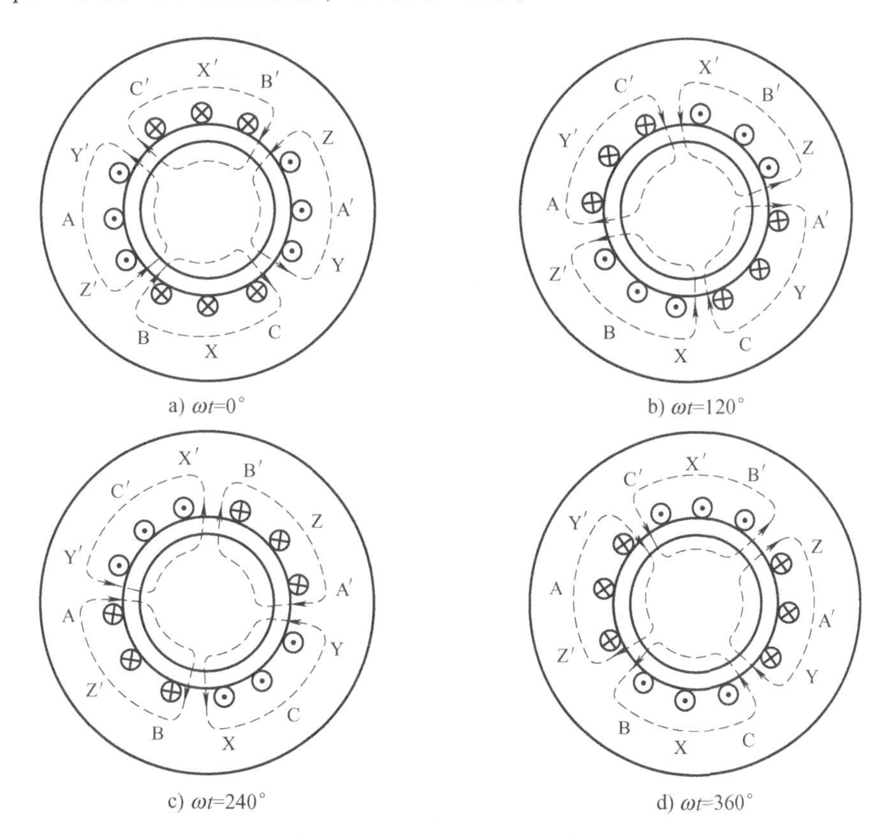

图2-37　四极旋转磁场示意图

不难看出，转子的转速n将始终低于旋转磁场的转速n_1，这是因为如果转子的转速一旦达到旋转磁场的转速n_1时，转子导体与旋转磁场之间就没有相对运动，转子将不切割磁力线，其电磁转矩也将为零，此时转子的转速必将降低下来，于是转子和旋转磁场之间又有了相对运动，又可以产生电磁转矩，使转子继续旋转。由此可见，转子总是以$n < n_1$的转速与旋转磁场沿同一方向旋转，因此这种电动机称为异步电动机。

显然，旋转磁场的转速与转子的转速的差值 n_1-n 是异步电动机运行的必要条件，此差值与同步转速 n_1 之比称为转差率，用 s 表示，即

$$s=\frac{n_1-n}{n_1} \tag{2-15}$$

转差率是分析电动机运行情况的一个重要参数。在电动机起动瞬间，$n=0$、$s=1$，随着 n 上升，s 不断下降，一般情况下，当电动机在额定负载下运行时，电动机的额定转速 n_N 接近同步转速 n_1，它的额定转差率 s_N 很小，一般为 1% ~5%，空载转差率在 0.5% 以下，式(2-15)也可写为

$$n=(1-s)n_1=(1-s)\frac{60f_1}{p} \tag{2-16}$$

式中 f_1——电源频率（Hz）；

p——旋转磁场的极对数。

通过以上分析可知，异步电动机的转动方向与旋转磁场转动方向一致，如果旋转磁场方向改变了，转子转动方向也会随着改变，而旋转磁场的旋转方向由三相电源的相序决定，因此，要改变电动机的转动方向，只需要改变三相电源的相序，把接到定子绕组上的任意两根电源线对调即可。

例 2-5 有一台 50Hz 的三相异步电动机，额定转速 $n_N=730\text{r/min}$，空载转差率为 0.267%，试求该电动机的极数、同步转速、空载转速及额定负载时的转差率。

解：因为电源频率为 50Hz 时，同步转速为$\frac{60f_1}{p}=\frac{60\times50}{p}=\frac{3000}{p}$。$p=1$ 时，$n_1=3000\text{r/min}$；$p=2$ 时，$n_1=1500\text{r/min}$；$p=3$ 时，$n_1=1000\text{r/min}$；$p=4$ 时，$n_1=750\text{r/min}$。

已知异步电动机的额定转速为 730r/min，因额定转速略小于同步转速，该电动机的同步转速为 750r/min，因此可知极对数 $p=4$。

空载转速为：$n_1'=n_1(1-s_0)=750(1-0.00267)\text{r/min}=748\text{r/min}$

额定转差率为：$s_N=\frac{n_1-n_N}{n_1}=\frac{750-730}{750}=0.0267=2.67\%$

（4）异步电机的三种运行状态

根据转差率的不同，异步电机有电动机、发电机和电磁制动三种运行状态，如图 2-38 所示。

1）电动机运行状态。当定子绕组接至电源，转子会在电磁转矩的驱动下旋转，此时电磁转矩为驱动转矩，其转向与旋转磁场方向相同，电机将从电网中取得的电能转变成机械能，由转轴传递给负载。电机转速 n 与定子绕组旋转磁场转速 n_1 同方向，如图 2-38b 所示。当异步电机静止时，$n=0$、$s=1$；当异步电机处于理想空载运行时，转速 n 接近于同步转速 n_1，转差率 s 接近零。故异步电机作电动机运行时，转速变化范围为 $0<n<n_1$，转差率变化范围为 $0<s<1$。

2）发电机运行状态。异步电机定子绕组仍然接至电源，转轴上不再接负载，而是用原动机拖动转子以高于同步转速并顺着旋转磁场的方向旋转，如图 2-38c 所示。此时转子导体切割旋转磁场的方向与电动机运行状态时的方向相反，因此转子电动势、转子电流及电磁转矩的方向也与电动机运行状态时相反，电磁转矩变为制动转矩。为了克服电磁转矩的制动作

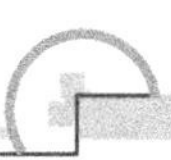

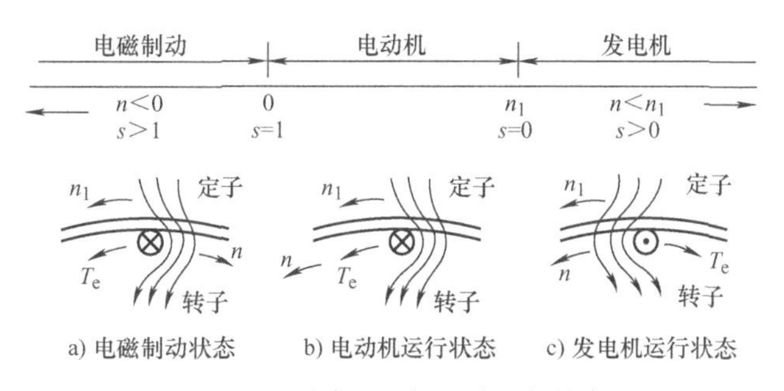

图 2-38　异步电机的三种运行状态

用，电机必须不断地从原动机输入机械功率，由于转子电流改变了方向，定子电流方向也随之改变，也就是说定子绕组由原来从电网中吸收电功率变成向电网输出电功率，使电机处于发电机运行状态。异步电机作发电机运行时，$n>n_1$，则 $-\infty<s<0$。

3）电磁制动状态。异步电机定子绕组仍然接至电源，用外力拖动电机逆着旋转磁场的方向时的切割方向与电动机运行的状态相同，因此转子电动势、转子电流和电磁转矩的方向与电动机运行状态时的相同，但电磁转矩与电机旋转方向相反，起着制动作用，故称为电磁制动运行状态，如图 2-38a 所示。为克服这个制动转矩，外力必须向转子输入机械功率，同时电机定子又从电网吸收电功率，这两部分功率都在电机内部转化为热能消耗掉了。异步电机作电磁制动状态运行时，转速变化范围为 $n<0$，相应的转差率变化范围为 $1<s<\infty$。

综上所述，我们可以根据转差率的大小，将异步电机分为三种运行状态，其能量传输、电磁转矩及转速等特点见表 2-13。异步电机主要作为电动机运行，作为发电机很少使用，而电磁制动状态往往只是异步电机在完成某一生产过程中而出现的短时运行状态，例如交流起重机下放重物等。

表 2-13　异步电机运行状态

运行状态	能量传输	电磁转矩	转速及转差率
电动机运行状态	电能转换为机械能	电磁转矩方向与转子转向一致	$0<n<n_1$，$0<s<1$
发电机运行状态	机械能转换为电能	转子导体切割旋转磁场产生的电磁转矩与电动机运行时相反	$n>n_1$，$-\infty<s<0$
电磁制动状态	电能、机械能转换为热能	电磁转矩与电机旋转方向相反	$n<0$，$1<s<\infty$

2. 异步发电机工作原理

电动机与发电机从原理上来讲是可逆的。三相异步发电机的工作原理如下：与电动机一样，首先需要从电网通三相电产生旋转磁场，产生原理与异步电动机相同，如前所述，将异步电机的定子三相绕组接到一个电压和频率都恒定的电网时，若用原动机把异步电机转子的转速拖到超过同步转速，即 $n>n_1$，转差率 s 为负值，则异步电机进入发电机运行状态，将原动机旋转的机械能，去除各种损耗之后，转换成电能输送到电网或直接使用。

2.3.3　三相异步电动机的铭牌

每一台三相异步电动机，在其机座上都有一块铭牌，铭牌上标注有型号、额定值等，如

图 2-39 所示。

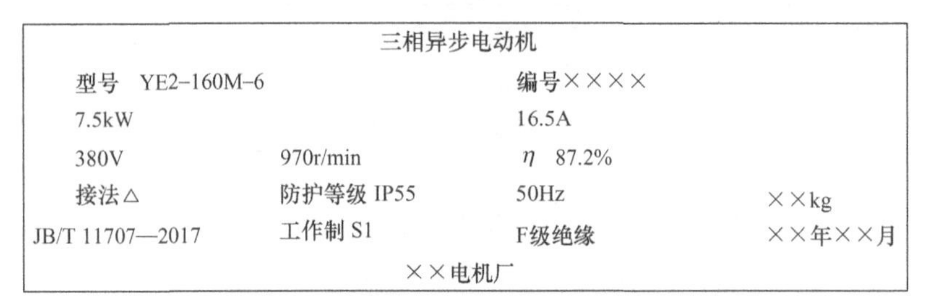
三相异步电动机

型号 YE2-160M-6		编号××××	
7.5kW		16.5A	
380V	970r/min	η 87.2%	
接法△	防护等级 IP55	50Hz	××kg
JB/T 11707—2017	工作制 S1	F级绝缘	××年××月

××电机厂

图 2-39 三相异步电动机铭牌示例

1. 型号

异步电动机型号的表示方法，与其他电动机一样：一般采用汉语拼音的大写字母和阿拉伯数字组成，可以表示电动机的种类、规格和用途等。其中汉语拼音字母是根据电动机的相关名称选择有代表意义的汉字，再用该汉字的第一个拼音字母表示，如异步电动机用“Y”表示；当然型号中也有用英语字母表示的有关量，如 S、M、L 分别表示短、中、长机座。以 YE2 - 160M - 6 为例，Y：表示异步电动机；YE 是 Y 系列电机的改进型，为高效节能电机；2 为设计代次；160M - 6 为规格代号，表示轴中心高为 160mm，中等长度机座（另有 L 为长机座，S 为短机座），6 极。

极数相同时，轴中心高越大，电动机容量越大，因此异步电动机按容量大小分类与中心高有关：轴中心高 63 ~ 315mm 为小型，355 ~ 630mm 为中型，大于 630mm 为大型；在同样的轴中心高下，机座长，则容量大。

2. 额定值

额定值规定了电动机正常运行状态和条件，它是选用、安装和维修电动机时的依据。异步电动机的铭牌上标注的主要额定值及说明见表 2-14。

表 2-14 三相异步电动机的主要额定值及说明

额定值	说　明
额定功率 P_N	指电动机在额定运行时，轴上输出的机械功率（kW）
额定电压 U_N	指额定运行时，加在定子绕组出线端的线电压（V）
额定电流 I_N	指电动机在额定电压、额定频率下，轴上输出额定功率时，输入定子绕组中的线电流（A）
额定频率 f_N	表示电动机所接的交流电源的频率，我国电力网的频率（即工频）规定为 50Hz
额定转速 n_N	电动机在额定电压、额定频率下，轴上输出额定机械功率时的转子转速（r/min）

三相异步电动机的额定功率与其他额定数据之间有如下关系式：

$$P_N = \sqrt{3}U_N I_N \cos\varphi_N \eta_N \tag{2-17}$$

式中 $\cos\varphi_N$——额定功率因数；

η_N——额定效率。

此外，铭牌上还标明绕组的联结法、绝缘等级及工作制等。对于绕线转子异步电动机，

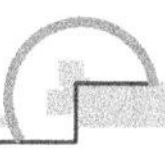

还标明转子绕组的额定电压（指定子加额定频率的额定电压而转子绕组开路时集电环间的电压）和转子的额定电流，以作为配用起动变阻器等的依据。

例 2-6　一台 Y160M2－2 三相异步电动机的额定数据如下：$P_N=15kW$，$U_N=380V$，$\cos\varphi_N=0.88$，$\eta_N=88.2\%$，定子绕组△联结。试求：该电动机的额定电流和对应的相电流。

解：该电动机的额定电流为

$$I_N=\frac{P_N}{\sqrt{3}U_N\cos\varphi_N\eta_N}=\frac{15\times10^3}{\sqrt{3}\times380\times0.88\times0.882}A=29.4A$$

相电流为

$$I_{N\phi}=\frac{I_N}{\sqrt{3}}=\frac{29.4}{\sqrt{3}}A\approx17A$$

从此题看，在数值上有 $I_N\approx2P_N$ 关系，这也是额定电压为 380V 的电动机的一般规律。在实际中，可以对额定电流进行粗略估算，即每千瓦按 2A 电流估算。

例 2-7　已知三相异步电动机的铭牌，电动机如何接用？

解：电动机选用的原则是：

在电动机容量与机械负载功率相配合下，铭牌上的额定电压与电网的电压相等，每相绕组的额定电压不变。例如铭牌上标明“电压 380/220V，Y/△联结”的电动机，如果电源电压为 380V，则连接成Y，这时每相电压为 220V；如电源电压为 220V，应连接成△，则每相电压仍为 220V。

2.3.4　三相异步电动机的定子绕组

三相异步电动机也是一种机电能量转换的电磁装置。和直流电动机一样，要实现机电能量转换，异步电动机必须具有一定大小的分布的磁场和与磁场相互作用的电流。异步电动机的工作磁场（主磁场）是一种旋转磁场，是依靠定子绕组中通以交流电流来建立的。因此定子上的三相绕组必须保证当它通以三相交流电流以后，其所建立的旋转磁场具有一定的磁极、一定的大小，并且在空间的分布波形接近正弦波形，而且由该旋转磁场在绕组本身中所感应的电动势也是对称的。这种旋转磁场由旋转磁动势来建立，那么对磁场的要求，也就是对磁动势的要求。

异步电动机定子绕组的种类很多，按相数分，有单相、两相和三相绕组；按槽内层数分，有单层、双层和单双层混合绕组；按绕组端接部分的形状分，单层绕组又有同心式、交式和链式之分，双层绕组又有叠绕组和波绕组之分；按每极每相所占的槽数是整数还是分数，有整数槽和分数槽绕组之分等。但构成绕组的原则是一致的，下面仅以三相单层绕组和三相双层绕组为例来说明绕组的排列和连接。

1. 交流绕组的基本知识

从三相异步电动机的工作原理可知，定子三相绕组是建立旋转磁场，进行能量转换的核心部件。为了便于掌握绕组的排列和连接规律，先介绍有关交流绕组的一些基本知识与术语。

（1）线圈

线圈是由单匝或多匝串联而成，是组成交流绕组的基本单元。每个线圈放在铁心槽内的直线部分称为有效边，槽外部分称为端部，如图 2-40 所示。

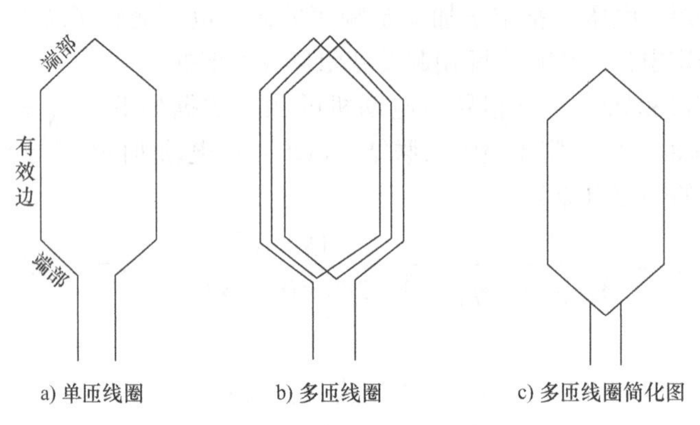

图 2-40　交流绕组线圈示意图

（2）电角度与机械角度

电机圆周在几何上为360°，这个角度称为机械角度。从电磁观点来看，若磁场在空间按正弦波分布，则经过N、S一对磁极恰好相当于正弦曲线的一个周期。如有导体去切割这种磁场，经过N、S一对磁极，导体中所感应产生的正弦电动势的变化亦为一个周期，变化一个周期即经过360°电角度，因而一对磁极占有的空间是360°电角度。若电机有 p 对磁极，电机圆周按电角度计算就为 $p\times360°$，而机械角度总是360°，因此

$$电角度 = p \times 机械角度$$

（3）极距 τ

每个磁极沿定子铁心内圆所占的范围称为极距。极距 τ 可用磁极所占范围的长度或定子槽数或电角度表示

$$\tau = \frac{\pi D}{2p} 或 \tau = \frac{Q_1}{2p} 或 \tau = \frac{p360°}{2p} = 180° \tag{2-18}$$

式中　D——定子铁心内径；

Q_1——定子铁心槽数。

（4）节距 y

一个线圈的两个有效边所跨定子内圆上的距离称为节距。一般节距 y 用槽数表示。当 $y=\tau=Q_1/(2p)$ 时，称为整距绕组；当 $y<\tau$ 时，称为短距绕组；当 $y>\tau$ 时，称为长距绕组。长距绕组端部较长，费铜料，故较少采用。

（5）槽距角 α

相邻两槽之间的电角度称为槽距角，槽距角 α 用下式表示

$$\alpha = \frac{p360°}{Z_1} \tag{2-19}$$

槽距角 α 的大小即表示了两相邻槽的空间电角度，也反映了两相邻槽中导体感应电动势在时间上的相位移。

（6）每极每相槽数 q

每一个极下每相所占有的槽数称为每极每相槽数，以 q 表示

$$q = \frac{Z_1}{2m_1 p} \tag{2-20}$$

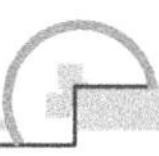

式中　m_1——定子绕组的相数。

（7）相带

每个极距内属于同相的槽所占有的区域，称为相带。一个极距占有 180°空间电角度，由于三相绕组均分，每等份为 60°空间电角度，称为 60°相带。可见 $q\alpha=60°$，按 60°相带排列的三相对称绕组称为 60°相带绕组，如图 2-41 所示。其中图 2-41a 和图 2-41b 分别对应 2 极和 4 极的 60°相带。

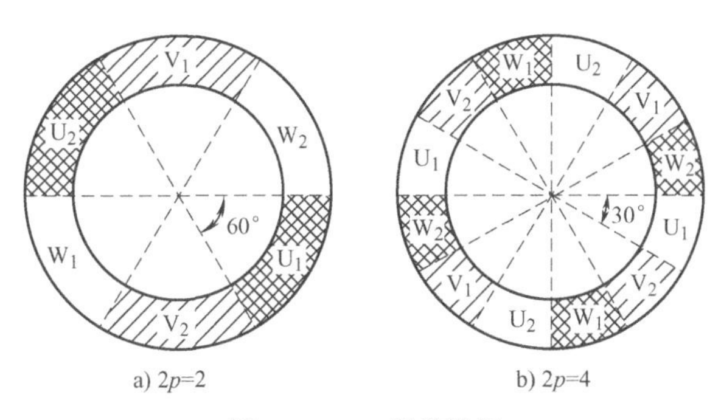

图 2-41　60°相带绕组

2. 交流绕组的排列和连接

对称三相绕组由三个在空间互差 120°电角度的三个独立绕组所组成，所以只要以给定的槽数和极数为依据，按照所建立旋转磁动势及磁场要求，确定一相的线圈在定子槽内的排列以及线圈间的连接，其余两相绕组由空间互差 120°电角度的原则，去进行相似的排列和连接，就可以构成整个对称三相绕组。

为了便于说明问题起见，给定电机的极数 $2p=4$，槽数 $Q_1=24$。

（1）极距的计算

由于三相异步电动机和直流电动机不一样，没有具体的磁极，磁极的效应要在对称三相绕组中通入对称三相电流以后才显示出来。因而要按对磁动势的要求来排列三相绕组时，必须根据给定的定子槽数 Q_1 和极数 $2p$ 去确定极距：

$$\tau=\frac{Q_1}{2p} \tag{2-21}$$

$Q_1=24$，$2p=4$，则 $\tau=6$，这个数据说明，一个极距应跨过 6 个槽，24 个定子槽在定子内圆上是均匀分布的，所以跨 6 个槽占定子内圆圆周 1/4。推广来说，极数为 $2p$ 的电机，一个极距 $\tau=\frac{\pi D}{2p}$，也可表示为 $\tau=\frac{Q_1}{2p}$，是$\frac{1}{2p}$的定子内圆圆周，其中 D 是定子内径。

（2）线圈中的电流方向

计算出极距以后，根据所给定的极数，弄清各个极距内属于一相绕组的线圈边中电流的方向，如果电机极数 $2p=2$，整个定子内圆有两个极距。在每个极距内放一个线圈边，另一线圈边相距一个极距，两线圈边中通过相反方向的电流时，这种情况在讨论直流电机电枢电动势时分析过，线圈边中的电流所形成的磁动势是一个以 2τ 为周期的矩形波，这就形象地说明这种磁动势所建立的磁场具有两个极性，如图 2-42a 所示。若电机有 4 个极（$2p=4$），定子内圈有 4 个极距，每个极距内也放一个线圈边，使线圈边之间的距离也是一个极距，则

相邻线圈边中通过相反方向的电流，所建立的磁场具有4个极性，如图2-42b所示。由此可见，在相邻极距内属于一相绕组，而相邻一个极距的线圈边，有相反方向电流时，才能建立极数符合给定的磁动势的磁场之要求。

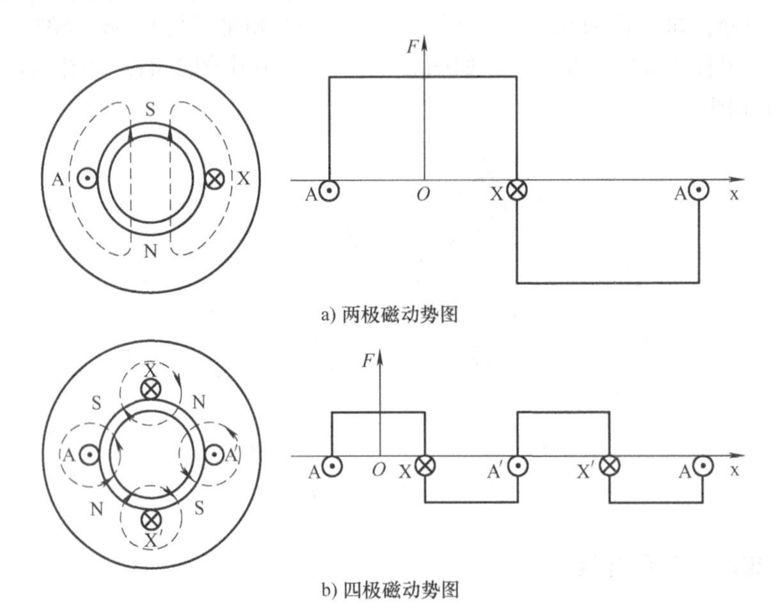

图2-42　两极与四极磁动势图

（3）确定相带

根据对称的要求，每一相绕组在定子内圆上应占有相等的槽数 Q_1/m（m 为相数，Q_1/m 必须是整数）。一般属于每相的槽，不集中在一起，而是将它们按极距对称而均匀地分组。每个极距内有一个组，每个组内含有的槽数即为每极每相的槽数 $q=Q_1/(2mp)$，若 $Q_1=24$，$m=3$，$2p=4$，则 $q=2$。这种每个极距内属于同相的槽所占有的区域称为“相带”。按照上面所分析的磁极极性的要求，每相绕组的所有相带均需相隔一个极距。因为一个极距为180°电角度，而三相绕组每个极距内共有三个相带，则每个相带为60°电角度，这样排列的对称三相绕组称为60°相带绕组。一般的三相异步电动机中都采用这种60°相带的三相绕组。

（4）画定子槽的绕组展开图

将槽编号，分相带，并确定各相的相带。$p=2$、$Q_1=24$ 时，一相绕组的构成如图2-43所示。以单层绕组为例，根据对线圈边中电流方向的要求，就可以画出一相绕组的线圈及其互相间的连接，实际上就是将四个整距线圈分成两个组，每组由两个线圈串联，将第一个线圈中两个线圈边嵌入1、2槽，另外两个线圈边嵌入7、8槽，第二个线圈组中的四个边分别嵌入13、14和19、20槽中。把第一个线圈组与第二个线圈组按电流方向的要求进行串联（或并联），就构成一相绕组，如图2-43b所示。

把上面所说的几点归纳起来，可得出一般三相绕组的排列和连接的方法为：①计算极距 τ；②计算每极每相槽数 q；③划分相带；④组成线圈组；⑤按极性对电流方向的要求分别构成一相绕组。

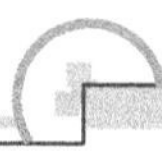

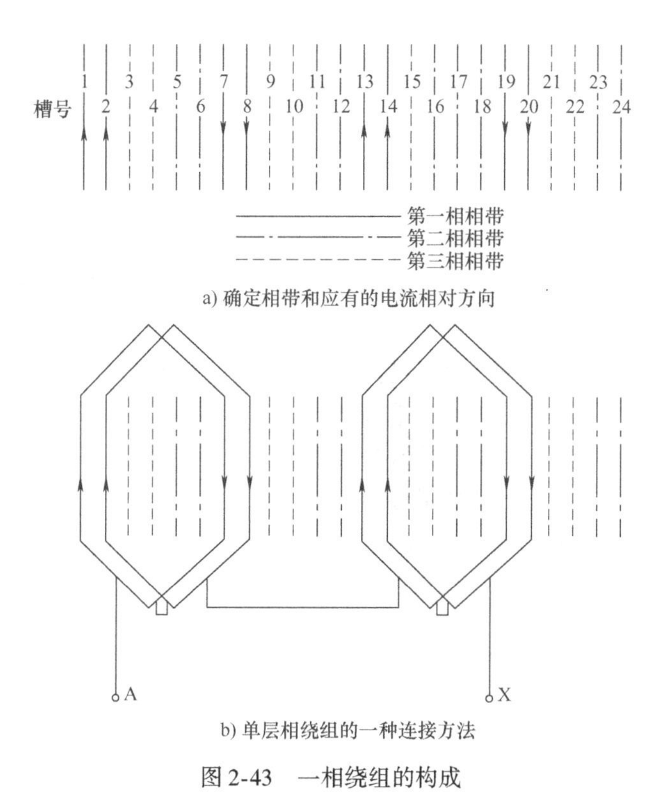

a) 确定相带和应有的电流相对方向

b) 单层相绕组的一种连接方法

图 2-43　一相绕组的构成

3. 三相单层绕组

单层绕组的每一个槽内只有一个线圈边。整个绕组的线圈数等于总槽数的一半。在小型三相异步电动机里常采用单层绕组，因为这种绕组嵌线比较方便，槽内没有层间绝缘，槽的利用率高，但它的磁动势和电动势的波形比双层绕组稍差。下面用定子槽数 $Q_1=24$ 的两极电机的定子绕组说明单层绕组的构成。

（1）计算极距

$$\tau=\frac{Q_1}{2P}=\frac{24}{2}=12$$

（2）计算每极每相槽数

$$q=\frac{Q_1}{2mp}=\frac{24}{2\times3\times1}=4$$

（3）划分相带

电机为两极，每个极距内有 3 个相带，整个定子共有 6 个相带，每个相带有 4 个槽，将各相带槽号列在表 2-15 中，依次将 23、24、1、2 划分为一个相带。

表 2-15　各相带槽号

槽号	相带					
	A	Z	B	X	C	Y
第一对极	23、24、1、2	3、4、5、6	7、8、9、10	11、12、13、14	15、16、17、18	19、20、21、22

（4）组成线圈组

按上面的连接方法，A 相的线圈组应由线圈边 23、11，24、12，1、13，2、14 分别组成的四个线圈依次串联而组成，如图 2-44a 所示。B、C 两相进行同样连接就可构成三组单层绕组。但是，这样组成的线圈组，端接部分重叠层数较多，而所形成的磁动势仅与线圈中的电流方向有关，与线圈边连接次序无关。所以，只要是属于同一相的线圈边所组成的线圈，其中通过的电流方向符合要求即可，至于由哪两个线圈边组成线圈，是可以灵活的。如将线圈边 1 与 12 组成一个大线圈，线圈边 2 与 11 组成一个小线圈，小线圈放入大线圈之内，串联起来构成线圈组。用同样方法将线圈边 13 与 24、14 与 23 组成线圈组，再将这两个线圈组的末端（右端边为末端）连接起来，如图 2-44b 所示，可得到同样的线圈中电流的分布情况，却克服了线圈组端接部分重叠层数较多的缺点。将 B、C 两相绕组的线圈进行相同排列和连接，就得出如图 2-44c 所示的三相单层绕组展开图。

线圈具有这种形式的对称三相绕组称为同心式绕组，同心式绕组的特点就是线圈组中各线圈节距不等，各线圈的轴线重合。同心式绕组的优点是端接部分互相错开，重叠层数较少，便于布置，散热较好；缺点是线圈大小不等，绕线不便。

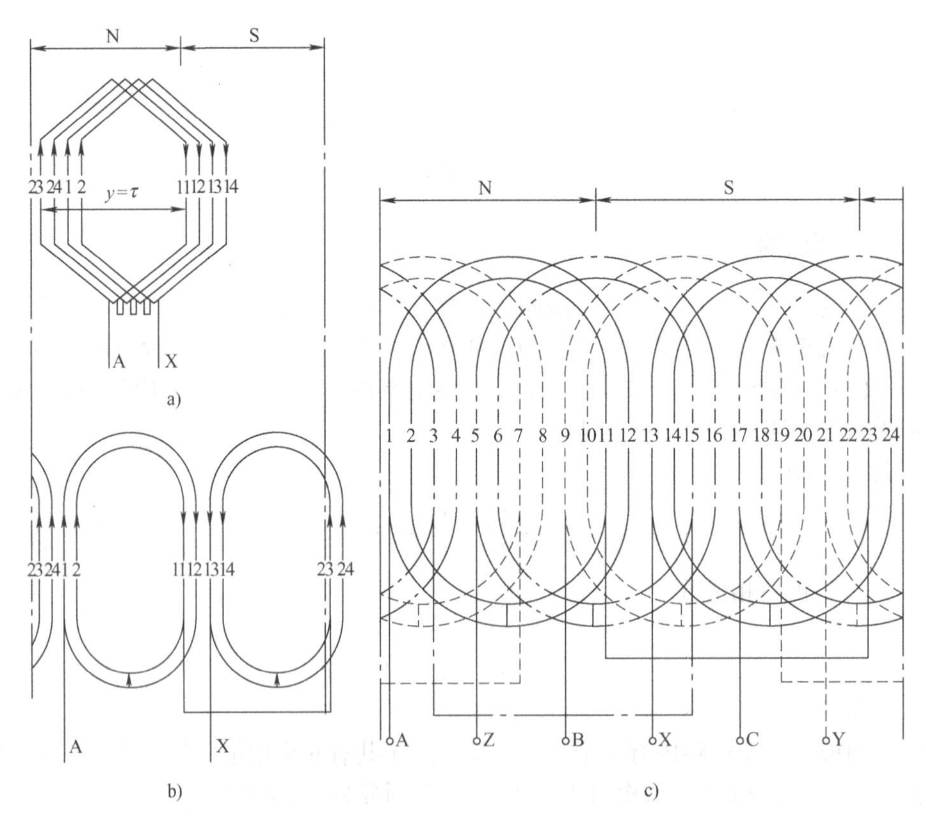

图 2-44　相绕组的构成

4. 三相双层绕组

双层绕组每个槽内有上下两个线圈边，每个线圈的一个边就放在某一个槽的上层，另一个边放在相隔节距 y_1 的下层，整个绕组的线圈数等于槽数。双层绕组所有线圈尺寸相同，

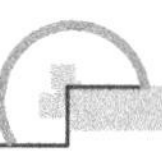

便于绕制，端接部分形状排列整齐，有利于散热和增强机械强度。在后面分析磁动势和电动势时可知，从电磁角度来看，可以选择最有利的节距 y_1，结合绕组本身均匀地分布这一性质，可改善磁动势和电动势波形。和直流电机一样，交流电机的双层绕组根据线圈形状端部以及端接部分的连接，也有叠绕组和波绕组两种。不过交流电机的整个绕组不一定接成闭合绕组，而是根据需要来定，接成三角形的三相绕组就是闭合绕组，接成星形的是不闭合绕组。下面以三相四极 36 槽的双层叠绕组为例来说明三相双层绕组的排列和连接。

（1）计算极距

$$\tau=\frac{Q_1}{2p}=\frac{36}{4}=9$$

（2）选择节距

选择短节距

$$y_1=8$$

（3）计算每极每相槽数

$$q=\frac{Q_1}{2mp}=\frac{36}{2\times3\times2}=3$$

并且计算槽距角

$$\alpha=\frac{60°}{q}=20°$$

（4）画绕组展开图

双层叠绕组的线圈组组成原则和单层绕组一样，但必须注意到，由于双层绕组的线圈边数是单层绕组的两倍，所以属于同一相的线圈组的组数也增加一倍，从图 2-43 可知，由于单层绕组中每槽只有一个线圈边，组成线圈组的两组线圈边必须一一对应，相隔 180°电角度。但在双层绕组中，没有这种限制，因为组成线圈组的线圈边之间的距离决定于所选定的节距 y_1。在图 2-45 中，选择线圈节距 $y_1=8$，1 号线圈的一个边放在 1 号槽的上层，另一个边放在 $1+8=9$ 号槽的下层；同理，2、3 号线圈的一个边分别放在 2、3 号槽的上层，另一个边分别放在 10、11 号槽的下层。将 1、2、3 号线圈串联起来组成一个线圈组；同理，10、11、12 号，19、20、21，28、29、30 号线圈分别串联组成线圈组。同时，认为线圈组中的上层边在 N 极极距内属于“+A”相带；上层边在 S 极极距内的属于“-A”相带。如 1、2、3 和 19、20、21 号分别组成的线圈组属于“+A”，10、11、12 号和 28、29、30 号线圈分别组成的线圈组属于“-A”相带，然后把这四个线圈组串联或并联。

由于 N 极极距内线圈组与 S 极极距内线圈组中的电流方向必须相反，所以，若串联“+A”相带的线圈与“-A”相带的线圈组反向串联，即末端与末端相连，首端引出，或首端与首端相连，末端引出，这种形式的示意图如图 2-46a 所示。如果要把“+A”相带的线圈组与“-A”相带的线圈组接成并联，则“+A”的首端与-A 的末端、+A 的末端与-A 的首端连接，如图 2-46b 所示。同一极性下的线圈组接成并联，必须是首端与首端，末端与末端相连。根据这一连接原则，在图 2-45a 中，A 相 4 个线圈组接成一路串联，连接顺序如图 2-47 所示。

若要将这种绕组的相绕组接成两路并联，其连接顺序如图 2-48 所示。用同样方法可构成 B、C 两相绕组。

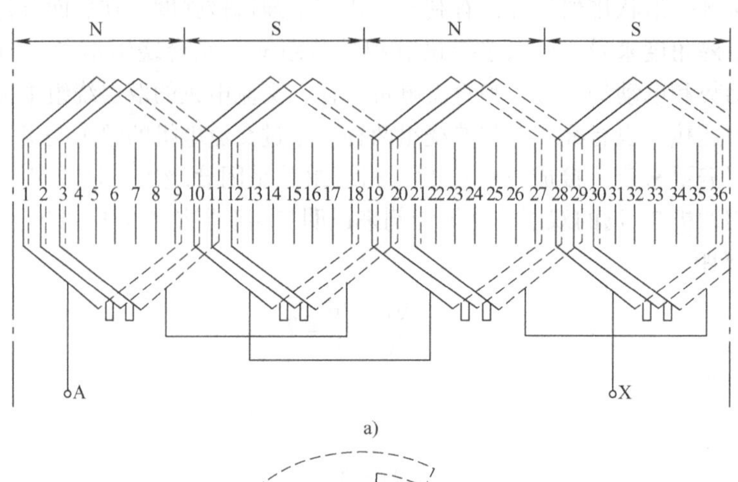

a)

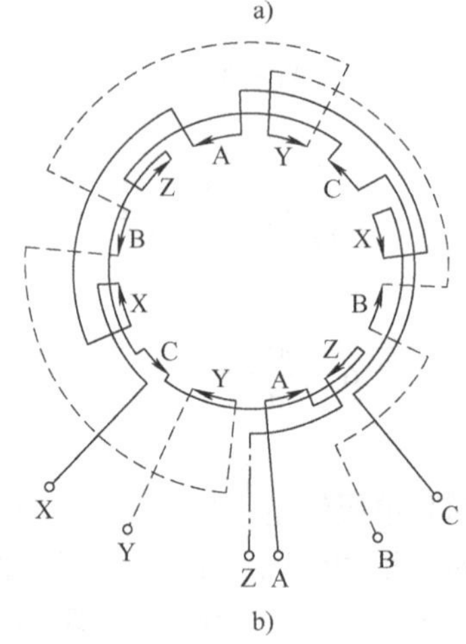

b)

图 2-45　三相双层叠绕组（$Q_1=36$，$2p=4$，$a=1$）

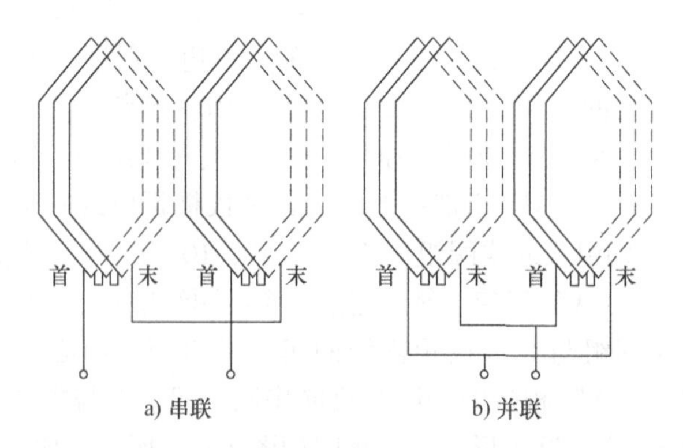

a) 串联　　b) 并联

图 2-46　不同磁极极性下相绕组的串联与并联

工厂中，常用线圈组的圆形接线图来指导接线。上述双层叠绕组的圆形接线如图 2-45b 所示。图中用一段圆弧表示一个线圈组，圆弧上的箭头表示线圈组所在相带的正、负。正相带 A、B、C 的箭头均为同一方向，负相带 X、Y、Z 为反方向，各线圈组间的连接均为反向连接。这种线圈组的圆形接线图画法简单、方便，线圈组间的接线清楚、明确。

从图 2-45 可看出，叠绕组线圈组之间连接线较长，在极数较多时，连接线就多。对于

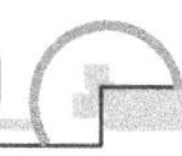

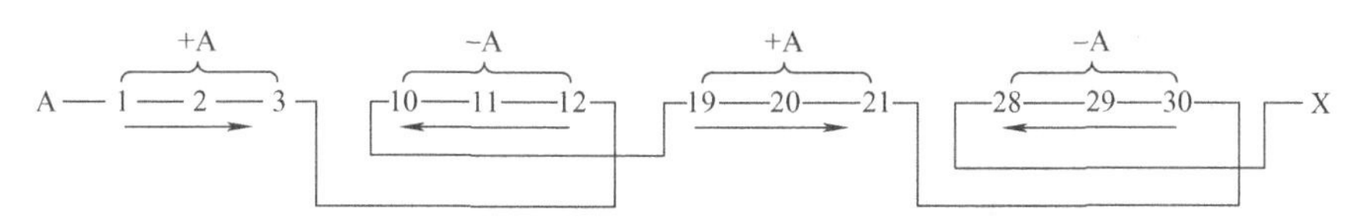

图 2-47　A 相 4 个线圈组一路串联的连接顺序

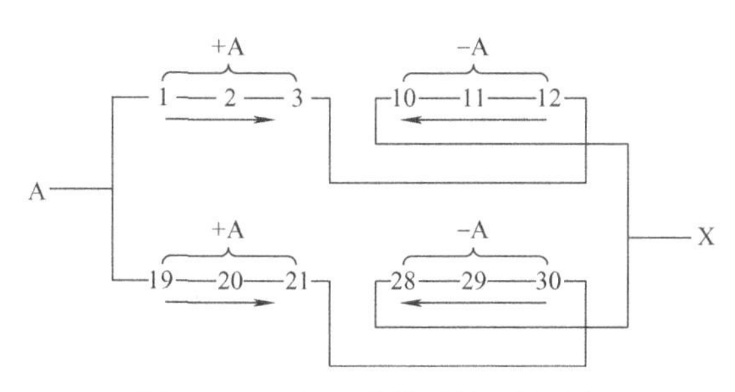

图 2-48　A 相两路并联的连接顺序

绕线转子三相异步电动机的转子绕组，如接线过多，就不易绑扎固定，同时重量也不易平衡。为了避免这个缺点，绕线转子中往往采用波绕组。和直流电机一样，波绕组两个互相连接的线圈的性质如同波浪前进。波绕组的相带划分与槽号分配，和叠绕组完全相同，连接规则和直流电机的波绕组类似，即把所有同一极性（如 N_1、N_2……）下属于同一相的线圈按一定次序串联起来，组成一组；再把所有另一极性（如 S_1、S_2……）下属于同一相的线圈按一定的次序串联起来，组成另一组；最后把这两组线圈根据需要接成串联或并联，这样就构成了一相绕组。例如，把上面所分析的四极 36 槽、$y_1=8$ 的定子绕组绕成波绕组，线圈应按下列次序连接，展开图如图 2-49 所示。

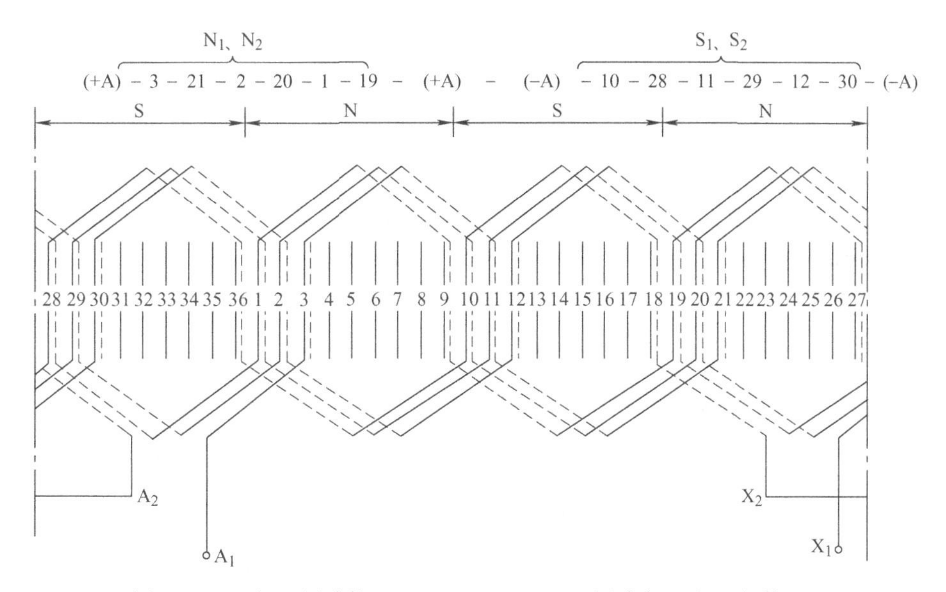

图 2-49　三相双层波绕组（$Q_1=36$，$2p=4$，图中仅画出 A 相绕组）

2.4 同步电机结构及工作原理

同步电机按运行方式可分为发电机、电动机和调相机三种；按原动机类别分，同步发电机又可分为汽轮发电机、水轮发电机、柴油发电机以及风力发电机等；同步电机按结构形式可分为旋转电枢式和旋转磁极式两种，如图2-50所示，旋转电枢式只用于小容量同步电机中，对于高压、中大容量的同步电机，由于让高压和大电流从电刷和集电环的滑动接触处引出很不可靠，因此都采用旋转磁极式，目前旋转磁极式已成为同步电机的基本结构形式。

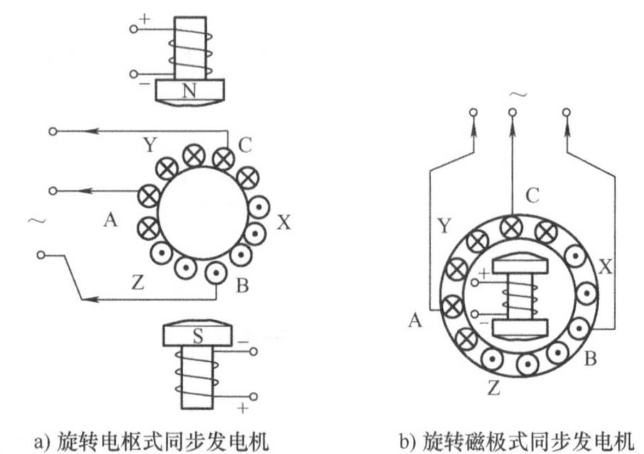

图2-50 同步电机结构形式

2.4.1 同步电机的基本类型与结构

在旋转磁极式同步电机中，按照磁极的形状又可分为隐极式和凸极式两种（图2-51）。隐极（式）同步电机的气隙是均匀的，转子呈圆柱形。凸极（式）同步电机的气隙是不均匀的，极弧下气隙较小，而极间较大。由于同步电机的励磁是由直流电源供给的，并不需要电网供给无功功率，故其气隙可以较大，其值在0.5 ~10cm的范围内；而对异步电机来说，则气隙很小，通常不超过0.3cm。我国电网的标准频率是50Hz，此时同步电机的最高转速为3000r/min，从转子的机械强度和更好地固定转子绕组来看，以采用隐极式结构更为可靠、合理。而当转子的转速和离心力较小时，采用比较简单的凸极式结构。

风力发电机采用风力作为动力驱动风轮旋转，转速较低，属于低转速原动机，若发电机由风轮直接驱动，则一般采用凸极式同步电机，如直驱永磁同步风力发电机，也有采用高转速的异步电机作为发电机的，但中间必须加装增速齿轮箱，如双馈异步风力发电机。同步电动机、由内燃机拖动的同步发电机和同步调相机一般都做成凸极式，少数高速（$2p=2$）同步电动机也有做成隐极式的。

下面分别介绍隐极式和凸极式两类同步电机的结构特点。

1. 隐极式同步电机的基本结构

下面以汽轮发电机为例来说明隐极式同步电机的基本结构，它由定子、转子、端盖和轴承等部件构成。图2-52所示是汽轮发电机的实物外形图。

（1）定子

定子是由铁心、绕组、机座以及固定这些部分的其他结构件组成。定子铁心一般采用厚0.5mm的D41硅钢片叠成，每叠厚3 ~ 6cm，叠与叠之间留有宽1cm的通风槽，如图2-53所示。

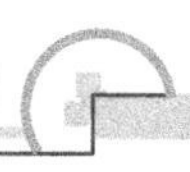

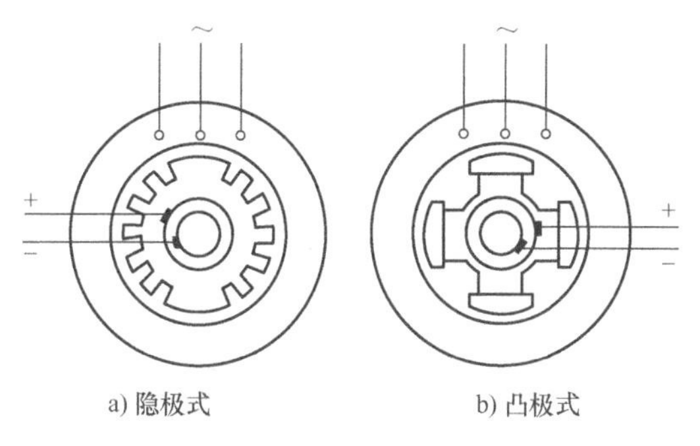

图 2-51　磁极式同步电机结构

图 2-52　汽轮发电机实物外形图

图 2-53　汽轮发电机定子铁心

定子机座为钢板焊接结构，其作用除了支撑定子铁心外，还要组成所需的通风路径。因此要求它有足够的刚度和强度，以承受加工、运输、起吊及运行中的各种力。

定子绕组是由嵌在定子铁心槽内的线圈按一定规律连接而成，一般均采用三相双层短距叠绕组。由于汽轮发电机容量大，因此带来了两个问题：一是为避免电流太大，定子绕组选用较高的电压，一般取 6. 3kV、10. 5kV 和 13. 8kV；二是由于定子绕组电流大，每个槽内一般只嵌放两个有效导体（或称线棒）。为了减少涡流损耗，每根导体常由多股截面积为 $15mm^2$ 以下的扁铜线并联组成，并且在槽内直线部分进行编织换位，如图 2-54 所示。

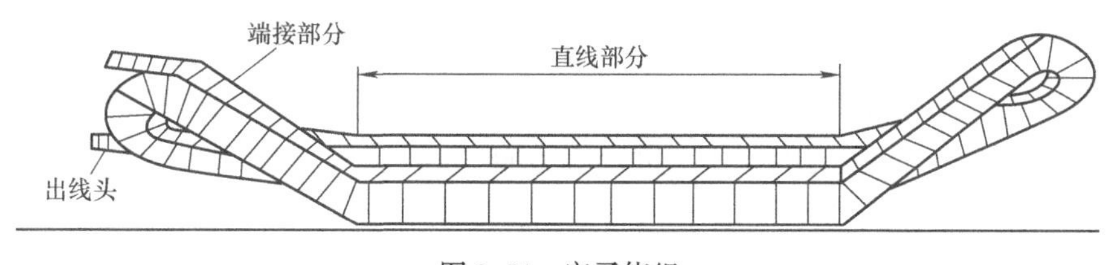

图 2-54　定子绕组

（2）转子

转子由转子铁心、励磁绕组、护环、中心环、集电环及风扇等部件组成，如图 2-55 所示。由于转速高，转子直径受离心力的影响，最多只能取到 1. 5m，因此转子呈细长圆柱形。

1）转子铁心（也称转子本体）。转子铁心是汽轮发电机最关键的部件之一。它既是电机磁路的主要组成部件，又由于高速旋转而承受着很大的机械应力，所以一般都采用整块的高机械强度和良好导磁性能的合金钢锻成，与转轴锻成一个整体。沿转子铁心表面用铣床铣出槽以安放励磁绕组，槽的排列形状有辐射式（图 2-56a）和平行式（图 2-56b）两种，前者

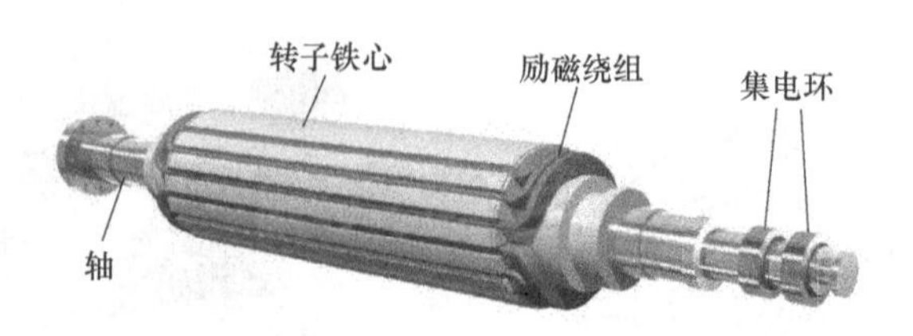

图 2-55　隐极式同步电机转子结构示意图

用得较普遍。从结构图中可见，在一个极距内约有 1/3 部分没有开槽，叫作大齿，作为发电机的主磁极，大齿的中心实际上就是磁极的中心。

转子槽形一般做成开口槽，使励磁绕组安装方便，并易于保证绕组绝缘质量。为了有效地散去励磁绕组铜损耗的热量，有时在转子槽底部铣出较窄的通风槽。

2）励磁绕组。如图 2-57 所示，励磁绕组由扁铜线绕成同心式线圈。各线匝之间垫有绝缘，线圈与铁心之间要有可靠的“对地绝缘”。励磁绕组是被槽楔压紧在槽里的，由于转子圆周速度很高，槽楔必须采用具有较高机械强度的材料，如硬质铝合金及铝铁镍青铜。

大容量汽轮发电机为了降低不平衡运行时转子的发热，在每一槽楔与转子导体之间放置细长铜片，其两端接到转子两端的阻尼端环上，形成一短路绕组，称为阻尼绕组。当电机负载不平衡或发生振荡时，阻尼绕组中感应出电流，可减弱负序旋转磁场和由其引起的转子杂散损耗和发热，并使振荡衰减。

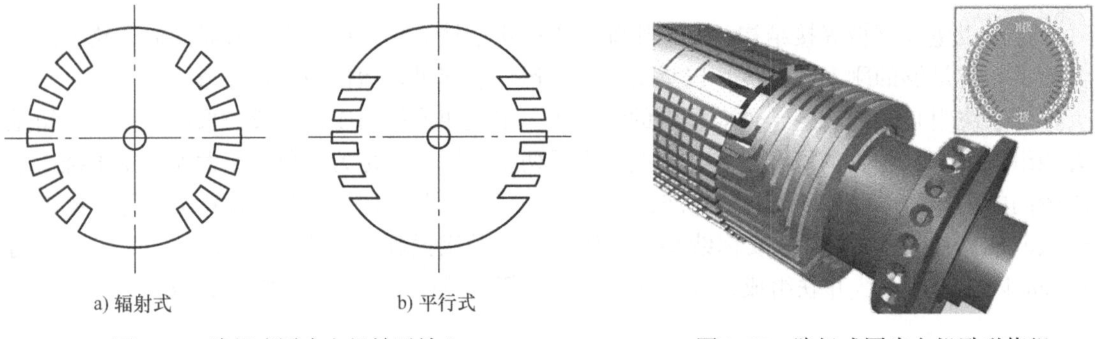

图 2-56　隐极式同步电机转子铁心

图 2-57　隐极式同步电机励磁绕组

3）护环、中心环、集电环和风扇。护环是一个厚壁金属圆筒，用来保护励磁绕组的端部使其紧密地压在护环和轴之间，不会因离心力而甩出。而中心环则用以支撑护环并阻止励磁绕组端部沿轴向的移动。护环一般由无磁性合金钢制作而成，它所受到的总应力是十分巨大的，对大容量电机，其值可高达 590N/mm^2。集电环装在转子轴上，通过引线接到励磁绕组，并由电刷装置接到励磁装置。

（3）端盖和轴承

端盖的作用是将电机本体的两端封盖起来，并与机座、定子铁心和转子一起构成电机内部完整的通风系统。端盖多用无磁性的轻型材料硅铝合金铸造而成。汽轮发电机的轴承都采用油膜液体润滑的座式轴承，并配有复杂的油循环系统。

2. 凸极式同步电机的基本结构

凸极式同步电机的典型结构拆解如图 2-58 所示，主要由定子、转子、转轴、外壳机座

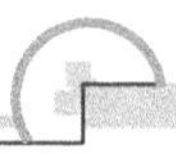

及风扇等组成，凸极式同步电机有卧式和立式两类。大多数同步电动机、调相机和用内燃机或冲击式水轮机拖动的发电机采用卧式结构。低速、大型水轮发电机和大型水泵电动机则采用立式结构。

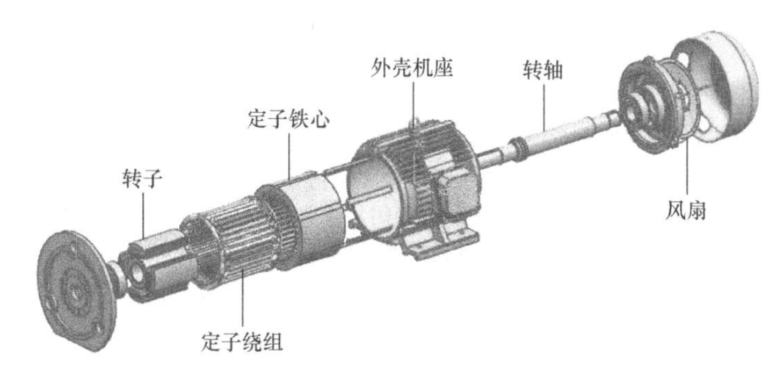

图 2-58 凸极式同步电机典型结构拆解图

图 2-59 是一台卧式凸极同步电机转子的典型结构。磁极一般由厚 1 ~ 3mm 的钢板冲片叠压铆成，在高速电机中采用实心磁极。励磁绕组除小容量同步电机采用圆线绕制外，大多数采用扁线绕制成的同心式线圈套在磁极的极身上。磁轭有的是铸钢铸成，有的采用叠片磁轭。阻尼绕组是由许多插在磁极极靴槽中的铜条或黄铜条在两端用短路环连接起来而构成的。

下面以水轮凸极式发电机为例介绍各主要部件的结构特点。

（1）定子

由于大容量水轮发电机直径很大，为了便于运输，通常把定子分成二、四或六瓣，分别制造好后，再运到电站拼装成一个整体。定子绕组与汽轮发电机主要有两点不同：一是广泛采用分数槽绕组；二是大容量水轮发电机为节省极间连接线，一般采用单匝波绕组。

（2）转子

转子由转轴、转子支架、转子磁轭及磁极组成，水轮发电机转子实物图如图 2-60 所示。

转轴是用于传递转矩之用，并承受转动部分重量和水轮机轴向水推力，通常由高强度钢整体锻成，常做成空心，以减轻重量和便于检查锻件质量；转子支架是由于水轮发电机的转子尺寸很大，因而在转轴和转子磁轭之间增加了一个过渡结构；转子磁轭主要用来组成磁路和固定磁极，一般用厚 2 ~ 5mm 的钢板冲成扇形片；磁极一般采用厚 1 ~ 1.5mm 的钢板冲片叠压而成，用螺杆拉紧。

图 2-59 卧式凸极同步电机转子典型结构

图 2-60 水轮发电机转子

综上所述，隐极式同步电机和凸极式同步电机的结构对比见表2-16。

表2-16 隐极式和凸极式同步电机结构对比

同步电机类型	结构特点	
	定子	转子
隐极式同步电机	定子是由铁心、绕组、机座以及固定这些部分的其他结构件组成 定子铁心一般采用厚0.5mm硅钢片叠成。定子绕组由嵌在定子铁心槽内的线圈按一定规律连接而成，一般均采用三相双层绕组	转子由转子铁心、励磁绕组、护环、中心环、集电环及风扇等部件组成 转子无明显的磁极，励磁绕组由扁铜线绕成同心式线圈。各线匝之间垫有绝缘，线圈与铁心之间要有可靠的“对地绝缘”
凸极式同步电机	以水轮发电机和汽轮发电机为典型结构，二者定子绕组主要有两点不同：一是广泛采用分数槽绕组；二是大容量水轮发电机为节省极间连接线，一般采用单匝波绕组	转子由转轴、转子支架、转子磁轭及磁极组成 转子由明显的磁极，一般磁极数为4极以上，主要用于转速较低的水力发电机或风力发电机

2.4.2 同步电机的工作原理

图2-61所示为同步发电机的工作原理图，它由定子和转子两部分组成。定子铁心内圆上均匀分布的槽内嵌放三相对称绕组，转子主磁极由磁极铁心和励磁绕组组成。以发电机为例，定子上有AX、BY、CZ三相绕组，它们在空间上彼此相差120°电角度，每相绕组的匝数相等。转子磁极（简称主磁极）上装有励磁绕组，由直流励磁，其磁通从转子N极出来经过气隙、定子铁心、气隙，进入转子S极而构成回路，如果用原动机拖动发电机沿顺时针方向恒速旋转，则磁极的磁力线将切割定子绕组的导体，由电磁感应定律可知，在定子导体中就会感应出交变电动势。设磁极磁场的气隙磁密沿圆周按正弦规律分布，则导体电动势也随时间按正弦规律变化。

多相交流电动势存在大小、频率、波形和对称等问题，电动势的频率可这样决定：当转子为一对极时，转子旋转一周，绕组中的感应电动势正好交变一次（即一周波）；当电机有p对极时，则转子旋转一周时，感应电动势交变p次（即p个周波）；设转子每分钟转数为n，则转子每秒钟旋转$n/60$转，因此感应电动势每秒交变$pn/60$次，即电动势的频率（单位：Hz）为

$$f=\frac{pn}{60} \tag{2-22}$$

从上式可见，感应电动势的频率f等于电机的极对数p与转子每秒钟的转速$n/60$的乘积。我国国家标准规定工业交流电动势的频率为50Hz，因此电机的极数和转速成反比关系。例如，在汽轮发电机中，如果$n=3000$r/min，电机为一对极；$n=1500$r/min，电机为两对极。所以转速越低则极对数越多。在水轮发电机中，如果$n=100$r/min，则电机为30对极。

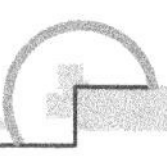

如果在图2-61所示三相绕组的出线端接上三相负载，便有电能输出，也就是说发电机把机械能转换成电能。从式(2-22)可见，同步电机的转速 n 和电网频率 f 之间有严格不变的关系，即当电网频率 f 一定时，电机的转速 $n=60f/p$ 为一恒值，而异步电机就不是这样，这是同步电机和异步电机的基本差别。

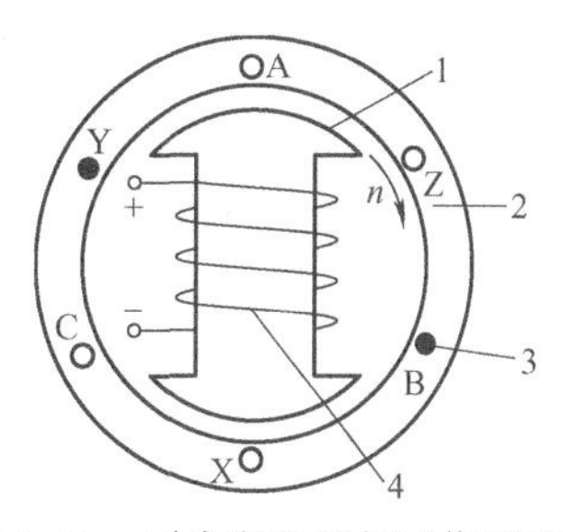

图2-61　同步发电机的工作原理图
1—磁极　2—定子铁心
3—定子绕组　4—励磁绕组

2.4.3　同步电机额定值

同步电机的额定值（铭牌值）及说明见表2-17。

表2-17　同步电机额定值

额定值	说明
额定容量 S_N	指出线端的额定视在功率，一般以千伏安（kV·A）或兆伏安（MV·A，即百万伏安）为单位
额定功率 P_N	指发电机输出的额定有功功率，或指电动机轴上输出的有效机械功率，一般以千瓦（kW）或兆瓦（MW，即百万瓦）为单位
额定电压 U_N	指在额定运行时电机定子的线电压，单位为伏（V）或千伏（kV）
额定电流 I_N	指电机在额定运行时流过定子的线电流，单位为安（A）
额定功率因数 $\cos\varphi_N$	电机在额定运行时的功率因数
额定效率 η_N	电机额定运行时的效率

综合以上额定值的定义，可以得出它们之间的基本关系，即对三相交流发电机来说，有

$$P_N = S_N\cos\varphi_N = \sqrt{3}U_NI_N\cos\varphi_N \tag{2-23}$$

对三相交流电动机来说，则为

$$P_N = \sqrt{3}U_NI_N\cos\varphi_N\eta_N \tag{2-24}$$

除了上述额定值外，铭牌上还列出电机的额定频率 f_N（Hz）、额定转速 n_N（r/min）、额定励磁电流 I_N 和额定励磁电压 U_N 等。

2.4.4　永磁同步发电机结构及工作原理

1. 转子结构

永磁同步发电机采用永磁体励磁，由于省去了集电环、电刷及励磁装置，使电机结构简化，消除了励磁损耗，电机的效率也提高了。永磁电机的主要缺点是具有高矫顽力的永磁材料，其价格十分昂贵，且在使用永磁同步电机的过程中，最大的风险就是由于高温而引起的消磁。永磁同步电机的转子结构图如图2-62所示，由永磁体、转子铁心和转轴组成，根据永磁体放置方式的不同，可分为面贴式(图2-62a)和插入式(图2-62b)。永磁发电机的缺点是不能调节其发出的电压，为了减少由于定子漏抗压降和电枢反应的去磁作用带来的负载对电机电压的降低，定子应采用开口槽并适当增大气隙，所以永磁电机的短路比很大。当需要保持输出电压恒定时，应采取专门的措施；或者在定子轭部增加辅助的控制绕组或者在输出

回路中串联电容。采用高速旋转的多极永磁发电机是特别合算的，例如20极3000r/min的永磁发电机，其电动势频率为300Hz。显然可见，随着新型高性能永磁材料的不断出现和半导体变频装置的发展，永磁电机终将会用于中、大容量的同步电机中。

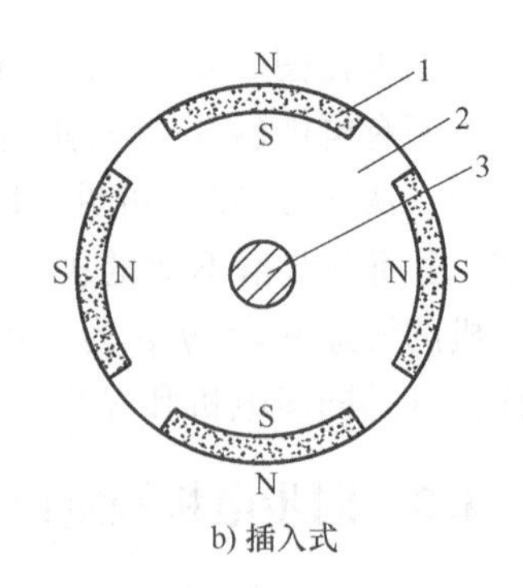

图2-62　永磁同步电机的转子结构图
1—永磁体　2—转子铁心　3—转轴

2. 永磁同步发电机工作原理

电机是以磁场为媒介进行机械能和电能相互转换的电磁装置。为在电机内建立进行机电能量转换所必需的气隙磁场，可有两种方法：一种是在电机绕组内通以电流来产生磁场，如普通的直流电机、同步电机和异步电机等；另一种是由永磁体来产生磁场，即永磁同步电机。从基本原理来讲，永磁同步电机与传统电励磁同步电机是一样的，其唯一区别为传统的电励磁同步电机是通过在励磁绕组中通入电流来产生磁场的，而永磁同步电机是通过永磁体来建立磁场的，并由此引起两者分析方法存在差异，如图2-63所示为永磁同步发电机模型图。与普通电机一样，永磁同步电机也主要由定子和转子两大部件组成，定子一般由铁心和绕组组成，绕组绕制成三相，相互之间相差120°电角度，转子采用永磁体励磁，目前主要以钕铁硼作为永磁材料，当原动机拖动转子以转速 n 旋转时，转子磁场切割定子绕组，在定子绕组中产生感应电动势，接入负载则有电能输出。采用永磁体简化了电机的结构，没有转子铜耗，提高了电机的可靠性及效率。

根据 $\omega=2\pi f$ 可得出电机转速与频率的关系：

$$n_1=n=\frac{60f}{p} \tag{2-25}$$

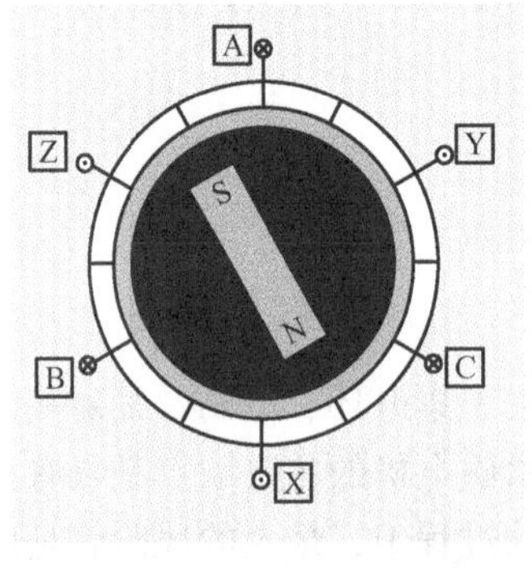

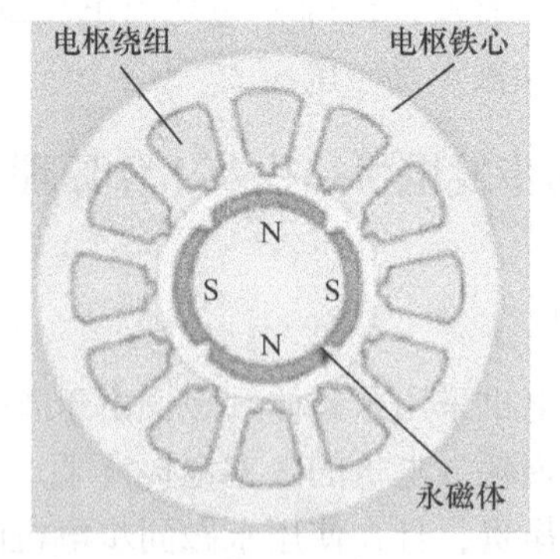

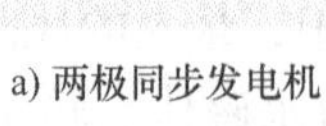
a) 两极同步发电机　　b) 四极同步发电机

图2-63　永磁同步发电机工作原理模型

2.4.5　同步电机的励磁方式

从原理上分析已知，同步发电机运行时必须在转子绕组中通入直流电流建立磁场，这个

电流就叫作励磁电流。我们把供给励磁电流的电压及其附属设备（励磁调节器、灭磁装置）统称为励磁系统。励磁系统是同步电机的一个重要组成部分，励磁系统和励磁元件的性能对电机运行有重大影响。

目前采用的励磁系统可分为两大类：一类是直流发电机励磁系统；另一类是采用整流装置，将交流电流变成直流电流，然后送入同步电机的励磁绕组，称为交流整流励磁系统。下面对这两类励磁系统做一简要说明。

1. 直流励磁机励磁

直流励磁机励磁系统具有较长的历史，其简单电路如图 2-64 所示。作励磁机用的直流发电机通常采用并励，其中R_f接到自动调励装置。当主发电机的负载变化时，自动调励装置就改变 R_f 阻值，自动调节励磁机的励磁电流 i_f，使主发电机的励磁电流 I_f 做相应变化，以保证输出端电压为额定值或只在额定值左右做微小变动。短路开关 S 是当电网突然短路时它就立即闭合而切除 R_f，使直流励磁机输出电压迅速地大幅度升高，以适应同步发电机强励的要求。

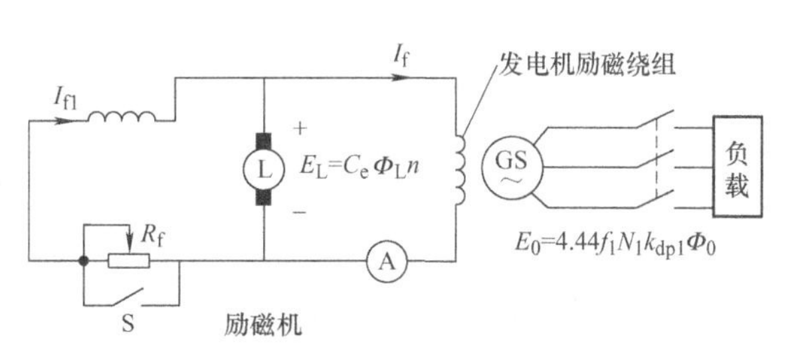

图 2-64 直流励磁机励磁系统

2. 交流整流励磁系统

交流整流励磁系统有静止式和旋转式两种，静止的交流整流励磁系统又可分为自励式与他励式两种。

（1）自励式静止半导体励磁系统

这种励磁系统又称晶闸管自励恒压励磁系统，其原理如图 2-65 所示。当发电机空载时，单独由晶闸管整流桥供给励磁；当发电机负载时，复励变流器经硅整流桥又给发电机提供复励电流，有了复励电流，就可在一定程度上对发电机随负载而变化的电压进行自动调节。在三相短路的情况下，发电机端电压等于零，但此时电流将急剧增大，只由复励部分单独提供励磁电流，并能起到一定的强励效果。除此以外，图中还简要地示出了自动电压调整器的控制电路。它由电压互感器和电流互感器分别测得电压和电流的变化，通过自动电压调整器进行比较后，送到晶闸管整流桥进行自动控制。

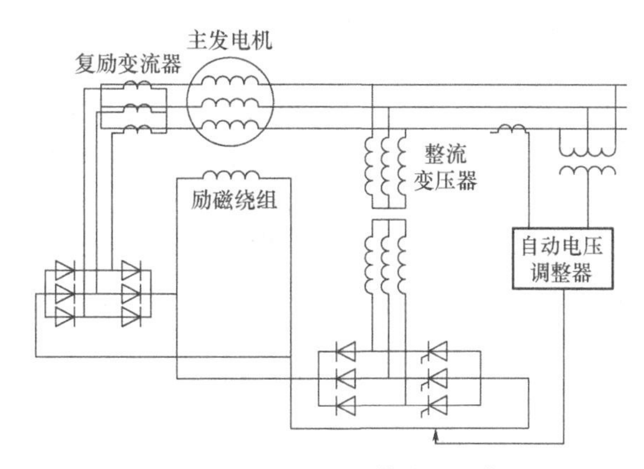

图 2-65 自励式静止半导体励磁系统原理图

（2）他励式静止半导体励磁系统

这种励磁系统的原理如图 2-66 所示，它由交流励磁机、交流副励磁机、硅整流装置、自动电压调整器等部分组成。其作用原理如下：同步发电机的励磁电流，是由与它同轴的交流副励磁机经静止的硅整流器整流后供给，而交流励磁机的励磁电流，则由副励磁机（国内多采用400Hz的中频发电机）通过晶闸管整流器整流后供给。至于副励磁机的励磁电流，开始可由外部直流电源建压，待建压后，则改由自励恒压装置供给（即转为自励方式），并保持电压恒定。自动电压调整器跟自励式静止半导体励磁系统完全一样。为了使主发电机的励磁电流波形良好、反应速度快和减小励磁机的体积，常采用100Hz频率的三相同步发电机作励磁机。励磁机的定子绕组为三相Y接法，对三相硅整流桥装置供电。这种励磁系统比直流励磁机维护方便、性能良好，已广泛使用在大容量发电机组上。交流副励磁机也可采用永磁发电机，此时无需自励恒压装置。

（3）旋转的交流整流励磁系统

静止的交流整流励磁系统虽然解决了直流励磁机的换向器火花问题，但是它还存在集电环和电刷。如果把交流励磁机做成与主发电机同轴的旋转电枢式同步发电机，并把硅整流桥也固定在励磁机的电枢上使其一起旋转，就组成了旋转的交流整流励磁系统，这时不再需要集电环和电刷，称为无触点励磁或无刷励磁系统。

图2-67示出了这种励磁系统的原理，其中自动电压调整器系统根据主发电机的电压偏差和电流变化自动地调整交流励磁机的励磁电流，以保证主发电机输出端电压的恒定。这种励磁方法多用于必须取消集电环的特殊场合，例如防腐、防爆电机，航空上用的高速电机，以及励磁电流高达几千安培的巨型汽轮发电机上。因为不再有滑动接触导电，此系统运行可靠、维护简单；缺点是转动部分的电压、电流较难测量。

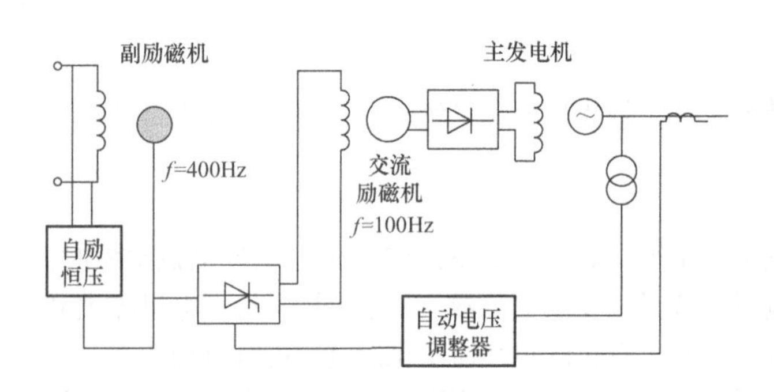

图2-66　他励式静止半导体励磁系统原理图

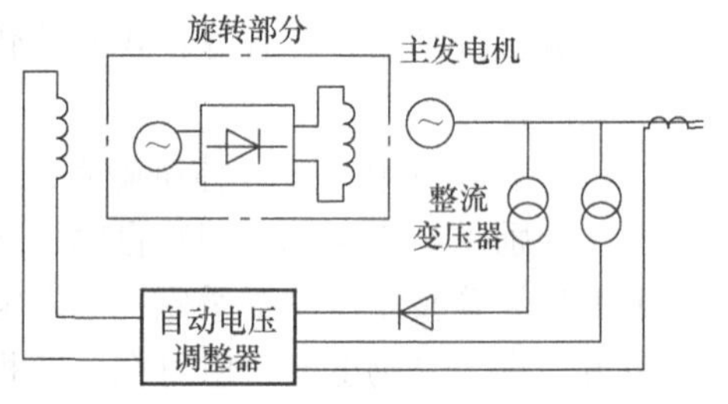

图2-67　旋转半导体励磁系统

3. 三次谐波励磁系统

图2-68是同步电机三次谐波励磁系统原理图，三次谐波励磁是一种自励方式，将交流励磁机与发电机本身合为一体。在发电机定子槽内再装设一套在电气上与电枢绕组没有联系的、独立的三次波绕组，绕组节距$y \leq 1/3\tau$，通过谐波绕组将储存于气隙磁场中的三次谐波功率引出，经过整流装置整流后供给发电机作为励磁。谐波励磁在我国小型同步发电机中获得一定应用。

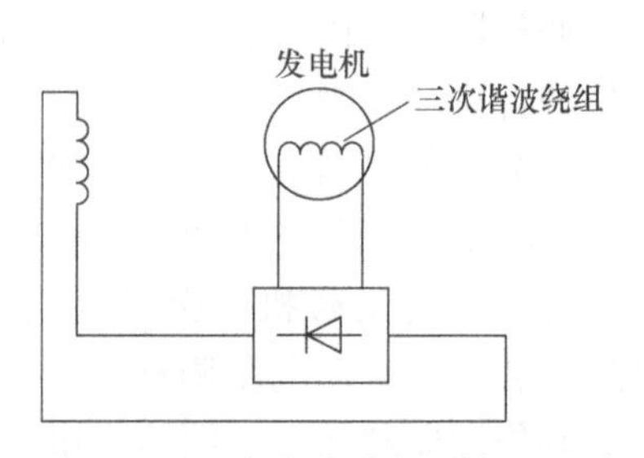

图2-68　三次谐波励磁系统原理图

几种励磁系统的特点对比见表2-18。

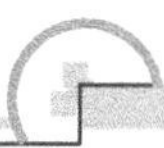

表 2-18　几种励磁系统的特点对比

励磁系统		特　点
直流励磁系统		1. 励磁机用的直流发电机通常采用并励 2. 发电机并励绕组串接自动励磁可变电阻，发电机负载变化时，调节可变电阻可改变发电机励磁电流
交流整流励磁系统	自励式静止半导体励磁系统	1. 这种励磁系统又称晶闸管自励恒压励磁系统 2. 由电压互感器和电流互感器分别测得电压和电流的变化，通过自动电压调整器进行比较后，送到晶闸管整流桥进行自动控制
	他励式静止半导体励磁系统	1. 由交流励磁机、交流副励磁机、硅整流装置、自动电压调整器等部分组成 2. 同步发电机的励磁电流，是由与它同轴的交流副励磁机经静止的硅整流器整流后供给 3. 交流励磁机的励磁电流，则由副励磁机（国内多采用400Hz 的中频发电机）通过晶闸管整流器整流后供给发电机
	旋转的交流整流励磁系统	1. 把交流励磁机做成与主发电机同轴的旋转电枢式同步发电机，并把硅整流桥也固定在励磁机的电枢上使其一起旋转，就组成了旋转的交流整流励磁系统 2. 这时不再需要集电环和电刷，称为无触点励磁或无刷励磁系统
三次谐波励磁系统		三次谐波励磁是一种自励方式，将交流励磁机与发电机本身合为一体。谐波励磁在我国小型同步发电机中获得一定应用

技能训练

技能训练 1　直流电机的拆装与电枢绕组直流电阻值测定

一、任务描述

实验室现有一直流并励电动机，其型号为 DJ15，需要进行拆装清理，并测量其电枢绕组冷态直流电流电阻，请按相关的标准、要求及步骤完成拆装及冷态直流电阻的测量。

二、任务内容

1）直流电机拆装。

2）用伏安法测量直流电机电枢绕组直流电阻。

三、任务设备

所需的设备见表 2-19。

表 2-19　设备型号及名称

序 号	型 号	名称	数 量
1	DJ15	直流并励电动机	1 台
2	D31	直流数字电压、毫安、安培表	2 件
3	D42	三相可调电阻器	1 件
4	UT502A	绝缘电阻测试仪	1 件
5		拆卸工具	若干

四、实施步骤

1. 直流电机的拆装

直流电机在结构上由于有换向器、电刷存在，给直流电机的拆装带来了一定的困难和麻烦，因此在拆装前，务必要弄清结构上的特点，特别是要了解换向器和电刷的位置，以利于直流电机的拆装。

（1）直流电机的拆装顺序

1）拆除电机所有的外部连接线。

2）拆除换向器端的端盖螺钉和轴承盖，并取下轴承外盖。

3）打开端盖的通风窗，从刷握中取出电刷，再拆下刷杆上的连接线。

4）拆卸换向器端的端盖，取出刷架。

5）用厚纸或布将换向器包好，以保持清洁及防止碰伤。

6）拆除轴伸端的端盖螺钉，将端盖连同电枢一起从定子内抽出或吊出。

7）拆除轴伸端的轴承盖螺钉，取下轴承外盖及端盖轴承，若轴承无损坏则不必拆卸。

8）直流电机的装配按拆卸时的相反步骤进行。

（2）数据记录

检查及相关数据填于表2-20。

表2-20 换向器及电刷检查记录表

内容	记录			结论
励磁绕组对地绝缘电阻				
电枢绕组对地绝缘电阻				
清洗换向器表面				
检查换向器表面痕迹	有无擦痕	有无烧痕及烧痕深度	有无沟槽及沟槽深度	
检查电刷有无磨损				

2. 用伏安法测电枢的直流电阻

1）按图2-69接线，电阻 R 用D44上1800Ω和180Ω串联共1980Ω阻值并调至最大，A表选用D31上的直流安培表，开关S选用D51挂箱上的双刀双掷开关。

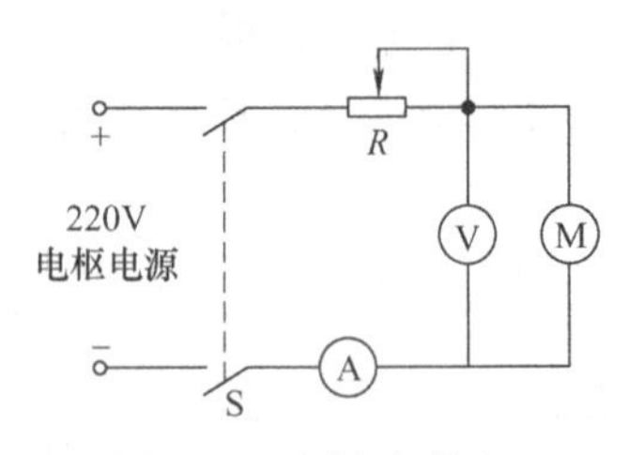

图2-69 测电枢绕组直流电阻接线图

2）经检查无误后接通电枢电源，并调至220V。调节 R 使电枢电流达到0.2A（如果电流太大，可能由于剩磁的作用使电机旋转，测量无法进行；如果电流太小，可能由于接触电阻产生较大的误差），迅速测取电机电枢两端电压 U 和电流 I。将电机转子分别旋转1/3和2/3周，同样测取 U、I 三组数据列于表2-21中。

3）增大 R 使电流分别达到0.15A和0.1A，用同样的方法测取六组数据列于表2-21中。

取三次测量的平均值作为实际冷态电阻值

$$R_a = \frac{1}{3}(R_{a1} + R_{a2} + R_{a3}) \tag{2-26}$$

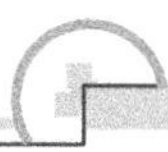

表 2-21 测量数据记录表（室温： ℃）

<table>
<tr><th>序号</th><th>U/V</th><th>I/A</th><th colspan="2">R（平均）/Ω</th><th>R_a/Ω</th><th>R_{aref}/Ω</th></tr>
<tr><td rowspan="3">1</td><td></td><td rowspan="3"></td><td>R_{a11} =</td><td rowspan="3">R_{a1} =</td><td rowspan="9"></td><td rowspan="9"></td></tr>
<tr><td></td><td>R_{a12} =</td></tr>
<tr><td></td><td>R_{a13} =</td></tr>
<tr><td rowspan="3">2</td><td></td><td rowspan="3"></td><td>R_{a21} =</td><td rowspan="3">R_{a2} =</td></tr>
<tr><td></td><td>R_{a22} =</td></tr>
<tr><td></td><td>R_{a23} =</td></tr>
<tr><td rowspan="3">3</td><td></td><td rowspan="3"></td><td>R_{a31} =</td><td rowspan="3">R_{a3} =</td></tr>
<tr><td></td><td>R_{a32} =</td></tr>
<tr><td></td><td>R_{a33} =</td></tr>
</table>

表中：

$$
\begin{aligned}
R_{a1} &= \frac{1}{3}(R_{a11}+R_{a12}+R_{a13}) \\
R_{a2} &= \frac{1}{3}(R_{a21}+R_{a22}+R_{a23}) \\
R_{a3} &= \frac{1}{3}(R_{a31}+R_{a32}+R_{a33})
\end{aligned}
\tag{2-27}
$$

4）计算基准工作温度时的电枢电阻。由实验直接测得电枢绕组电阻值，此值为实际冷态电阻值，冷态温度为室温。按下式换算到基准工作温度时的电枢绕组电阻值：

$$R_{aref} = R_a \frac{235+\theta_{ref}}{235+\theta_a} \tag{2-28}$$

式中 R_{aref}——换算到基准工作温度时电枢绕组电阻（Ω）；

R_a——电枢绕组的实际冷态电阻（Ω）；

θ_{ref}——基准工作温度，对于 E 级绝缘为 75℃；

θ_a——实际冷态时电枢绕组的温度（℃）。

3. 直流仪表、转速表和变阻器的选择

直流仪表、转速表量程是根据电机的额定值和实验中可能达到的最大值来选择，变阻器根据实验要求来选用，并按电流的大小选择串联、并联或串并联的接法。

1）电压量程的选择。如测量电动机两端为 220V 的直流电压，选用直流电压表为 1000V 量程档。

2）电流量程的选择。因为直流并励电动机的额定电流为 1.2A，测量电枢电流的电表 A 可选用直流安培表的 5A 量程档；额定励磁电流小于 0.16A，选用直流毫安表的 200mA 量程档。

3）变阻器的选择。变阻器选用的原则是根据实验中所需的阻值和流过变阻器最大的电流来确定，电阻 R 可选用 D44 上 1800Ω 和 180Ω 串联共 1980Ω 电阻。

五、思考

1）测试电枢绕组直流电阻时，电机为何不能转动？

2）测取电机电枢两端电压 U 和电流 I，为何将电机转子分别旋转 1/3 和 2/3 周？

六、考核评价

1. 教学要求

1）教师讲解主要针对基本技能要领、安全知识和技术术语。尽可能让学生自己动手动脑独立操作完成教学内容，并养成良好的工作习惯。

2）实训中每项内容均应根据实训技术要求、操作要点评出成绩，填入表 2-22 给出的评定表。

2. 考核要求

表 2-22　直流电机的拆装与直流电阻值测定

项目	技术要求	配分	评分标准	扣分
直流电机的拆装与直流电阻值测定	正确使用电机的拆装工具	10	不能正确使用一处	5
	电机的正确拆卸	15	不能正确拆卸一处	10
	拆卸后绕组的认识和掌握	15	拆卸后对绕组认识不清	10
	电刷及换向器的检查与清理	20	不能正确检查一次	10
	直流电阻的测试、接线和数据处理	20	不会接线或数据技术错误	10
	实训报告	20	实训报告不完整	10
安全文明操作、出勤		违反安全操作、损坏工具仪表、缺勤扣 20～50 分		
备注	除定额时间外，各项最高扣分不得超过配分数			
得分				

技能训练 2　三相交流异步电机结构认知

一、任务描述

实验室现有一台三相交流异步电动机，需要进行拆装清理，请按相关的标准、要求及步骤完成拆装及数据记录和处理。

二、任务内容

1）三相异步电机的拆装。

2）三相异步电机铭牌的识别及定子绕组展开图的绘制。

三、所需设备

三相笼型异步电机 1 台；拆卸工具若干；笔 1 支。

四、实施步骤

1）拆交流异步电机端盖。

2）取下转子。

3）观察三相异步电机定子及定子绕组，填写表 2-23。

4）根据表 2-23 的数据，作出该三相异步电机的定子三相绕组展开图。

表 2-23　三相交流异步电机

型号				
额定电压/V	额定电流/A	额定功率/W	额定转速/（r/min）	额定频率/Hz
定子槽数 Q_1	极距 τ	磁极数 $2p$	每极每相槽数 q	同步转速 n_1
槽距角 α	定子绕组层数	定子绕组的连接方式（同心式或叠式）		

五、思考

1）三相异步电机的磁极数与极距有何关系？为什么？

2）同心式绕组与叠式绕组各自的特点是什么？

六、考核评价

1. 教学要求

1）教师讲解主要针对基本技能要领、安全知识和技术术语。尽可能让学生自己动手动脑独立操作完成教学内容，并养成良好的工作习惯。

2）实训中每项内容均应根据实训技术要求、操作要点评出成绩，填入表 2-24 给出的评定表。

2. 考核要求

表 2-24　三相交流异步电机的结构认知成绩评定表

项目	技术要求	配分	评分标准	扣分
三相交流异步电机结构认知	正确使用电机的拆装工具	10	不能正确使用一处	5
	电机的正确拆卸	15	不能正确拆卸一处	10
	拆卸后绕组的认识和掌握	15	拆卸后对绕组认识不清	10
	电机的正确装配	20	不能正确装配一次	10
	电机装配后的检查	20	不会装配或装配后出现问题	10
	实训报告	20	实训报告不完整	10
安全文明操作、出勤		违反安全操作、损坏工具仪表、缺勤扣 20 ~ 50 分		
备注	除定额时间外，各项最高扣分不得超过配分数			
得分				

技能训练 3　同步电机结构认知与绝缘电阻值测定

一、任务描述

实验室现有一台三相凸极同步电动机，需要进行拆装清理，并测量其三相绕组和励磁绕组的绝缘电阻值，请按相关的标准、要求及步骤完成拆装及数据记录和处理。

二、任务内容

1）同步电机的拆装。

2）同步电机三相绕组相间绝缘及对地绝缘电阻的测试。

三、所需设备

三相同步电机 1 台；拆卸工具若干；笔 1 支。

四、实施步骤

1. 同步电机的拆装

1）拆三相同步电机端盖。

2）取下转子。

3）观察同步电机的定、转子结构及铭牌，填入表 2-25。

表 2-25　三相同步电机

型号				
额定电压/V	额定电流/A	额定功率/W	额定转速/（r/min）	额定频率/Hz
额定励磁电压	额定励磁电流	转子结构（凸极/隐极）	磁极数 $2p$	定子槽数 Q_1
槽距角 α	极距 τ	每极每相槽数	电刷数目	

2. 同步电机绝缘电阻值的测定

（1）绝缘电阻测试仪的使用

如图 2-70 所示是绝缘电阻测试仪的正面视图，其名称见表 2-26。

表 2-26　绝缘电阻测试仪各接口功能

1. EARTH：绝缘电阻测试取样插孔	6. 背光按钮
2. G：电压测量输入负插孔	7. 吸收比和极化指数测量转换按钮
3. V：电压测量输入正插孔	8. 测量（TEST）按钮
4. LINE：绝缘电阻测试高压输出插孔	9. 刀盘区
5. 液晶显示屏	

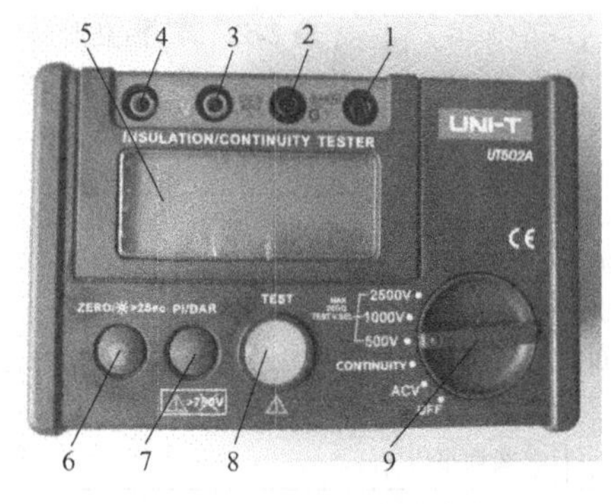

图 2-70　绝缘电阻测试仪

1）在测量绝缘电阻前，待测电路必须完全放电，并且与电源电路完全隔离。

2）将红色测试线插入“LINE”输入端口，黑色测试线插入“EARTH”输入端口。

3）将红、黑鳄鱼夹接入被测电路，高压端从 LINE 端输出，低压电流采样从 EARTH 端输入。

4）连续测量，刀盘选择测试电压 500V/1000V/2500V，按下 TEST 按钮后，此按钮自锁进行连续测量，输出绝缘电阻测试电阻测试电压，同时测试灯发出红色警告，在测试完以后，按下 TEST 按钮，解除自锁停止测量。

注意：①测量绝缘电阻时，在测试前，确定待测电路没有电存在；②如果电池盖被打

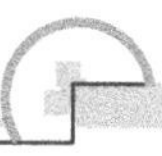

开，请不要进行测量；③测试完毕，请勿用手触摸电路，此时电路存储电容可能引起触电；④测试导线离开连接的电路，不能用手触摸，直到测试电压完全被释放。

（2）同步电机绝缘电阻的测定

将绝缘电阻测试仪红色表笔和黑色表笔分别放入UV、VW和UW，测量三相绕组相间绝缘，按下TEST按钮，读取测试屏上的数据填入表2-27；将红色表笔分别接入U、V和W，黑色表笔接地（可在机座上找个可导电的螺栓），测量三相绕组对地的绝缘电阻，按下TEST按钮，读取测试屏上的数据，填入表2-27。

表2-27　同步电机绝缘电阻测试

相与相绝缘	绝缘电阻阻值	对地绝缘	绝缘电阻阻值
U相与V相		U相对地	
V相与W相		V相对地	
U相与W相		W相对地	

五、思考

1）同步电机的电枢绕组是什么？同步电机电刷和集电环的作用是什么？

2）绝缘电阻测试仪在使用时应注意哪些问题？

六、考核评价

1. 教学要求

1）教师讲解主要针对基本技能要领、安全知识和技术术语。尽可能让学生自己动手动脑独立操作完成教学内容，并养成良好的工作习惯。

2）实训中每项内容均应根据实训技术要求、操作要点评出成绩，填入表2-28给出的评定表。

2. 考核要求

表2-28　同步电机结构认知与绝缘电阻测试成绩评定表

项目	技术要求	配分	评分标准	扣分
同步电机结构认知与绝缘电阻的测试	电机铭牌的识别	10	错一处	5
	电机的正确拆卸	15	不能正确拆卸一处	10
	拆卸后定、转子的认识和掌握	15	拆卸后对定、转子主要结构认识不清	10
	电机的正确装配	20	不能正确装配一个零部件	10
	绝缘电阻测试仪的使用	10	不会使用	10
	同步电机绝缘电阻的测定	20	测量错误一处	5
	实训报告	10	实训报告不完整	1～10
安全文明操作、出勤			违反安全操作、损坏工具仪表、缺勤扣20～50分	
备注	除定额时间外，各项最高扣分不得超过配分数			
得分				

小　　结

本章将常用的三种电机（直流电机、异步电机和同步电机）的结构、工作原理、铭牌及电枢绕组等基本知识整合为一个章节，以便对三种电机的结构和工作原理的异同点进行对比学习。

电机在工农业及生活中应用非常广泛，其原理主要是电磁原理，为此我们首先要了解电机常用的电磁理论及定律——全电流定律、电磁感应定律、磁路欧姆定律、磁路基尔霍夫定律、左手定则、右手定则以及安培定则等。通过磁路和电路的类比，建立起比较清晰的磁路概念，为学习电机的工作原理打下基础，在此基础上，阐述了直流电机、异步电机及同步电机三种常用电机的结构及工作原理。电机按功能可分为发电机、电动机、变压器（变频机、变流机、移相器）以及控制电机等。其中发电机、电动机及控制电机一般为旋转电机，变压器为静止电气设备。

分析各种电机工作原理的理论基础可概括为“电生磁，磁变生电，电磁生力”11个字。

直流电机由定子和转子两大部分组成，定子包括主磁极、换向极、电枢及机座等，其主要作用是产生磁场；转子包括电枢铁心、电枢绕组、换向器、转轴和风扇等，其主要起传递能量的枢纽作用。直流电动机的工作原理是：定子主磁极线圈通直流电励磁，转子电枢绕组线圈通直流电用于产生电磁转矩；直流发电机的工作原理是：定子主磁极线圈通直流电励磁，原动机拖动转子旋转切割磁场产生感应电动势，通过电刷和换向器引出。直流电机根据励磁绕组和电枢绕组通电方式的不同，其励磁方式有他励和自励（并励、串励和复励）两种。电枢绕组是传递电的枢纽，绕组线圈的绕制方式及规律对电机的运行性能有很大的影响，所以我们很有必要对绕组的绕制和嵌放规律进行了解，直流电机电枢绕组一般可采用单叠绕组或单波绕组，其绕组展开图的绘制方式为：计算各绕组节距→画元件连接顺序表→画绕组→画磁极→画电刷→画并联支路图。

异步电机是交流电机，又称为感应电机，也由定子和转子两部分构成，定子由定子铁心、定子绕组和机座等构成，转子由转子铁心、转子绕组、转轴和风扇等构成。根据转子绕组的不同，异步电机可分为笼型异步电机和绕线转子异步电机。笼型绕组是在转子铁心的每个槽内放入一根导体，在伸出铁心的两端分别用两个导电端环把所有的导条连接起来，形成一个自行闭合的短路绕组，去掉铁心，剩下来的绕组形状就像一个鼠笼子，所以称之为笼型绕组。绕线型转子绕组与定子绕组一样，也是一个对称三相绕组，可外接电阻以改变电机的机械特性。异步电机的工作原理的三个过程是电生磁（旋转磁场产生）、磁变生电、电磁生力，电生磁：定子绕组通三相交流电产生旋转磁场；磁变生电：转子绕组感应产生感应电动势（电流）；电磁生力：根据磁场中通电导体受到力的作用，形成电磁转矩使转子旋转。由于电机转子绕组电流是靠感应旋转磁场产生，所以转子与定子旋转磁场之间必须有相对运动，即转子转速 $n \neq$ 旋转磁场转速 n_1（同步转速），所以称为异步电机，由于转子电流是感应产生，这种电机也称为感应电机。三相异步电机定子三相绕组是建立旋转磁场、进行能量转换的核心部件。为此，我们需要掌握绕组的排列和连接规律，异步电动机定子绕组的种类很多，按相数分，有单相、两相和三相绕组；按槽内层数分，有单层、双层和单双层混合绕

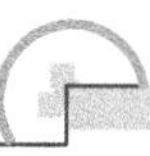

组；按绕组端接部分的形状分，单层绕组又有同心式、交式和链式之分，双层绕组又有叠绕组和波绕组之分；按每极每相所占的槽数是整数还是分数，有整数槽和分数槽绕组之分等，但其构成的原则是一致的。

同步电机在生活中用得较多的是发电机，如水力发电机、火电及核电用到的汽轮发电机等。同步电机可分为同步发电机、同步电动机和同步调相机，一般采用旋转磁极式结构。同步电机的基本结构由定子和转子两大部分组成，定子包括定子铁心、定子绕组和机座等，转子包括转子铁心、转子绕组、转轴和集电环等。根据转子结构的不同，同步电机有凸极式同步电机和隐极式同步电机，凸极式同步电机转子有明显的磁极，一般磁极数为 4 极以上，隐极式同步电机无明显的磁极，气隙均匀，一般为 2 极。同步发电机的工作原理：转子绕组通直流电励磁产生固定磁场（电生磁），原动机拖动转子以转速 n 顺时针（逆时针）旋转，切割定子三相绕组产生三相感应电动势（磁变生电），定子三相绕组在空间上按互差 120°排列，产生的感应电动势也互差 120°，定子三相绕组产生的感应电动势同时会产生旋转的磁场，该磁场的旋转速度受转子转速的影响，二者相等，故称为同步电机，即转子转速 n = 旋转磁场转速 n_1（同步转速）。同步电机根据其励磁方式的不同，可分为电励磁和永磁体励磁，电励磁可采用直流励磁机励磁、交流整流励磁及三次谐波励磁，永磁同步电机除励磁方式与电励磁不同外，其工作原理与电励磁同步电机一样。

习　题

2-1　简述电机按功能如何分类及电机的能量传输形式。

2-2　简述磁感应强度、磁通及磁场强度的物理意义及其相互之间的关系。

2-3　在直流电机中换向器、电刷的作用是什么？

2-4　直流电枢绕组元件内的电动势和电流是直流还是交流？若是交流，那么为什么计算稳态电动势时不考虑元件的电感？

2-5　直流电机电枢绕组型式由什么决定？

2-6　直流电机电枢绕组为什么必须是闭合的？

2-7　直流电机电刷放置原则是什么？

2-8　直流电机的励磁方式有哪几种？每种励磁方式的励磁电流或励磁电压与电枢电流或电枢电压有怎样的关系？

2-9　三相异步电动机的旋转磁场是如何产生的？若将三相线中的两相对调，则三相异步电动机旋转磁场会怎样？

2-10　什么叫转差率？如何根据转差率来判断异步电动机的运行状态？

2-11　异步电机作发电机运行和作电磁制动运行时，电磁转矩和转子转向之间的关系是否一样？怎样区分这两种运行状态？

2-12　有一绕线转子感应电动机，定子绕组短路，在转子绕组中通入三相交流电流，其频率为 f_1，旋转磁场相对于转子以 $n_1=60f_1/p$（p 为定、转子绕组极对数）沿顺时针方向旋转，问此时转子转向如何？转差率如何计算？

2-13　简述同步电机隐极式转子和凸极式转子各自的结构特点。

2-14　什么叫同步电机？它的频率、磁极对数和同步转速之间有什么关系？

2-15 同步发电机的励磁绕组流入反向的直流励磁电流，转子转向不变，定子三相交流电动势的相序是否改变？若转子转向改变，直流励磁电流也反向，相序是否改变？

2-16 大容量同步电机一般采用旋转磁极式还是旋转电枢式？为什么？

2-17 一同步发电机，其转子转速为50r/min，频率为50Hz，则其极数应为多少？

2-18 一转速为150r/min、频率为50Hz的同步电机的极数是多少？该电机应是隐极式结构还是凸极式结构？

第3章　发电机在风力发电机组中的应用

问题导入

同步发电机的运行原理及特性是什么？电励磁同步风力发电机的应用有哪些？永磁同步风力发电机的结构、原理及应用是什么？双馈风力发电机的结构、原理及应用是什么？都将在本章中进行阐述。

学习目标

1. 掌握同步发电机的空载运行、负载运行、短路特性以及异常运行等特性。
2. 了解电励磁同步发电机在风力发电机组中的应用。
3. 掌握风力发电机组永磁同步发电机的结构及运行。
4. 掌握双馈风力发电机的结构及各零部件功能、运行原理及控制策略。

知识准备

由于能源危机以及环境意识的提升，对可再生能源的开发利用已成为共识，风能已成为世界上开发速度最快的一种新能源，风电机组发电机容量大型化已成为发展趋势，本章以直驱风机中的同步发电机和双馈风力发电机中的绕线转子异步电机为主线，详细介绍同步发电机及双馈异步发电机在风力发电上的应用。

3.1　同步风力发电机

同步发电机的结构及工作原理已在第2章进行了详细的阐述，本节主要介绍同步发电机的运行特性，以便能解决发电机在运行中出现的常见问题。

3.1.1　同步发电机运行原理

同步发电机运行原理主要从以下几个方面进行阐述：同步发电机的运行特性；同步发电机的并列运行；同步发电机的电磁功率；同步发电机的突然短路；同步发电机的异常运行。

1. 同步发电机的运行特性

发电机的电磁关系是了解发电机设计和运行问题的理论基础，对解决同步发电机设计和运行方面的许多问题具有重要意义，同步发电机的运行特性包括空载特性、短路特性、外特性、调整特性及效率特性等。

(1) 空载特性

原动机将同步发电机拖动到额定转速，转子励磁绕组里通入励磁电流 I_f 而定子绕组开路时的运行情况，称为空载运行。此时，定子电流为零，发电机内的磁场仅由转子电流 I_f 及相应的励磁磁动势 F_f 单独建立，称为励磁磁场，如图 3-1a 所示为一台凸极式同步发电机空载运行时励磁磁场分布的示意图。图中既交链转子，又经过气隙交链定子的磁通，称为主磁通，显然，这是一个被原动机带动到同步转速的旋转磁场，其磁密波形沿气隙圆周近似为正弦分布（由设计保证），其基波分量的每极磁通量用 Φ_0 表示，Φ_0 将参与电机的机电能量转换过程，空载时的电磁关系如图 3-1b 所示，E_0 为空载励磁电动势，R_2I_f 为转子铜损耗。

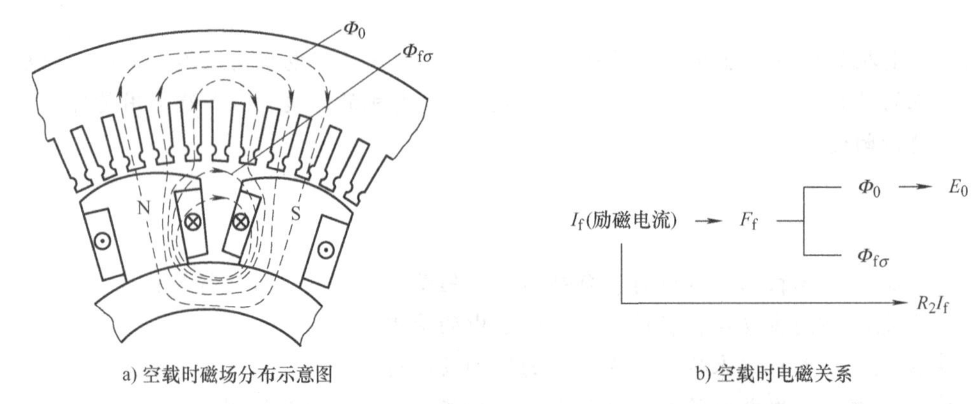

a) 空载时磁场分布示意图　　b) 空载时电磁关系

图 3-1　凸极式同步发电机空载磁场分布示意图及电磁关系

空载特性是指同步发电机转速为同步转速空载运行时，即 $n=n_1$，$I=0$ 时，端电压 U_0 与励磁电流的关系 $U_0=f(I_f)$。空载特性可以通过空载试验测出，图 3-2a 为空载特性试验接线图，试验时电枢绕组开路（空载），用原动机将同步发电机拖动到同步转速，改变励磁电流 I_f，并记下相应的电枢端电压 U_0（空载时即等于 E_0），直到 $U_0\approx1.25U_N$，然后逐步减小励磁电流，同样记下对应的 U_0 和 I_f 值，即可得空载特性的下降分支，如图 3-2b 所示。因为电机有剩磁，当 I_f 减小至零时，U_0 不为零，其值为剩磁电压。实际的空载特性取上升和下降两条分支的平均值，如图中虚线部分所示，其开始部分是直线，铁心未饱和；弯曲部分表明铁心已有不同程度的饱和，后段表明铁心已达到深度饱和。

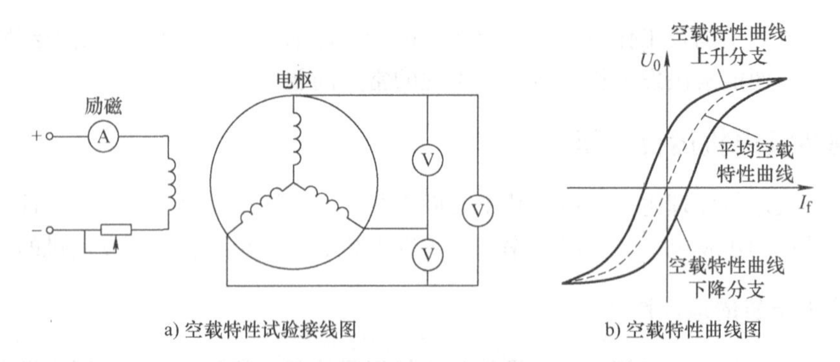

a) 空载特性试验接线图　　b) 空载特性曲线图

图 3-2　同步发电机空载特性试验接线图和空载特性曲线图

改变励磁电流 I_f（亦即改变励磁磁动势 F_f），可得到不同的 Φ_0 和 E_0，由此可得空载特性曲线，即磁化曲线，$E_0=f(I_f)$ 或 $E_0=f(F_f)$ 和 $\Phi_0=f(I_f)$ 或 $\Phi_0=f(F_f)$，并可绘制为无量纲（标幺值）形式图，如图 3-3b 所示。空载特性起始段为直线，其延长线为气隙线

（不计铁心磁阻的空载特性曲线）。取 Oa 代表额定电压 U_N，磁路的饱和系数为

$$k_{\mu}=\frac{I_{f0}}{I_{f1}}=\frac{E_0}{U_N} \tag{3-1}$$

式中　E_0——气隙线上对应的电压；

I_{f0}、I_{f1}——分别是空载特性曲线和气隙线对应的励磁电流。

一般同步发电机对应于 U_N 的饱和系数 k_{μ} 为 1.2～1.25，表明磁路饱和后，由励磁磁动势 F_{f0} 建立的基波主磁通和感应的基波电动势都降低为未饱和值的 $1/k_{\mu}$，或者说所需磁动势是未饱和时的 k_{μ} 倍（即 $F_{f0}=k_{\mu}F_{\delta}$），如图 3-3b 所示。

空载特性是发电机的基本特性之一，通过空载特性可以判断发电机的磁路设计是否合理，判断发电机磁路的饱和趋势及发电机输出电压的能力，把它和短路特性、零功率因数特性配合，可确定发电机的基本参数、额定励磁电流和电压变化率等。实际生产中，它还可以检查三相电枢绕组的对称性、匝间短路，判断励磁绕组和定子铁心有无故障等，如空载损耗超过常规数值，极可能是定子铁心有片间短路或转子绕组匝间短路等故障。

（2）短路特性

同步发电机短路特性是指发电机保持同步转速下，定子三相绕组的出线端持续稳态短路时，定子绕组相电流 I（即稳态短路电流）与励磁电流 I_f 的关系，即 $n=n_1$，$U=0$ 时的 $I=f(I_f)$，其作用是求发电机的同步电抗、短路比，判断转子绕组的匝间短路。

短路特性可由三相稳态短路试验测得，试验线路如图 3-3a 所示，试验时先将同步发电机的电枢绕组端点三相短路，用原动机拖动被测试同步发电机到同步转速，调节励磁电流 I_f 使电枢电流 I 从 0 一直增加到 $1.25I_N$ 左右，记下对应的 I 和 I_f，便可作出短路特性曲线 $I=f(I_f)$，如图 3-3b 所示。

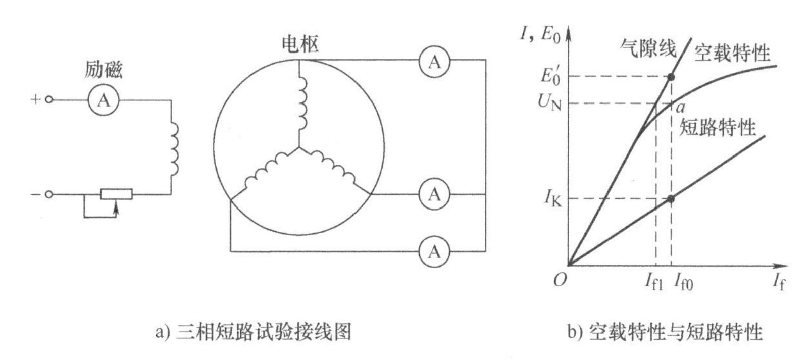

a) 三相短路试验接线图　　b) 空载特性与短路特性

图 3-3　三相短路试验接线图及短路特性

短路特性为一条直线，因为当定子绕组短路时，端电压 $U=0$，短路电流仅受电机本身阻抗限制。通常电枢电阻远小于同步电抗，因此短路电流可认为是纯感性，此时电枢磁动势接近于去磁性的直轴磁动势，气隙合成磁动势就很小，它所产生的气隙磁通也很小，因而电机磁路处于不饱和状态，故短路特性是一条直线。

（3）外特性和电压变化率

1）外特性。外特性表示同步发电机的转速为同步转速，且励磁电流 I_f 和负载功率因数 $\cos\varphi$ 不变时，发电机端电压 U 与电枢电流 I 之间的关系，即 $n=n_1$，I_f 为常数、$\cos\varphi$ 为常数时 $U=f(I_f)$。

图 3-4 表示带有不同功率因数的负载时同步发电机的外特性。从图上可知，在感应负载 $\cos\varphi=0.8$ 和纯电阻性负载 $\cos\varphi=1$时，外特性是下降的，这是由电枢反应的去磁作用和漏阻抗压降所引起的。在容性负载 $\cos(-\varphi)=0.8$ 且功率因数角超前时，由于电枢反应的增磁作用和容性电流的漏抗电压上升，外特性是上升的。

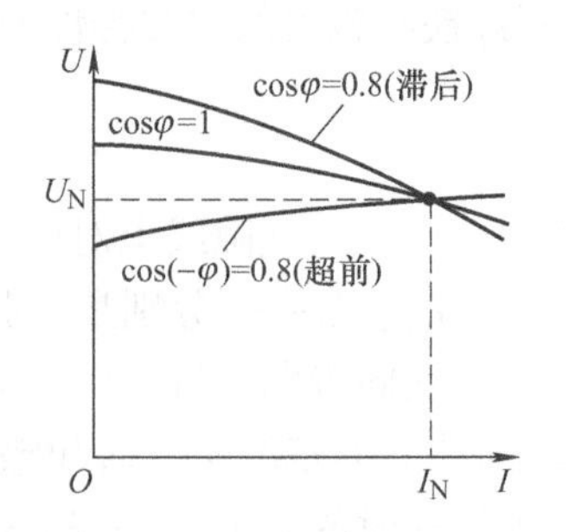

图 3-4　同步发电机的外特性

2）电压变化率。电压变化率是指同步发电机在保持同步转速和额定励磁电流（发电机在额定运行状态下所对应的励磁电流 I_{fN}）下，从额定负载（$I=I_N$，$\cos\varphi=\cos\varphi_N$）变到空载时端电压变化与额定电压的比值，用百分数表示：

$$\Delta U=\left.\frac{E_0-U_{N\varphi}}{U_{N\varphi}}\right|_{I_f=I_{fN}}\times 100\% \tag{3-2}$$

外特性用曲线形式表明了发电机端电压变化的情况，而电压变化率则定量地表示出运行时端电压随负载波动的程度，从外特性可以求出发电机的电压变化率。电压变化率是表征同步发电运行性能的数据之一。现代同步发电机大多数装有快速自动调压装置，故 ΔU 值可大些。但为了防止卸去负载时端电压上升过高，可能导致击穿定子绕组绝缘，ΔU 最好小于 50%。隐极式同步发电机由于电枢反应较强，ΔU 通常在 30% ~48% 之间；凸极式同步发电机的 ΔU 通常在 18% ~30% 以内（均为 $\cos\varphi=0.8$ 滞后时的数据）。

（4）调整特性

从外特性可见，当负载发生变化时端电压也随之变化，为了保持发电机的端电压不变，必须同时调节发电机的励磁电流。调整特性表示发电机的转速为同步转速、端电压为额定电压、负载的功率因数不变时，励磁电流 I_f与电枢电流 I 之间的关系，即 $n=n_1$，U 为常数、$\cos\varphi$ 为常数时 $I_f=f(I)$。

图 3-5 所示为同步发电机带有不同功率因数负载时的调整特性曲线。由图可见，在感性负载和纯电阻负载时，为补偿电枢电流所产生的去磁电枢反应和漏阻抗压降，随着电枢电流的增加，必须相应地增加励磁电流，磁动势调整特性是上升的，如图 3-5 中 $\cos\varphi=0.8$，$\cos\varphi=1$ 曲线所示。在容性负载时，为了抵消电枢反应的助磁作用，保持发电机的端电压不变，必须随着负载电流的增加相应地减少励磁电流，因此调整特性是下降的，如图 3-5 中 $\cos(-\varphi)=0.8$ 曲线所示。

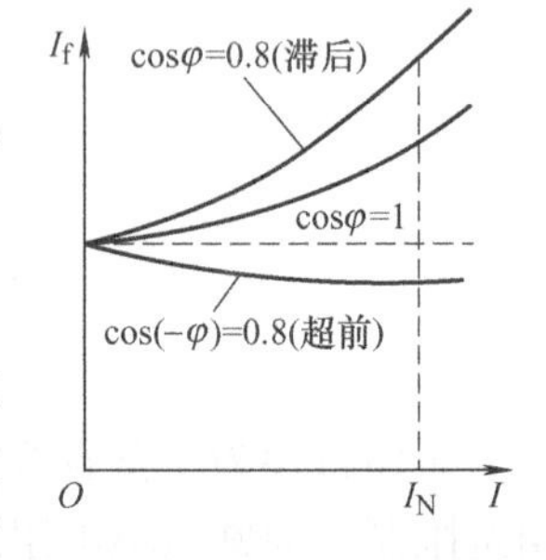

图 3-5　调整特性曲线

发电机的额定功率因数一般规定为 $\cos\varphi=0.8$（滞后），制造厂是根据电力系统要求的功率因数来设计制造的。因此，电机运行在额定情况下时，功率因数如果低于额定值，励磁电流超过额定值，转子绕组将过热。

（5）效率特性

效率特性是指转速为同步转速、端电压为额定电压、功率因数为额定功率因数时，发电机的效率与输出功率的关系，即 $n=n_1$，$U=U_N$、$\cos\varphi=\cos\varphi_N$时 $\eta=f(P_2)$。同步发电机在机械能转化为电能的过程中，会产生各种损耗，有定子铜损耗、定子铁损耗、励磁损耗、机械损耗以及附加损耗。

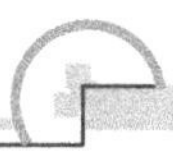

1）定子铜损耗 p_{Cu1}：指定子三相绕组的电阻损耗。

2）定子铁心损耗 p_{Fe}：指主磁通在定子铁心中所引起的磁滞损耗和涡流损耗。

3）励磁损耗 p_{Cuf}：指包括励磁绕组基本铜损耗在内的整个励磁回路中的所有损耗，如果同轴有励磁机，也包括励磁机的损耗。

4）机械损耗 p_{Ω}：包括轴承、电刷的摩擦损耗和通风损耗。

5）附件损耗 p_{ad}：主要包括定子端部漏磁在各金属部件内引起的涡流损耗，定子、转子铁心由齿、槽引起的表面损耗，以及定子的高次谐波磁场在转子表面引起的损耗等。

综合上述同步发电机的总损耗 $\sum p$，输入功率 P_1 与输出功率 P_2 具有如下关系：

$$P_1 = P_2 + \sum p \tag{3-3a}$$

$$\sum p = p_{Cul} + p_{Fe} + p_{Cuf} + p_{\Omega} + p_{ad} \tag{3-3b}$$

$$\eta = \left(1 - \frac{\sum p}{P_2 + \sum p}\right) \times 100\% \tag{3-3c}$$

效率也是同步发电机运行性能的重要数据之一。空气冷却的大型水轮发电机，额定效率通常在96%～98.5%这一范围内；空冷汽轮发电机的额定效率通常在94%～97.8%这一范围内；氢冷时，额定效率约可增高0.8%。

（6）同步发电机对称负载运行时的电枢反应

同步发电机空载运行时，定子绕组开路，发电机中只有以同步速度旋转的转子励磁磁场，该磁场单独产生基波主磁通 Φ_0，在定子绕组中感应电动势 E_0 并保持恒定，除非改变转子励磁电流，否则这种平衡就会维持不变。然而，一旦发电机带负载运行，即定子绕组出现电流，这种情况就要变化，原有平衡也就要破坏了。

假设发电机接三相对称负载，则在 E_0 作用下，定子三相对称绕组中会出现三相对称电流，该电流系统势必会产生一个与转子同步旋转的圆形旋转磁动势，其基波用 F_a 表示，则 F_a 与 F_f 在空间上相对静止，于是发电机内的气隙磁场将由 F_a 和 F_f 共同建立。此时，尽管转子励磁电流未变，但气隙磁场已完全不同于空载时的励磁磁场，感应电动势也就不再是负载前的 E_0 了，即发电机带上负载后，电枢磁动势的基波在气隙中使气隙磁通的大小及位置均发生变化，这种现象称为电枢反应。电枢反应的性质，取决于电枢磁动势基波 F_a 和励磁磁动势基波 F_f 之间的相对位置，二者的电磁关系如图3-6所示。

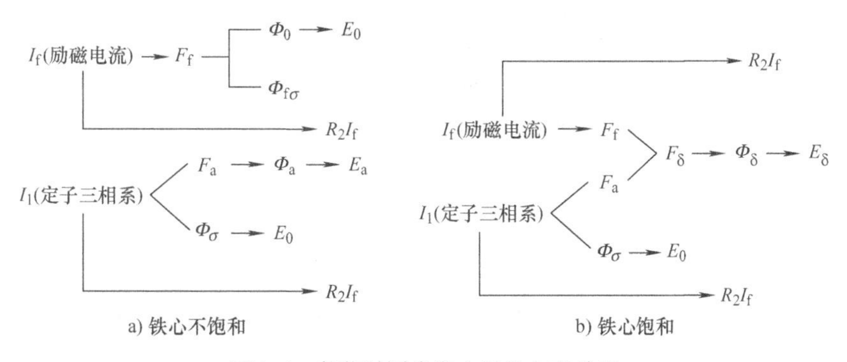

图3-6　负载时同步发电机的电磁关系

定子绕组产生的磁场与转子同步旋转磁场都是旋转的，但二者保持相对静止，此外，在确立基本电磁关系时，无论是励磁磁场还是电枢反应磁场，同步发电机特别强调的是基波之间的相互作用。励磁磁动势与电枢磁动势的区别见表3-1。

表3-1 同步发电机励磁磁动势和电枢磁动势的区别

磁动势	来源	性质	大小	位置	转速	转向
励磁磁动势（转子磁动势）	转子励磁绕组通入直流电流产生	直流恒定磁动势，本身并不旋转，在原动机的拖动下随转子而旋转，故称为机械旋转磁动势	恒定，由励磁电流决定	由转子位置决定	由原动机的转速决定	由原动机决定
电枢反应磁动势（定子磁动势）	定子三相绕组流过三相对称电流产生	交流旋转磁动势，本身就是旋转的，称为电气旋转磁动势	恒定，由电枢电流决定	由电流瞬时值决定	由磁极对数和电流频率决定	由电流相序决定

各运行特性的特点及应用可归纳为表3-2。

表3-2 同步发电机运行特性的特点及应用

运行特性	特点及应用
空载特性	1. 空载特性是指同步发电机转速为同步转速空载运行时，即 $n=n_1$，$I=0$ 时，端电压 U_0 与励磁电流的关系 $U_0=f(I_f)$ 2. 空载特性是发电机的基本特性之一，它一方面可表征磁路的饱和情况，另一方面把它和短路特性、零功率因数特性配合，可确定电机的基本参数、额定励磁电流和电压变化率等 3. 实际生产中，它还可以检查三相电枢绕组的对称性、匝间短路，判断励磁绕组和定子铁心有无故障等特性
短路特性	1. 短路特性是指发电机保持同步转速下，定子三相绕组的出线端持续稳态短路时，定子绕组相电流 I（即稳态短路电流）与励磁电流 I_f 的关系，即 $n=n_1$，$U=0$ 时的 $I=f(I_f)$ 2. 其作用是求发电机的同步电抗、短路比，判断转子绕组的匝间短路 3. 短路特性为一条直线，因为当定子绕组短路时，端电压 $U=0$，短路电流仅受发电机本身阻抗限制
外特性和电压变化率	1. 外特性表示同步发电机的转速为同步转速，且励磁电流 I_f 和负载功率因数 $\cos\varphi$ 不变时，发电机端电压 U 与电枢电流 I 之间的关系，即 $n=n_1$，I_f 为常数、$\cos\varphi$ 为常数时 $U=f(I_f)$ 2. 电压变化率是指同步发电机在保持同步转速和额定励磁电流（发电机在额定运行状态下所对应的励磁电流 I_{fN}）下，从额定负载（$I=I_N$，$\cos\varphi=\cos\varphi_N$）变到空载时端电压变化与额定电压的比值 3. 外特性用曲线形式表明了发电机端电压变化的情况，而电压变化率则定量地表示出运行时端电压随负载波动的程度，从外特性可以求出发电机的电压变化率
调整特性	1. 调整特性表示发电机的转速为同步转速、端电压为额定电压、负载的功率因数不变时，励磁电流 I_f 与电枢电流 I 之间的关系，即 $n=n_1$，U 为常数、$\cos\varphi$ 为常数时 $I_f=f(I)$ 2. 发电机的额定功率因数一般规定为 $\cos\varphi=0.8$（滞后），制造厂是根据电力系统要求的功率因数来设计制造的

（续）

运行特性	特点及应用
效率特性	1. 效率特性是指转速为同步转速、端电压为额定电压、功率因数为额定功率因数时，发电机的效率与输出功率的关系，即 $n=n_1$，$U=U_N$、$\cos\varphi=\cos\varphi_N$时 $\eta=f(P_2)$ 2. 效率也是同步发电机运行性能的重要数据之一，反应发电机的能量转换能力
对称负载运行时的电枢反应	发电机接三相对称负载，定子三相对称绕组中会出现三相对称电流，该电流会产生一个与转子同步旋转的圆形旋转磁动势，其基波用 F_a表示，则基波磁动势 F_a与励磁磁动势 F_f在空间上相对静止，于是发电机内的气隙磁场将基波磁动势和励磁磁动势共同建立

2. 同步发电机的并列运行

发电厂里的发电机通常是多台并列在一起运行的，发电厂与发电厂之间也是并联在一起组成电力系统，同步发电机的并列运行是指发电机在无穷大电网（电网的容量相对于待并网的发电机容量为无穷大）上的运行。

（1）投入并联的条件

同步发电机并联投入电网时，为避免发生电磁冲击和机械冲击，总体要求就是发电机端各相电动势的瞬时值要与电网端对应相电压的瞬时值完全一致。主要包括：①波形相同；②频率相同；③幅值相同；④相位相同；⑤相序相同。前四点是交流电磁量恒等的基本条件，最后一点是多相系统相容的基本要求。

设电网端和发电机端分别用下标 1 和 2 区别。可以想象，若二者波形不同，如 u_1为正弦波，而 e_{02}非正弦，则并联后在发电机与电网间势必要产生一系列高次谐波环流，如图 3-7 所示，从而使损耗增大、温升增高、效率降低。

波形相同了，若频率不等，即 $f_1\neq f_2$，则相量 $\dot{U}_1$和 $\dot{E}_{02}$之间存在相对运动，且周而复始，从而产生差频环流，在发电机内引起功率振荡。频率和波形都一致了，但若是幅值和相位不相等，即 $\dot{U}_1\neq\dot{E}_{02}$，也会在发电机和电网间产生环流。特别地，若在极性相反，即相位差 180°时合闸，则冲击电流可达（20～30）I_N，从而产生巨大的电磁力，损坏定子绕组的端部，甚至于损坏转轴。

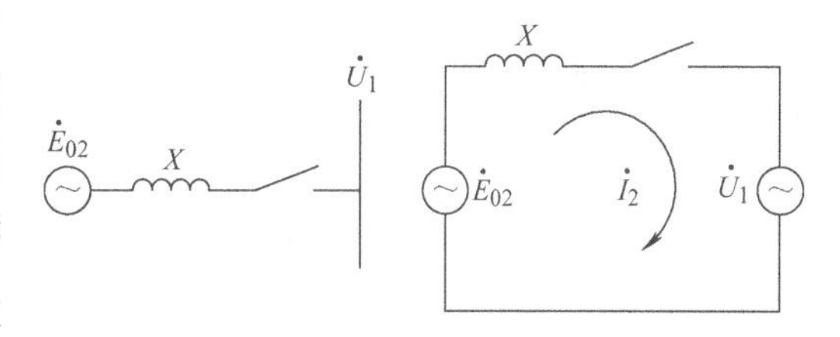

图 3-7　波形不同时并联运行情况

以上条件都满足了，若相序不同，合闸也是绝不允许的。因为仅一相符合条件，但是另两相之间巨大的电位差产生的巨大环流和机械冲击，将严重危害发电机安全，毁坏发电机。由于条件①和⑤是发电机设计、制造和安装予以保证的，因此在实际并联操作中，主要注意条件②～④的满足。这其中，条件②，即频率条件的满足又是最基本的。

（2）投入并联的方法

1）准同步法。将发电机调整到完全符合并联条件后的合闸并网操作过程称为准同步法。调整过程中，常用同步指示器来判断条件的满足情况。最简单的同步指示器由三组相灯组成，并有直接法（图 3-8）和交叉法（图 3-11）两种。

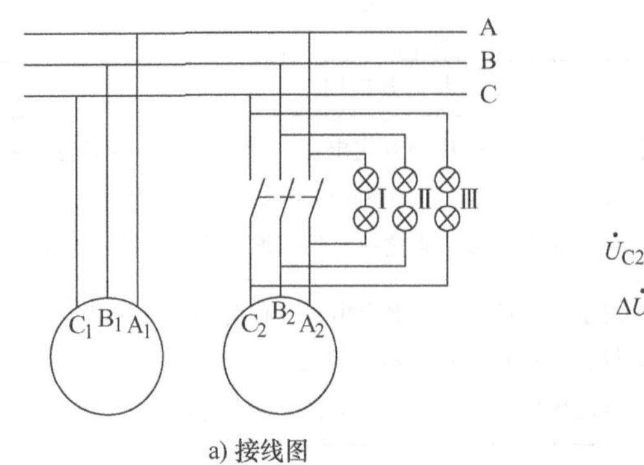

a) 接线图

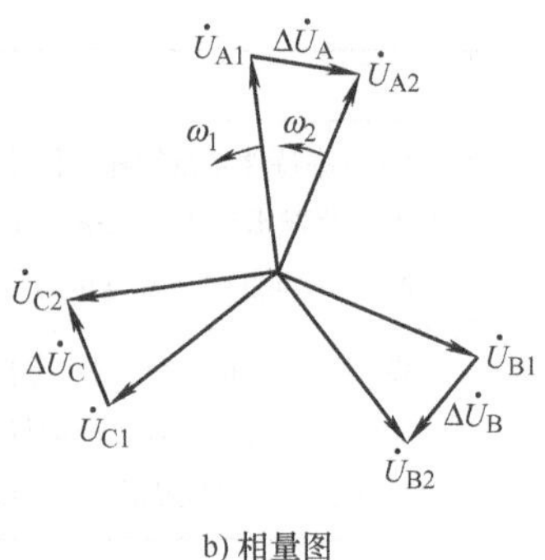

b) 相量图

图 3-8　直接接法时的接线图和相量图

设采用直接接法，即发电机各相端与电网同相端对应，则每组灯上的电压 $\Delta\dot{U}$ 相同，且 $\Delta\dot{U}=\dot{U}_2-\dot{U}_1$。现假定发电机与电网电压幅值相同，但频率不等，即 $U_2=U_1$，$f_1\neq f_2$，将之用三相形式绘于同一相量图上，如图 3-8b 所示。由于发电机侧相量角频率 $\omega_2=2\pi f_2$，电网侧相量角频率 $\omega_1=2\pi f_1$，设 $f_2>f_1$，则 $\dot{U}_2$ 相对于 $\dot{U}_1$ 以角速度 $\omega_2-\omega_1$ 旋转。当 $\dot{U}_2$ 与 $\dot{U}_1$ 重合时，$\Delta U=0$；而 $\dot{U}_2$ 与 $\dot{U}_1$ 反相时，$\Delta U=2U_1$，表明 $\Delta\dot{U}$ 以频率 f_2-f_1 在（0～2）U_1 之间交变，即三组灯以频率 f_2-f_1 闪烁，同亮、同暗，直接法并网的操作步骤如图 3-9所示。

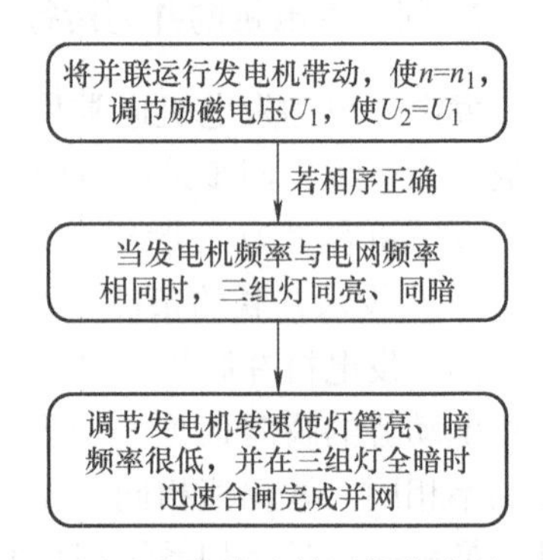

图 3-9　直接法并网操作步骤

这种操作保证了合闸时刻 $\Delta U\approx0$，所以没有明显的电流冲击。但是，合闸前灯光毕竟仍在极缓慢地亮、暗变化，说明 f_2 和 f_1 还不是严格相等，也就是说，合闸后 ΔU 依然存在，然而，分析表明，正是由于 $\Delta\dot{U}$ 的存在产生的自整步作用，才使得发电机最终能同步运行，并使 $f_2=f_1$ 的并联运行条件最终得以满足。

设 $f_2>f_1$，则合闸后 $\dot{U}_2$ 将超前 $\dot{U}_1$，如图 3-10 所示。显然，$\Delta\dot{U}$ 产生环流，由于同步电抗远大于电阻，故环流 $\dot{I}_h$ 滞后 $\Delta\dot{U}$ 大约 90°，亦滞后 $\dot{U}_2$（用角度 φ 表示）。对发电机来说，这就等于是输出电功率，因此发电机转轴上要承受制动性质的电磁转矩，使速度降低，直至严格同步运转，$f_2=f_1$，$\Delta U=0$，$I_h=0$，并最终实现发电机的并网空载运行。同理，可分析 $f_2<f_1$ 的情况，如图 3-10b 所示。此时环流对发电机产生电动机作用（吸收电功率），拖动性质的电磁转矩使转子加速至 $f_2=f_1$，最终实现同步运行。

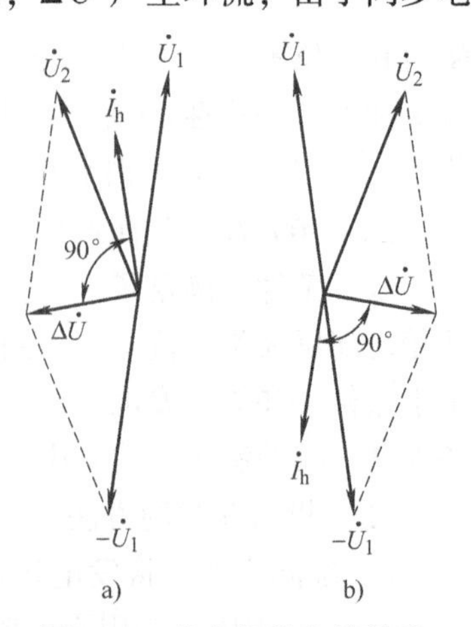

图 3-10　发电机投入并联后的自整步作用

若采用图 3-11a 所示的交叉接法，即同一组灯同相端连接，另两组灯交叉相端连接，则加于各组相灯的电压不等，如图 3-11b 所示，从而各组灯的亮度也不一样。

仍设 $\omega_2>\omega_1$，即发电机侧电压相量相对于电网侧电压相量的旋转角速度为 $\omega_2-\omega_1$，则结合图 3-12 可知结果是三组灯

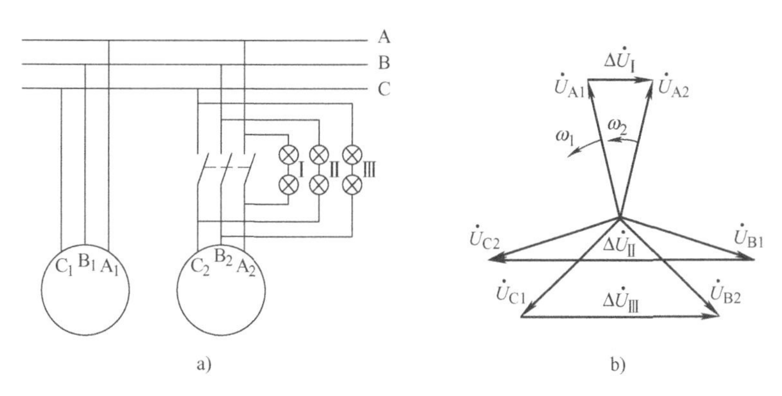

图 3-11　交叉接法的接线图和各组同步指示灯的电压

的亮度会依次变化。首先是第Ⅰ组最亮，接下来是第Ⅱ组，再接下来是第Ⅲ组，周而复始，循环变化，好像灯光是逆时针旋转，速度当然也是 $\omega_2-\omega_1$。反之 $\omega_2<\omega_1$，则情况完全类似，只是灯光的旋转方向变为顺时针。正因为如此，交叉接法又称之为旋转灯光法，其优点是显示直观。根据灯光旋转方向，调节发电机转速，使灯光旋转速度逐渐变慢，最后在第I组灯光熄灭、另两组灯光等亮时迅速合闸，完成并网操作，并最终由自整步作用牵入同步运行。

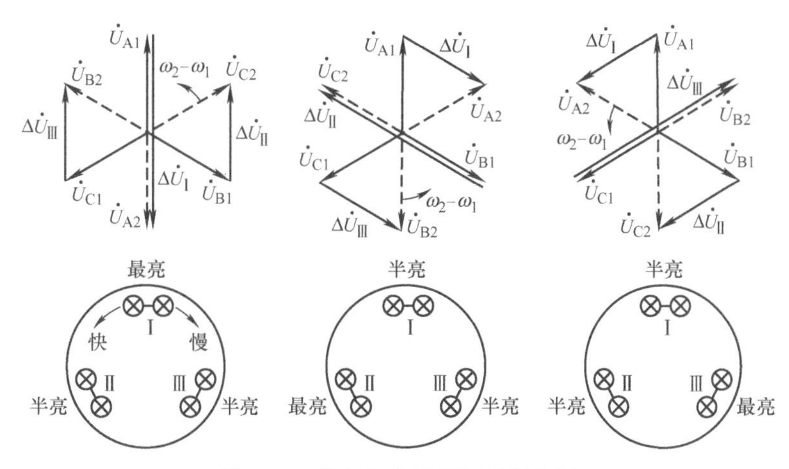

图 3-12　旋转灯光法并网过程分析

2）自同步法。用准确同步法投入并联的优点是合闸时没有明显的电流冲击，但缺点是操作复杂，而且也比较费时间。因此，当电网出现故障而要求迅速将备用发电机投入时，由于电网电压和频率出现不稳定，准确同步法很难操作，往往要求采用自同步法实现并联运行。自同步法的步骤是：先将发电机励磁绕组经限流电阻短路，当发电机转速接近同步转速（差值小于5%）时，合上并网开关，并立即加入励磁，最后利用自整步作用实现同步。

自同步法的优点是操作简便，不需要添加复杂设备，缺点是合闸及投入励磁时均有较大的电流冲击。需要说明的是，上面介绍的并网方法，无论是准确同步法还是自同步法，都是指手工操作过程。实际上，随着检测技术和控制技术的不断进步，尤其是计算机检测与控制技术的应用，手工并网操作已很少使用了，而是广泛采用自动并网装置。这些装置不但使并网合闸瞬间的各项要求能最大限度地得到满足，使电磁冲击和机械冲击最小，杜绝了手工操作的种种不足，而且可对电网故障做出最快速、最恰当的反应，提高了电力系统的综合自动化能力和运行可靠性。

3. 同步发电机的电磁功率

同步发电机由原动机拖动、在对称负载下稳态运行时，由原动机输入的机械功率 P_1 在扣除了机械损耗 p_{mec}、铁耗 p_{Fe} 和附加损耗 p_{ad} 后，转化为电磁功率 P_{em}，其功率流程图如图 3-13 所示，功率平衡方程为

$$P_1-(p_{mec}+p_{Fe}+p_{ad})=P_{em} \tag{3-4}$$

式(3-4) 中，没有考虑励磁损耗，即认为励磁功率与原动机输入功率无关。若励磁机与发电机同轴运转，则 P_1 还应扣除励磁机吸收的机械功率后才能得到 P_{em}。

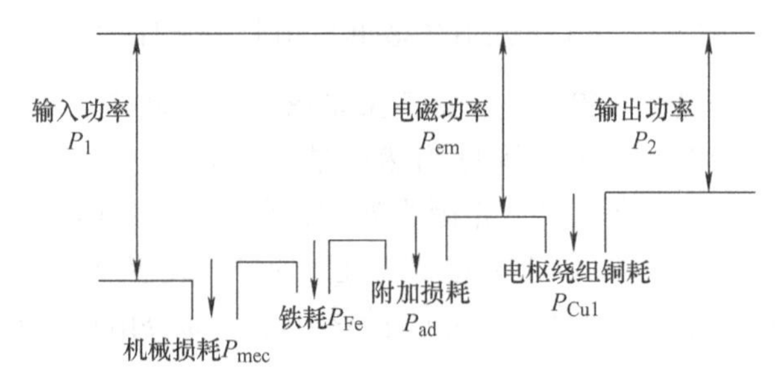

图 3-13　同步发电机功率流程图

电磁功率 P_{em} 是通过电磁感应作用由气隙合成磁场传递到发电机定子的电功率总和，在扣除电枢绕组铜耗 $p_{Cu1}=3I^2R_a$ 之后，才是发电机端口输出的电功率 P_2，即

$$P_2=P_{em}-P_{Cu1} \tag{3-5}$$

或改写为 m 相发电机的一般化形式

$$P_{em}=P_2+p_{Cu1}=mUI\cos\varphi+m\,I^2R_a=m\,E_\delta I\cos\varphi_1 \tag{3-6}$$

式中　φ_1——气隙电动势 E_δ 与电枢电流 I 的夹角。

同步发电机的转矩平衡方程可直接由式(3-4) 两侧同除发电机转子机械角速度 $\Omega=2\pi n/60$ 得出，即

$$T_1-(T_{mec}+T_{Fe}+T_{ad})=T_{em} \tag{3-7}$$

式中，T_1 为原动机作用于转子的驱动转矩，而 T_{mec}、T_{Fe}、T_{ad} 和 T_{em} 都是起制动作用的转矩，与功率平衡中的各部分损耗和电磁功率一一对应。

4. 同步发电机的突然短路

从发电机设计制造的角度看问题，我们希望知道发电机故障情况的动态行为，这种行为的过程可能很短暂，但对发电机的危害却可能非常巨大。以发电机出线端突然短路为例，实际短路电流的峰值就可能达到额定电流的近 20 倍，所产生的巨大电磁力和电磁转矩也就可能损坏定子绕组的端部绝缘，并使转轴和机座发生有害变形。

发电机突然短路之所以有这么严重的危害，主要是因为在突然短路过程中发生于发电机内部的物理现象与稳态短路有很大区别。如三相对称稳态短路时，电枢磁场是一个以同步速旋转的幅值恒定的磁场，不会在转子绕组中感应电动势和电流。但三相突然短路时，电枢电流和相应的电枢磁场的幅值会发生突然变化，使转子绕组和定子绕组之间出现变压器作用，

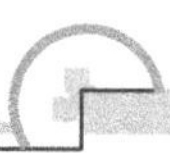

从而在转子绕组中感应出电动势和电流，而此电流反过来又会影响到定子绕组中的电流变化。这种定、转子绕组之间的相互影响，使突然短路后的过渡过程变得非常复杂，也使得分析更为困难。突然短路对发电机也有很大的影响，主要体现在以下三个方面。

（1）冲击电流的电磁力

突然短路时冲击电流的峰值可达 $20I_N$，这将产生巨大的电磁力，并有可能会损坏绕组端部，突然短路时定、转子绕组端部之间作用力的情况如图 3-14 所示，此时，定、转子绕组端部会受到以下几种力的作用：

1）定、转子绕组端部之间的电磁力 F_1。由于短路时定子电流产生的磁场起去磁作用，故定、转子导体中的电流方向相反，产生的电磁力 F_1 使定子绕组端部外胀，转子绕组端部内压。

2）定子绕组端部与定子铁心之间的引力 F_2。它是定子绕组端部电流产生的漏磁场沿铁心端面闭合而造成的。

3）定子绕组各相邻端部导体之间的作用力 F_3。相邻导体中电流方向相反，则产生斥力（图 3-14）反之，产生吸力。

以上这些力的作用均使定子绕组端部弯曲，严重时会造成永久性损坏。

（2）短路过程中的电磁转矩

突然短路时，气隙磁场变化不大，但定子电流却增大很多，因此所产生的电磁转矩也就很大，并且被分为单轴制动电磁转矩和交变电磁转矩两大类。

1）单轴制动电磁转矩是由于定、转子绕组都有电阻，都需要传递、消耗电功率所产生的。以转子非周期性电流和定子周期性电流的相互作用为例，虽然二者各自产生的磁场在空间同步，但由于定子电阻铜耗功率需转子提供，则两个磁场的轴线就不会重合，二者之间将产生一个方向不变的制动转矩，以实现能量的传递和转换。同理，由于转子有电阻，定子非周期性电流与转子周期性电流之间也会产生单向制动转矩。

2）交变电磁转矩是由定子非周期性电流与转子非周期性电流之间相互作用产生的。其方向每半个周期改变一次，轮换起制动和驱动作用，其数值比单轴制动转矩更大。最严重情况发生在线对线不对称突然短路的初期，所产生的电磁转矩可达 $10T_N$。因此设计转轴、机座等结构件时，必须特别加以考虑。

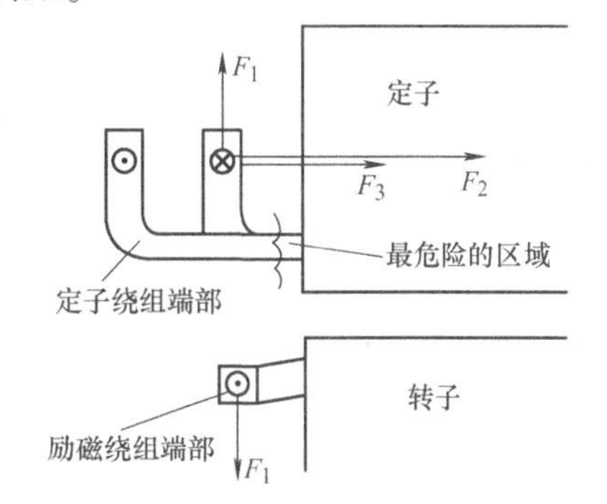

图 3-14　定、转子绕组端部之间的作用力

（3）短路引起的绕组发热

巨大的短路电流使铜耗剧增，所产生的热量使绕组温升增加。不过，由于电流衰减快，发电机热容量大，加之过电流保护装置会产生保护动作，因此温升还不足以对发电机构成实质危害。

5. 同步发电机的异常运行

同步发电机正常运行时，各物理量不仅对称，且在额定值范围之内。而在某些情况下，有些物理量的大小或超过额定值，或三相严重不对称，如不对称运行、无励磁运行、振荡等，这些均属异常运行，异常运行对发电机本身和电力系统的影响很大，特别是会影响电力运行的可靠性和稳定性。

(1) 不对称运行

实际运行中的同步发电机随时可能发生不对称运行。例如，发电机供给容量较大的单相负载、电气设备发生一相断线或不对称短路等。按照电机基本技术的要求，对10kV・A以下的三相同步发电机和调相机（不包括导体内部冷却的电机），若每相电流均不超过额定值，且负序分量不超过额定电流的8%（汽轮发电机）或12%（凸极式同步发电机、调相机）时应能长期工作，不对称运行会对发电机的运行产生很大的影响。

1) 引起转子表面发热。不对称运行时，负序旋转磁场以两倍同步转速切割转子表面，从而使转子铁心表面槽楔、励磁绕组、阻尼绕组以及转子的其他金属构件中感应出两倍于定子电流频率的电流。这种频率较高的电流在转子表面流通，引起转子表面的损耗，这使隐极式同步发电机励磁绕组的散热更加困难。同时在集电环与转子本体搭接的区域，由于接触电阻较大，将产生局部过热甚至烧坏。

2) 引起发电机振动。不对称运行时的负序磁场相对转子以两倍同步转速$2n_1$旋转，它与正序主极磁场相互作用，将在转子上产生一个交变的附加转矩，引起机组振动并产生噪声。凸极式同步发电机由于直轴和交轴磁阻的差别，交变的附加转矩作用使机组振动更为严重。

(2) 无励磁运行

同步发电机具有交流、直流从定子双边励磁的工作特点。它依靠同步旋转的定子、转子磁场的相互作用而产生电磁转矩，也称同步转矩。原动机的驱动转矩在克服电磁转矩的过程中，将机械能转变成电能。发电机在运行中，可能因灭磁开关受振动而跳闸，或者因励磁回路的某种原因而断路从而造成发电机失去励磁，失磁后的运行方式称为无励磁运行。

1) 无励磁运行的物理状况。并列于无穷大容量电力系统的同步发电机正常运行时，从原动机输入的驱动转矩与同步发电机的电磁转矩相平衡，失磁时转子磁场将迅速减小，导致E_0的减小，同步转矩随之迅速减小。

2) 发电机失磁后各物理量的变化。由于发电机失磁后需要从电力系统吸收很大的感性电流来维持气隙磁场，故失磁后定子电流增大，而且发电机产生交变电磁转矩，使定子电流波动；无励磁运行时，由于电力系统仍然向发电机输入很大的感性无功电流，这将引起线路压降增大，导致发电机端电压的降低；了解失磁后各物理量的变化情况，在实际工作中，便可以从仪表指示中判断发电机是否失去励磁，从而采取必要的措施。

3) 无励磁运行对发电机和电力系统的影响。发电机转子可能过热，这是异步运行造成的；定子绕组温升增加，这是定子电流增大造成的；发电机无励磁运行时，将导致电力系统的无功功率不足，发电机端母线电压降低，以及由此带来不良后果。

因此，运行人员在判明发电机失磁后，如果定子电流摆动的平均值不超过额定值，转子表面损耗不超过正常损耗，以及电力系统能供给足够的无功功率，使发电机的母线电压不低于额定电压的90%时，可允许发电机带一定数量的有功负载无励磁运行30min，但所有负载的最大值必须通过实验和根据电力系统稳定的要求来确定。

对于允许无励磁运行的发电机，当发电机失磁后，应当立即减少发电机的负载，使定子电流的平均值降低到允许值以下，然后检查故障情况，若在30min内无法恢复励磁，则必须停机处理。

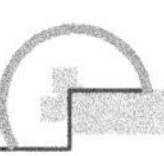

（3）振荡

由于系统干扰或电网和电机配合等问题，导致同步发电机机械功率和电磁功率不平衡，使同步发电机的转速、电流、电压、功率以及转矩等均发生周期性变化的现象称为振荡。

引起发电机振荡的主要原因有：负荷突变；电源之间输出线路和变压器的切除；发电机特别是大容量机组突然跳闸；原动机输入力矩突然变化；系统突然发生短路故障等。短路通常是引起发电机振荡的主要原因。

同步发电机正常运行时，相对静止的合成等效磁场与转子磁场之间依靠磁力线弹性联系。当负载增加时，功率角δ将增大，这相当于把磁力线拉长；当负载减少时，功率角δ将减小，这相当于磁力线缩短。当负载突然改变时，由于磁力线的弹性作用，δ不能立即达到新的稳定，而要经过多次周期性的往复摆动，称为同步发电机的振荡。在振荡时，随着功率角的往复摆动，发电机的定子电流、电压、功率以及转矩也将发生周期性的变化，而不再是恒值。振荡现象有时会导致发电机失去同步，因此研究同步发电机的振荡具有重要意义。

振荡有两种类型：一是振荡幅度越来越小，功率角的摆动逐渐衰减，最后稳定在某一新的功率角下，仍以同步转速稳定运行，称为同步振荡；另一种是振荡的幅度越来越大，功率角不断增大，直至脱出稳定范围，是发电机失步，发电机进入异步运行，称为非同步振荡。

发电机振荡失步时，应通过增加励磁电流和减少发电机的有功负载，有效地恢复同步。在发电机转子上装设阻尼绕组，对抑制发电机的振荡是较为有效的。因为振荡时阻尼绕组中的感应电流与定子磁场所产生的阻尼转矩是阻碍转子摆动的。在采取恢复同步的措施后，仍不能抑制住振荡时，为使发电机免遭持续过电流的损害，应在2min之内将发电机与系统解列。

综上所述，将同步发电机异常运行影响归纳为表3-3。

表3-3　同步发电机异常运行

同步发电机异常运行	影　响
不对称运行	引起转子表面发热，引起发电机振动
无励磁运行	1. 同步发电机失磁时转子磁场将迅速减小，导致E_0减小，同步转矩随之迅速减小 2. 发电机失磁后定子电流增大，发电机产生交变电磁转矩，引起线路压降增大，导致发电机端电压的降低 3. 发电机转子可能过热，定子绕组温升增加，电力系统的无功功率不足，发电机端母线电压降低
振荡	1. 引起振荡的原因：负荷、电源之间输出线路和变压器的切除，发电机特别是大容量机组突然跳闸，原动机输入力矩突然变化，系统突然发生短路故障等。短路通常是引起发电机振荡的主要原因 2. 同步振荡：振荡幅度越来越小，功率角的摆动逐渐衰减，最后稳定在某一新的功率角下，仍以同步转速稳定运行 3. 非同步振荡：振荡的幅度越来越大，功率角不断增大，直至脱出稳定范围，是发电机失步，发电机进入异步运行

3.1.2 电励磁同步风力发电机

电励磁同步风力发电机与永磁同步风力发电机相比，同步发电机采用传统的直流电线圈可控励磁，可以对发电机电压进行调控，发电电能品质好，功率因数可调，不仅能输出有功功率还能输出无功功率，克服了永磁体励磁可能发生不可逆退磁的问题，其缺点在于电刷、集电环以及磁极线圈复杂，需要定期维护，与同功率同转速永磁发电机相比较重。电励磁直驱风力发电系统的构成主要有风轮、变频器、风机主控系统、制动器、电励磁同步发电机与偏航系统等。系统能量流向为：风能转换为叶轮旋转的机械能，再由传动系统将机械能传递给发电机转变为电能，最后电能在变压器的作用下接入电网，其发电系统结构主要由直流励磁模块、电励磁发电机、全功率变频器模块及变压器等组成，通常变频器为全功率变频，主要作用是控制发电机的电功率、为转子绕组提供直流励磁，如图 3-15 所示。现以 MW 级风力发电机为例，来对风电机组电励磁发电机的设计进行说明。

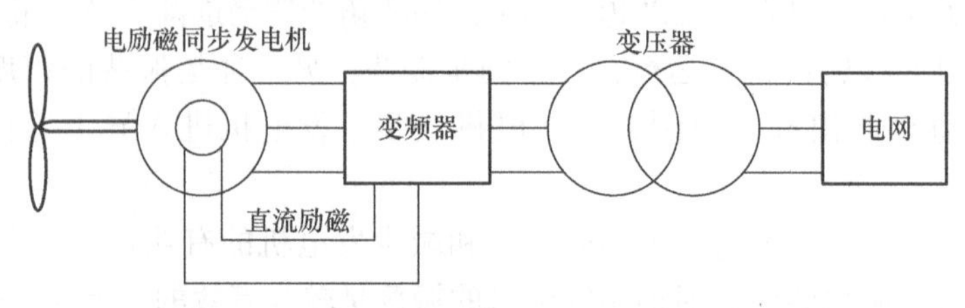

图 3-15 电励磁同步风力发电机组总体结构图

兆瓦级电励磁直驱风力发电机转子采用电励磁磁极结构，该磁极结构主要包括磁极极身和磁极线圈，根据应用领域的不同，磁极线圈设计原则和方法也不同。

1. 发电机的励磁

电励磁直驱发电机是在永磁直驱风机发电机的基础上，对原有发电机进行改进，使其满足发电机输出功率的要求，同时使励磁功率最小化，主要对定子与轴承等进行调整；对原有发电机的转子进行调整，将永磁体转换为励磁磁极，转子磁极励磁电压为全功率变频器的直流母线电压，磁极线圈结构为多层多排。由于电励磁发电机增加了励磁损耗，在通风冷却方面需进行调整与改进。

电励磁直驱风力发电机作为发电设备的一种，也会向电网提供电能，但风力发电机的自身特点决定了其与常规水电、火电机组有不同的并网方式。水电、火电机组一般都是通过变压器直接与电网连接，而直驱风力发电机组则是先与全功率变频器相连，再通过变压器与电网相连。正是由于全功率变频器的存在，使得电网的波动与发电机没有直接关系，这样就给选取发电机的一些主要参数（如短路比 K_c、直轴同步电抗 X_d、直轴瞬变电抗 X_d' 和直轴超瞬变电抗 X_d'' 等）时提供了很大的自由度，但同时又在选取发电机功率因数、励磁电压、励磁电流等时有了一定的限制。

（1）功率因数

由于全功率变频器的存在，风力发电机不需要直接向电网提供或吸收无功功率，为了尽可能提高发电机的利用率，功率因数可以选取较大的值。同时，根据凸极同步发电机的双反应理论，当功率因数为负值（即电流相位超前于电压）时，此时直轴电枢反应的增磁作用

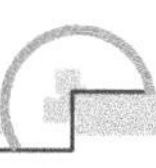

增大，即同样大小的定子电压、电流下，功率因数为负值时将比功率因数为正值需要的励磁功率小（即同样的励磁功率下能产生更大的电机功率）。在发电机结构不变的情况下，选择容性功率因数时，较小的励磁电流即可产生较大的发电机端电压及电流，即对同一发电机，在发电机功率及端电压一定时，容性功率因数比感性功率因数需要的励磁安匝数要小。因此在设计电励磁直驱风力发电机时，一般选择容性功率因数。同时考虑到发电机运行的稳定性及定子铁心端部金属结构件温升的限制，一般建议功率因数选取在 -0.95 ~0.9 之间。

（2）额定励磁电压

额定励磁电压的选取主要考虑的是励磁系统的取电位置。对电励磁直驱风力发电机而言，励磁系统的取电位置主要有两处：一处是在变频器的直流母线侧取电；另一处是在变频器的交流母线侧取电。这两处的区别在于变频器直流母线侧取电比在交流母线侧取电可减少一套整流装置（AC/DC），这样可以降低一部分成本，通常业主都会要求励磁系统从变流器直流母线侧取电。一般2MW 风力发电机额定电压为690V，与该电压等级相对应的变流器直流母线侧电压一般在1050V 左右，一般要求额定励磁电压 $U_f \leqslant 1000V$，但若选择的励磁电压太小，根据公式：

$$U_f = I_f R_f = \frac{\rho \omega L I_f}{A} \tag{3-8}$$

式中　R_f——励磁绕组电阻；

ρ——励磁绕组导线电阻率；

ω——励磁绕组每极匝数；

L——励磁绕组每匝平均长度；

A——励磁绕组导线截面积；

I_f——额定励磁电流。

可知，当励磁电压选择较小时，就意味着 I_f与 ω 的乘积较小（当磁极铁心及线规已定时，ρ、L 及 A 均为定值），I_f与 ω 的减小就意味着机组的励磁损耗小，而较小的励磁损耗有利于降低温升，提高效率。但是从对励磁电流的选择分析可知，I_f与 ω 的选取首先要满足发电机额定运行时需要的励磁安匝数（$I_f\omega$ 为励磁安匝数，即励磁磁动势），在满足励磁安匝数需要的前提下，选择较小的 I_f与 ω（即 U_f）是可行的，一般的电励磁直驱同步风力发电机励磁电压在500 ~1000V 之间。

（3）额定励磁电流

对同步发电机而言，当发电机额定功率、额定电压、额定电流及发电机主要结构基本确定后，励磁系统需要的励磁安匝数 F_f也就基本确定了，根据 $F_f = I_f\omega$（其中 I_f为额定励磁电流，ω 为每极励磁绕组匝数）可知，此时 $I_f\omega$ 的乘积是一定的。此时有两种选择：一是选择大电流，少励磁绕组匝数，这种情况下电阻等比例减小，同样用铜量的情况下，总损耗不变；另一个就是选择小电流而增加励磁绕组匝数，此方案由于匝数增加不利于磁极线圈的散热。而电励磁直驱风力发电机励磁电流的选取主要受集电环和通风冷却的限制，通常集电环要求励磁电流小于100A（电流过大时集电环的散热也要受到限制），而通风冷却即希望电流值尽可能小（励磁损耗 I_f^2R），也希望励磁绕组匝数尽可能少（利于热量传导），这就要求设计人员设计时在励磁电流和励磁绕组匝数之间找一个平衡点。

2. 磁极线圈

从前面的电磁分析可知，电励磁磁极线圈匝数较多，因此在结构设计方面就有两种方案可供选择：一种是选择传统的单排多层磁极线圈结构；另一种是选择多排多层磁极线圈结构。磁极线圈的两种结构如图 3-16 所示。

电励磁同步发电机中，由于多排多层磁极线圈在国际上已经有了成熟的制造经验，且这种线圈制造简单、周期短，适合批量化生产，因此电励磁同步发电机一般采用多排多层磁极线圈，如图 3-17 所示。

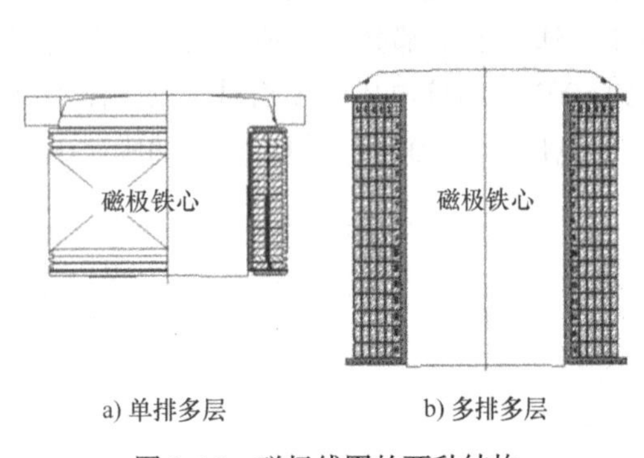

图 3-16　磁极线圈的两种结构

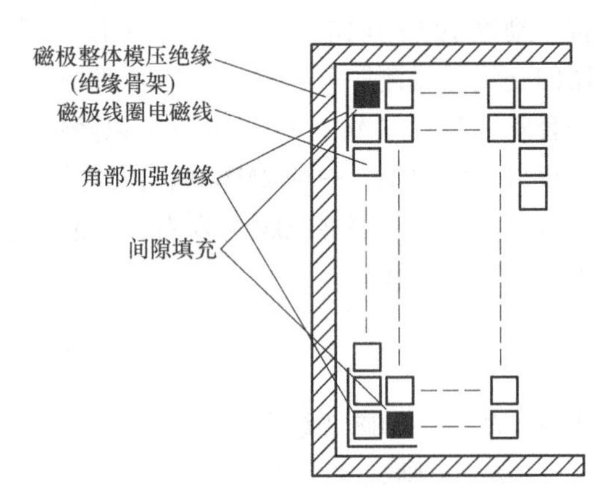

图 3-17　多排多层磁极线圈结构

3.1.3　永磁同步风力发电机

永磁同步风力发电机具有以下优点：

1）永磁同步发电机的磁场是永久磁铁产生，避免了励磁电流导致的励磁损耗（铜耗），发电机功率因数高，效率也高，更加省电。

2）永磁同步变频调速电机参数不受电机极数的限制，便于实现电机直接驱动负载，省去了噪声大、故障率高的减速齿轮箱，增加了机械传动系统设计的灵活性，而异步电机转子上需要安装导条、端环或转子绕组，大大限制了异步电机结构的灵活性。

3）从电机本体对比，永磁同步电机与异步电机可靠性相当，但由于永磁同步电机结构的灵活性，便于实现直接驱动负载，省去了减速箱，传动系统的可靠性大大提高。

4）永磁同步发电机在低频的时候仍能保持良好的工作状态，低频时的输出力矩较异步电机大，运行时的噪声小，转子无电阻损耗，定子绕组几乎不存在无功电流，因而电机温升低。但永磁同步发电机也存在最大转矩受永磁体去磁约束、抗振能力差、高转速受限制、功率较小，成本高和起动困难等缺点。永磁直驱同步风力发电机组的总体结构如图 3-18 所示。

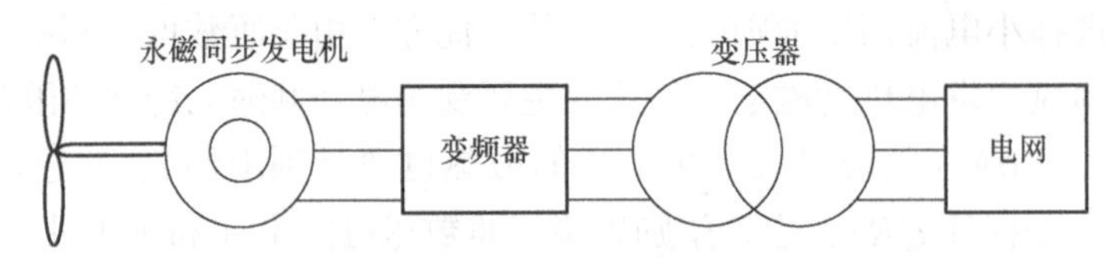

图 3-18　永磁直驱同步风力发电机组总体结构图

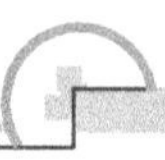

1. 永磁同步发电机的技术特点

（1）电机励磁

永磁体是永磁电机代替传统电机励磁系统的关键部件，同时它也是磁路的组成部分之一。由于不同型号永磁体的内在磁性能差异较大、磁路结构形式多样、漏磁路复杂且漏磁比例较大，同时还要考虑故障下的过电流冲击及正常运行时工作温度带来的永磁退磁等问题，都使永磁电机的电磁设计变得异常复杂。而永磁体材料中含有大量的稀有金属，如果永磁材料用得过多会造成成本的增加，过少又会达不到使用要求，因而兼顾经济性与稳定性是永磁电机设计的重要考核目标之一。

除了合理的磁路设计，还要考虑如何确切地计算出风力发电机的起动阻力矩并采取措施予以降低，如果起动阻力矩小，发电机在较低风速时便能起动发电，就能更加有效地利用风力资源，提高风机发电性能。

电机的温升也是电机的主要关键点，由于永磁电机运行在风机上，空间狭小，散热性能差，如果电机散热设计不合理，工作温升过高会导致永磁体退磁，带来电机出力不够、效率下降等一系列问题，因而如何利用有限空间，同时兼顾经济性及运行效率，设计出合理的永磁同步电机散热系统是直驱风机的一个重点与难点问题。

此外，风机往往运行在戈壁、沿海及海上等环境恶劣的地方，尤其对大功率机组，海上风机是发展趋势，因而如何对电机进行防护将是设计成败的关键因素。如果永磁体不能得到很好的防护，表面腐蚀后会导致电机性能下降，而盐雾、风沙及雨水的侵袭，也会造成电机绝缘性能的下降，严重时将会导致击穿事故的发生。

（2）电机安装工艺

目前，大部分大功率永磁直驱风力发电机均先将永磁体充磁后，再安装到转子上，这就带来了永磁体的安装问题。磁极由多个永磁体组成，永磁体由专门的磁材厂家制作并充磁，风电用的永磁体大多为烧结工艺制作，永磁体机械强度小且易碎，同时永磁体的强磁性又使其很容易吸附在铁心、转轴等地方，增加了安装难度。尤其对于内置式结构，一旦安装中发生永磁体破碎，碎块残留在转子铁心内部，会很难清理，因而必须设计可行的导入工装来保证安装成功。而对于面贴式结构，还要考虑如何固定永磁体，目前较多的处理方式是将永磁体用特殊的粘接剂粘在磁轭表面，防止转子运行时永磁体脱落或在磁轭表面移动。

永磁体安装完毕后，下一个面对的难题就是定、转子的套装。与传统套装不同，安装了永磁体的转子整体吸附力极强，定、转子之间气隙较小，在总装时容易造成定、转子之间因吸力大而发生碰撞，一旦定、转子吸附在一起将很难分开，甚至报废，且易造成人身伤害。因而传统的立装或卧装工艺已无法满足要求，因此必须制作精确的导入及定位工装，在保证定、转子绝对同心的条件下再进行总装是套装工艺的关键。另外，在制造过程中，还必须做好清洁防护工作，防止铁屑、杂物掉入，工序安排也要合理，永磁体安装后，尽量避免再进行焊接、打磨等容易产生铁屑的工序。同时在永磁体运输过程中及发电机安装完成后，要做好防护工作。

2. 永磁同步发电机在风力发电中的应用

永磁同步发电机是利用永磁体来代替普通同步发电机励磁系统，为发电机提供励磁的一种发电机。相较于普通电励磁同步发电机，永磁同步发电机由于省掉集电环、电刷装置而具有结构简单、效率高、免维护等优点，永磁同步发电机由于自身励磁无法调节，早期主要应用于小型风力发电机上，但随着永磁技术及大功率变流器技术的提高、风电新技术方案的出现，永磁发电机逐渐在大型风力发电机组上得到了广泛的应用。

采用永磁发电机的国外厂商如：由 Multibrid 授权、WinWind 的 WWD1 和 WWD3 机型，Multibrid 的 5MW 机型（图 3-19），Scanwind 的 3MW 和 3.5MW 直驱永磁风力发电机（图 3-20），Vestas 的 3MW 直驱永磁风力发电机（图 3-21），采用带三级齿轮箱的 GE 公司 2.5XL 系列的永磁风力发电机等。国内采用永磁同步发电机能够批量生产的厂商如：金风科技股份有限公司和湘电风能股份有限公司。

图 3-19　Multibrid 公司 5MW 永磁发电机

图 3-20　Scanwind 配套的永磁发电机

下面介绍直驱永磁同步风力发电机。

就目前大型直驱永磁风力发电机组来看，发电机主要有内转子和外转子两种典型结构，如图 3-22 和图 3-23 所示，两种发电机主要是结构上略有不同。

无论是内转子还是外转子发电机，如图 3-24所示，发电机均由定子、转子、支撑及轴承组成，表 3-4 所示为两种永磁同步发电机的主要结构及作用。

图 3-21　Vestas 公司 3MW 永磁发电机

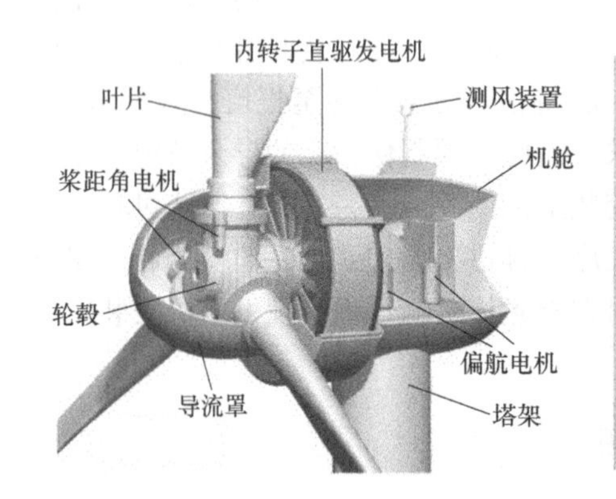

图 3-22　内转子永磁发电机结构示意图

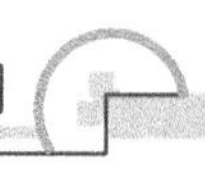

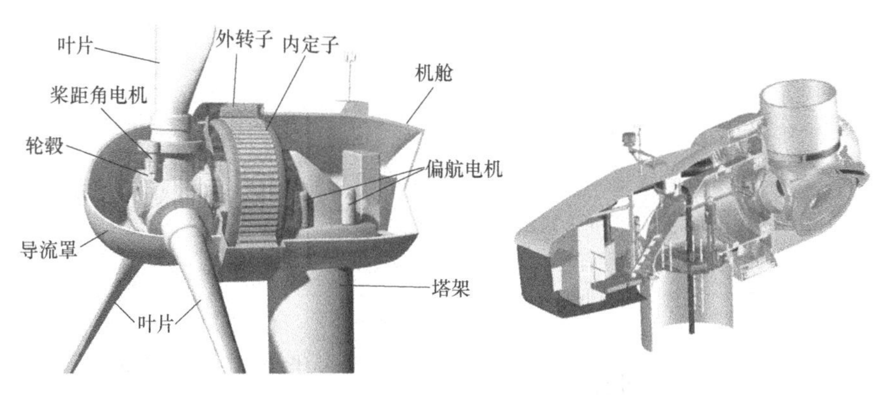

图 3-23　外转子风力发电机组总体结构

表 3-4　内、外转子永磁同步发电机主要结构及作用

发电机主要结构	作用
定子	电机定子是电机静止不动的部分。定子由定子铁心、定子绕组和机座三部分组成。定子用于嵌放三相绕组，与转子、气隙一起构成磁场通路，定子的主要作用是切割磁场产生感应电动势，向电网输送电能
转子	电机转子是指由轴承支撑的旋转体，采用永磁体励磁，由叶轮拖动转子旋转构成旋转磁场，气隙磁通的分布如图 3-25 所示
支撑	用于支撑转子和定子
轴承	电机运行旋转支撑，引导转子轴的旋转，传递扭矩

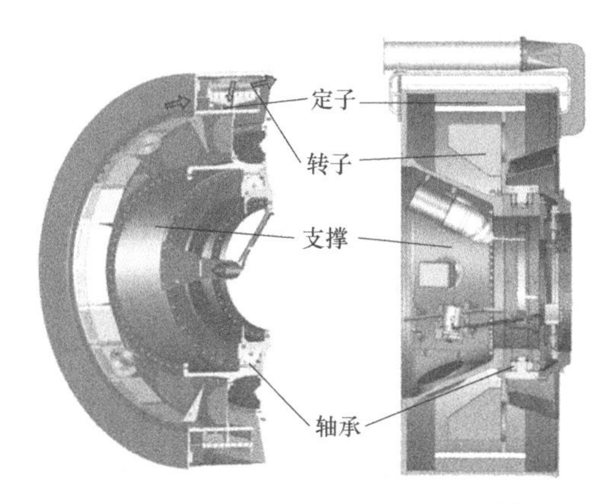

图 3-24　内、外转子永磁发电机结构

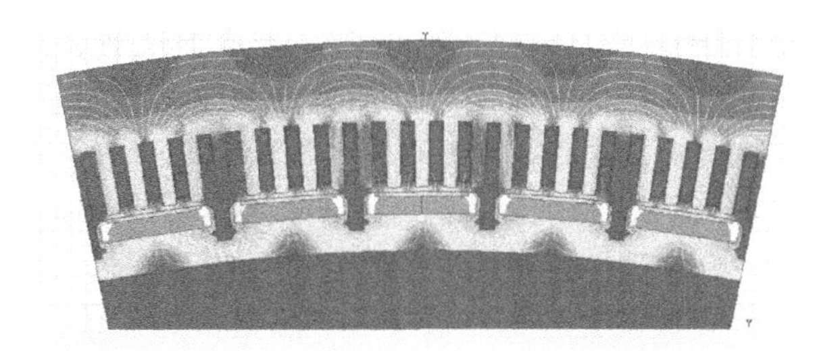

图 3-25　永磁同步发电机气隙磁通分布

3.1.4　永磁同步发电机冷却

直驱式风力发电机组采用的永磁同步发电机中虽采用永磁体励磁，减少了励磁损耗，但定子绕组仍有铜耗。发电机的发热部件如图 3-26 所示，有绕组（主要为定子绕组）引起的铜耗、定子及转子铁心引起的铁耗、摩擦引起的机械损耗、其他损耗（如风摩损耗）。

发电机的冷却方式有风冷、氢冷和水冷，市场上大型的风力发电机，大多采用强制空气

–空气换热冷却的方式。如图3-27、图3-28所示，发电机换热采用闭式内循环冷却方式，这种方式能有效地保证内、外循环风道完全隔离，避免发电机与外界接触，绕组热量通过热传导内循环到风路的空气中，内、外循环风道的两相空气流形成温度差，通过换热器对流换热带走内循环空气流的热量，降低了内循环空气流的出口温度，再次进入发电机内部，外循环空气流吸收了内循环空气流的热量，空气流温度增加，直接排回大气中。在换热器处被外界冷空气冷却，冷却后的空气经发电机机舱循环进入发电机，对发电绕组进行冷却。

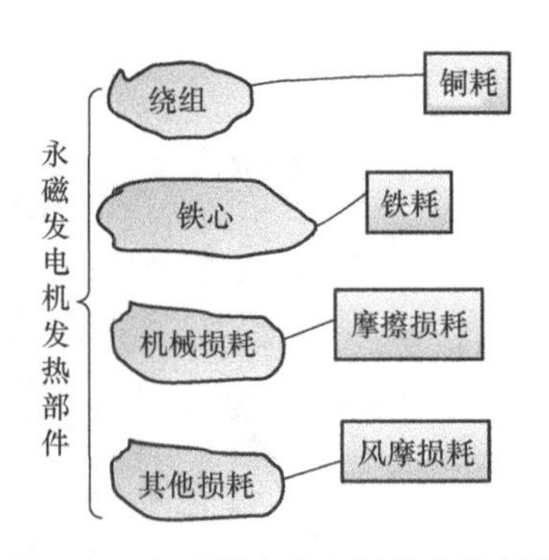

图3-26　永磁同步发电机的发热部件

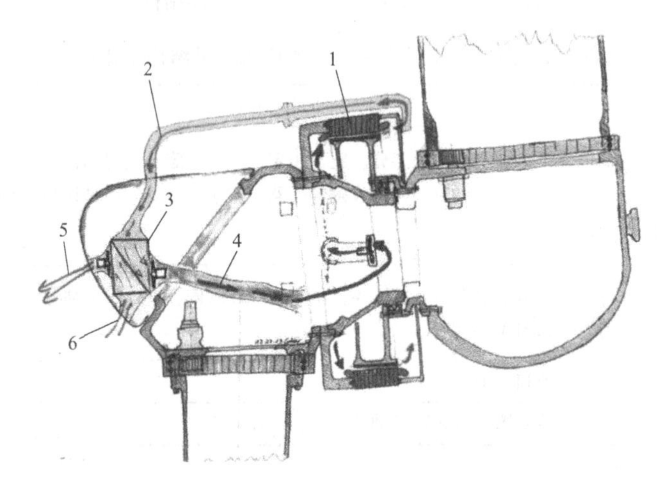

图3-27　发电机强制空气冷却示意图

1—发电机定子绕组　2—热空气　3—换热器　4—冷却后的空气　5—冷空气出　6—冷空气入

空–空换热器如图3-28所示，空气–空气换热器由换热芯体、电机、导流罩等组成，换热芯体内部有多组并联热流体通路和多组并联冷流体通路，热、冷流体通路相邻布置，并由传热导板完全隔离，互不接触。换热器的冷却原理：当相邻冷、热流体存在温差时，热传导板就会进行热量交换，热量由热流体通过热传导板传递给冷流体，从而降低热流体温度。

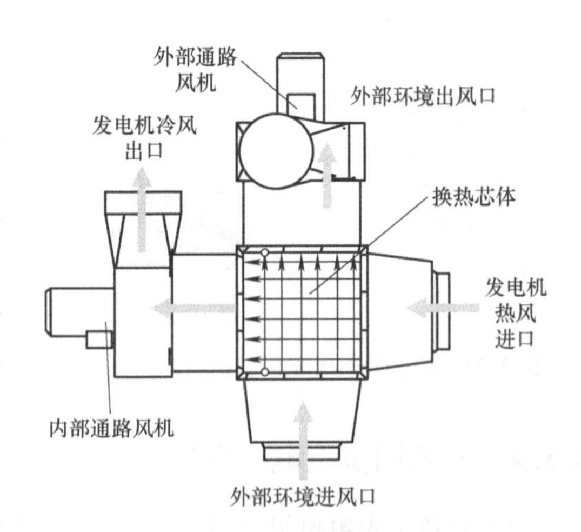

图3-28　发电机换热器原理图

1. 换热器的热计算

换热器是由一组几何结构相同的平行薄平板叠加组成，如图3-29所示，型板的板片被冲压成特殊波纹形状以构成流体通道。型板角上开有流体通道孔，板片四周和通道孔周围装有密封垫片。密封垫片是板式换热器的重要构件，一般由耐热橡胶或合成树脂制成。相邻

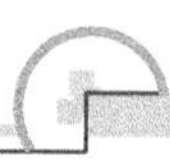

型板之间由于密封垫片的隔开，形成一个个通道，使相邻两通道中分别流过冷、热两种流体。

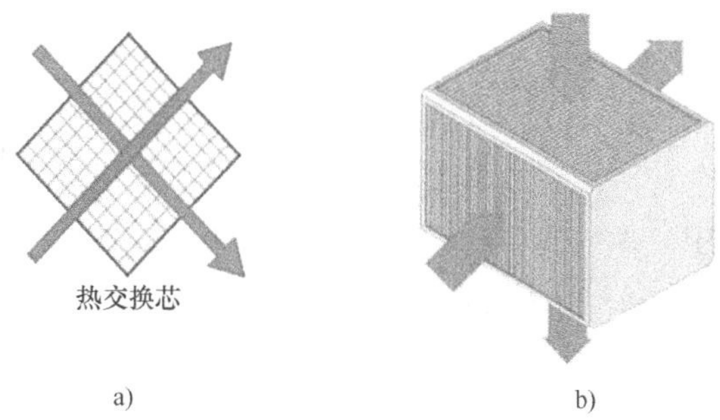

a)　　b)

图 3-29　换热器的结构图

如图 3-30 所示，换热器按流体的流动方向分可分为：顺流式、逆流式、叉流式和混合流式。在各种流动形式中，顺流和逆流可以看作是两种极端情况，在相同的进、出口温度条件下，逆流的平均温差最大，顺流的平均温差最小，而其他各种流动形式介于顺流和逆流之间。逆流的缺点是：热流体和冷流体的最高温度集中在换热器的同一端，使得该处的温度特别高，这是应该避免的。

换热器的换热原理如图 3-31 所示，换热器换热平衡方程：

$$Q = m_1 c_1 (t_1' - t_1'') = m_2 c_2 (t_2' - t_2'') \tag{3-9}$$

式中　m_1、m_2——热、冷流体的质量流量；

c_1、c_2——热、冷流体的质量定压比热；

t_1'、t_1''——热流体流经热交换器进、出口处的温度；

t_2'、t_2''——冷流体流经热交换器进、出口处的温度。

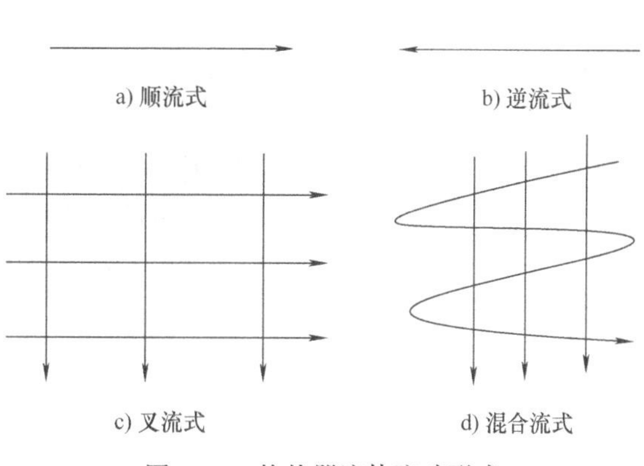

a) 顺流式　b) 逆流式　c) 叉流式　d) 混合流式

图 3-30　换热器流体流动形式

传热方程：

$$Q = KA\Delta t_m \tag{3-10}$$

式中　Δt_m——整个换热器流程上热、冷流体的平均温差；

A——热交换器的换热面积；

K——热交换器的传热系数。

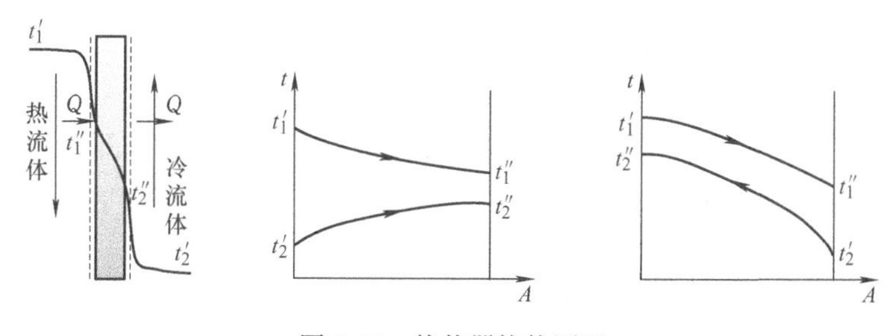

图 3-31　换热器换热原理

在热交换器中，热流体因放出热量温度不断下降，冷流体因吸收热量而温度不断上升，当利用传热方程来计算整个传热面上的热流量时，必须使用整个传热面积上的平均温差

Δt_m，平均温差越大，换热效果越好。一般用对数平均温差来表示，其表达式为

$$\Delta t_m = \frac{\Delta t' - \Delta t''}{\ln \dfrac{\Delta t'}{\Delta t''}} \tag{3-11}$$

式中　$\Delta t'$、$\Delta t''$——分别为温差值，顺流时 $\Delta t' = t_1' - t_2'$，$\Delta t'' = t_1'' - t_2''$，逆流时 $\Delta t' = t_1' - t_2''$，$\Delta t'' = t''_1 - t'_2$。当$\dfrac{\Delta t'}{\Delta t''} \leqslant 2$ 时，$\Delta t_m = \dfrac{1}{2}(\Delta t' + \Delta t'')$。

差流和混合流的对数平均温差表达式如下：

$$\Delta t_m = \varepsilon_{\Delta t} \cdot \frac{\Delta t' - \Delta t''}{\ln \dfrac{\Delta t'}{\Delta t''}} \tag{3-12}$$

式中　$\varepsilon_{\Delta t}$——换热器的效能，表示换热器的实际换热效果与最大可能的换热效果之比。

例 6-1　已知一换热器，热流体进口温度 $t_1' = 300℃$，出口温度为 $t_1'' = 150℃$；冷流体进口温度 $t_2' = 50℃$，出口温度为 $t_2'' = 100℃$。求换热器在顺流布置和逆流布置时的对数平均温差，试说明哪一种布置换热效果好。

解：

顺流式：

$$\Delta t' = t_1' - t_2' = 300℃ - 50℃ = 250℃$$

$$\Delta t'' = t_1'' - t_2'' = 150℃ - 100℃ = 50℃$$

$$\Delta t_m = \frac{\Delta t' - \Delta t''}{\ln \dfrac{\Delta t'}{\Delta t''}} = \frac{250 - 50}{\ln \dfrac{250}{50}}℃ = 124℃$$

逆流式：

$$\Delta t' = t_1' - t_2'' = 300℃ - 100℃ = 200℃$$

$$\Delta t'' = t_1'' - t_2' = 150℃ - 50℃ = 100℃$$

$$\Delta t_m = \frac{\Delta t' - \Delta t''}{\ln \dfrac{\Delta t'}{\Delta t''}} = \frac{200 - 100}{\ln \dfrac{200}{100}}℃ = 144℃$$

由计算结果可知，逆流平均温差比顺流大，换热器采用逆流效果好。

2. 发电机的外壳防护

MW 级的风力发电机的外壳防护大多是 IP54，IP（Ingress Protection）防护等级系统是由 IEC（International Electrotechnical Commission）所起草，将电器依其防尘防湿气的特性加以分级。IP 防护等级是由两个数字所组成，第 1 个数字表示电器防尘、防止外物侵入的等级（这里所指的外物含工具、人的手指等均不可接触到电器内的带电部分，以免触电），第 2 个数字表示电器防湿气、防水浸入的密闭程度，数字越大表示其防护等级越高。

永磁同步发电机外壳防护等级符合 GB/T 4942.1—2006 中的规定，一般户内使用不低于 IP21，户外使用不应低于 IP54，以 IP54 为例：

IP：标记字母；

5：防尘电机，能防止触及或接近壳内带电或转动部件，虽不能完全防止灰尘进入，但进入的灰尘量并不会影响电机的正常运行；

4：防溅水电机，承受任何方向的溅水应无有害影响。

3.1.5 风电机组发电机的常见故障及维护

1. 发电机的维护

发电机作为风力发电机组主要的部件，需要进行定期的维护保养，以减少发电机故障的发生。发电机主要零部件维护方法见表3-5。

表3-5 发电机主要零部件维护方法

发电机维护项目	维护方法
发电机清理	1. 发电机在使用期间，应注意它的清洁，特别是绕组的清洁 2. 发电机的内部和外部都不许弄脏，也不允许有水和油落入发电机内
轴承装置检查	1. 不允许漏油脂，因为油脂可能飞溅到绕组上，而影响导电性能和损坏绝缘 2. 必须注意轴承的运转情况，轴承应均匀地运转。发现不正常响声时，应及时停机检查 3. 应定期取出脂样检验，如颜色发暗、有水分或杂质，造成轴承脏污或发热时即需更换润滑脂。更换润滑脂时，应用汽油清洗轴承并擦干 4. 滚动轴承更换润滑脂的时间按有关规定进行，可以不停机更换润滑脂，废油从油脂收集盒取出清除 5. 检查密封圈是否有磨损、烧坏、老化、变质等现象
气隙	为了避免转子与定子相碰，必须定期检查气隙
发电机绝缘电阻检测	1. 当发电机长时间停机时，在运行前请务必对发电机绝缘电阻进行检测 2. 保证发电机的绝缘电阻≥5MΩ。如发电机绝缘电阻<5MΩ，请维护人员查明原因，如果测试值不符合上述值，一般是受潮引起，必须通过热空气烘干
紧固件	必须固定周期检查所有紧固件紧固程度，特别注意固定绝缘部分与旋转部分上的紧固件
温度测量	定子线圈和轴承装有测温元件，根据F级绝缘要求，用检温计法测得绕组停用温度限值为150℃，报警温度为145℃。滚动轴承停用温度为95℃，报警温度为85℃
周围环境	1. 经常检查周围空气（或者冷却空气）是否干燥，环境相对湿度不大于70% 2. 周围空气中（或者冷却空气）不允许有过多灰尘，因为灰尘会粘污绕组，使绝缘电阻降低，容易引起事故和降低发电机使用寿命 3. 周围空气温度一般不得高于+40℃，在温度过高时请考虑机组限功率运行 4. 温度过低情况下，需采用取暖装置 5. 应经常检查周围空气中是否有危险性、非自然状态下的腐蚀性气体，如果发现，应立即设法清除，否则发电机将因腐蚀严重而大大缩短使用寿命。危险性气体也可能引起爆炸
出线盒	1. 经常检查电源电缆在出线盒入口处的固定和密封情况，发现固定不牢和密封不良，应及时紧固和更换密封圈 2. 定期检查电源电缆接头与接线柱接触是否良好，接头和接线柱是否有烧伤的现象，如有应立即检查和更换零件 3. 经常检查发电机的接地是否良好

（续）

发电机维护项目	维护方法
发电机绕组	必须经常检查绕组的绝缘电阻，任一相绕组的绝缘电阻降低时，应仔细清除污物和灰尘，必要时进行干燥处理
运行记录	系统地记录各种仪表的读数：①输出电压值；②发电机电流值；③发电机频率值；④发电机的输出功率；⑤记录有关温度的读数；⑥定子线圈温度；⑦轴承温度；⑧定子内空气温度；⑨环境温度
其他记录内容	1. 发电机的起动时间、次数 2. 发电机的停机时间、次数、停机原因 3. 发电机在运行中的不正常现象 4. 发电机的检查内容 5. 发电机的修理内容 6. 周围环境的检查内容

2. 运行中的故障、产生故障的原因和修理方法

发电机在运行中，由于多方面的原因，会产生各类故障。无论故障大小，发现故障就应立即采取措施进行消除，否则这些故障会引起事故。处理故障前必须切断机组电源。最常遇到的故障有下述几个方面。

（1）轴承发热、响声不正常

轴承发热、响声不正常的原因和修理方法见表 3-6。

表 3-6　轴承发热、响声不正常的原因和修理方法

故障	故障原因	修理方法
轴承发热及响声不正常	润滑脂不足或过多	补充润滑脂或清除过多润滑脂
	润滑脂变质或含异物	清洗轴承，更换润滑脂
	轴承磨损烧坏	更换轴承，轴承型号见随机提供的外形图
	轴承内外圈松动	紧固螺栓、止动螺钉或圆螺母

（2）轴承漏油

轴承漏油的原因和修理方法见表 3-7。

表 3-7　轴承漏油的原因和修理方法

故障	故障原因	修理方法
轴承漏油	密封件之间的间隙过大或变质、损坏	加厚密封件或更换密封件
	润滑脂过多	清除过多的润滑脂
	润滑脂变质、稀化	清洗轴承，更换润滑脂
	轴承发热	排除轴承发热故障

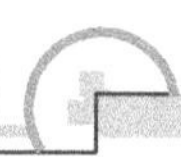

(3) 发电机的干燥

如果绝缘电阻低于最低允许值，推荐下列方法之一去除潮气，使绝缘电阻达到要求：

1) 用空气加热器烘烤发电机。

2) 用接近于80℃的热空气干燥发电机，注意必须是干燥热空气。

3) 用接近于发电机额定电流60%的直流电通入绕组。

应特别注意，必须慢慢加热，使水蒸气能均匀缓慢而自然地通过绝缘而逸出，快速加热很可能使局部的蒸汽压力足以使水蒸气强行通过绝缘而逸出，这样会使绝缘遭到永久性的损害。一般需要花15~20h而使温度上升到所需的数值。经过2~3h后，重新测量绝缘电阻，如果考虑了温度的影响而绝缘电阻已达到最低允许值，发电机的干燥过程可以结束并可投入使用。

3.2 双馈异步风力发电机

3.2.1 基于双馈异步发电机的风电机组

20世纪90年代初，欧洲制造了变桨距控制风力发电机组，主要采用部分变频技术进行并网，称为双馈感应发电机（DFIG），图3-32是带DFIG的变速、桨距控制风电机组示意图，系统主回路构成为：双馈异步发电机+交直交双向功率变换器，这类风电机组现在已经非常流行。市场上供应这类带DFIG的变速风电机组的额定功率范围为850kW ~3.6MW，甚至还有5MW海上风电机组。

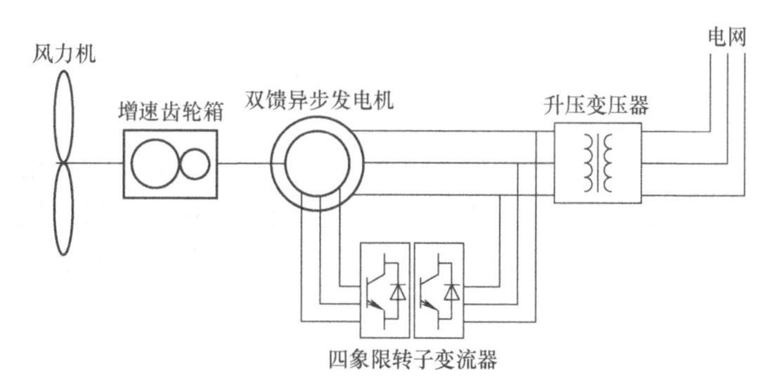

图3-32 带DFIG的变速变桨风电机组示意图

在基于DFIG的概念中，慢速旋转的风轮通过齿轮轴系与快速旋转的发电机转子连接，齿轮变速比最高可达100。DFIG是一个绕线转子感应发电机，其转子回路通过接在转子集电环上的电力电子变频器与电网相连，而定子则直接与电网相连。电力电子变频器通过绝缘栅双极晶体管（1GBT）开关的操作控制。

该电力电子变频器是一种背靠背式的变频器系统，如图3-33所示，由两个电压源变换器（VSC）和连接这两个变换器的直流环节构成。发电机的转子回路馈入转子侧变换器，转子变换器的运行相当于在转子回路中串接了一个外部电压相量。通过控制该电压相量，可以使回路的电气频率达到期望的转速。在电网正常运行状态下，为了优化功率输出，转速通过转子侧变换器的控制进行调节，这就是转子会变频运行的原因。电网侧变换器对注入背靠背式变频器系统中直流环节的有功功率和与电网间交换的有功功率进行平衡。就是说，变频器运行的转子回路与以固定频率运行的电网通过电力电子变频器互连。发电机转子和风电机组风轮不要求以固定速度运行，其速度可通过转子 VSC 动态控制调节。这使得风电机组能在较大速度范围内运行，因此被称为变速风力发电机。

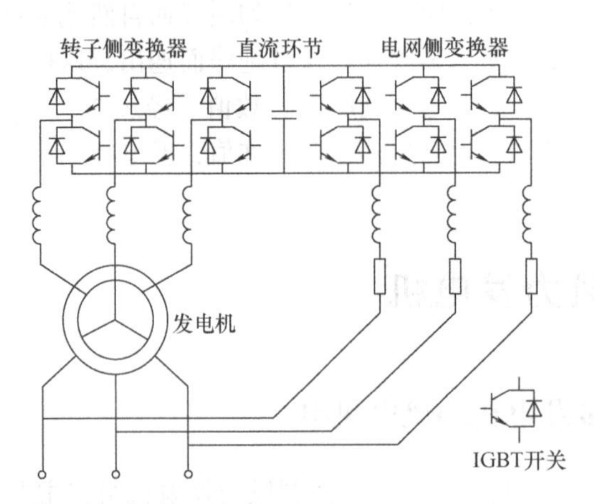

图 3-33　带电力电子变换器的双馈感应发电机

与常规感应发电机相比，DFIG 具有一定的优势，这取决于变频器控制策略设计，如：

1）具有无功控制能力，能提供电网电压支持。

2）有功功率和无功功率的解耦控制，即能对转矩和转子励磁电流进行独立控制。

DFIG 从定子端向电网提供有功功率，并在转子回路和电网之间进行有功功率交换，DFIG 励磁可以通过转子侧变换器控制由转子回路提供，并不一定由电网提供。根据励磁控制的不同，可以分出两种基本工况：

1）对于强电网，通过常规电源控制，电网基准电压维持在 1.0pu 附近。基于 DFIG 的风电机组通过转子侧变换器控制完全由转子回路提供励磁。DFIG 与电网之间没有无功功率交换，也就是说，基于 DFIG 的风电机组发出有功功率，同时与电网没有无功交换。这种运行工况下功率因数优化为 1。

2）对于弱电网，即使在电网正常运行方式下，电网电压仍然可能发生波动。为了减小电压波动，可以要求基于 DFIG 的风电机组发出或吸收一定量的无功功率，从而使电网电压维持在要求的范围之内，基于 DFIG 的风电机组能发出有功功率，并与电网之间有一定量的无功功率交换。如美国风机制造商 GE Wind Energy 开发了 WindVAR 控制系统对无功功率进行控制，从而对风电机组并网点附近的电网电压提供支持。

3.2.2　双馈异步发电机的结构

以 MW 级双馈风力发电机组为例，如图 3-34 所示为双馈异步风力发电机的外部结构示意图，包括发电机、冷却器、鼓风机、接线盒、集电环等，主要部件功能见表 3-8。双馈异步发电机内部结构如图 3-35 所示，主要有定子铁心、定子绕组、转子铁心及转子绕组等，其主要功能见表 3-9。

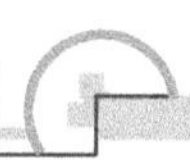

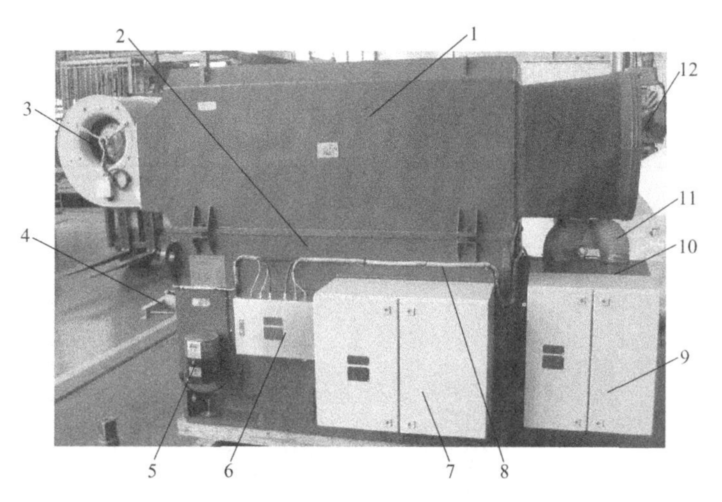

图 3-34　带风冷双馈异步发电机外部结构示意图

1—冷却器本体　2—发电机本体　3—鼓风机　4—转轴　5—油脂泵　6—测温接线盒
7—定子接线盒　8—测温引线　9—转子接线盒　10—集电环装置
11—通风管　12—冷却器出风筒

表 3-8　双馈异步发电机外部结构主要部件功能

部件名称	主要功能
发电机本体	发电机主要部件，包括定、转子铁心和绕组
冷却器出风筒	冷却器外循环风路出风收集，通过引风管排出机舱外
集电环引风管	将冷却风引入集电环室，吹出碳粉，冷却集电环
集电环装置	将转子电流引出
转子接线盒	转子接线
定子接线盒	定子接线
测温出线盒	测温元件接线、加热器接线、冷却风机接线、油脂泵接线等
油脂泵	为轴承进行泵脂润滑
转轴	转轴用于支撑转子，与转子连接，输入机械能
冷却风机	为发电机进行冷风输送

表 3-9　双馈异步发电机内部结构主要部件功能

部件名称	主要功能
定、转子铁心	支撑定、转子绕组；导磁，形成定、转子磁路
定、转子绕组	导电流，感应磁场
导流板	导风，使冷却风形成冷却风路
转子引线	将转子电流引入集电环
编码器	电机位置和速度型号采集，用于电机控制
碳粉收集盒	用于收集碳粉
集油盒	用于收集轴承废油脂

（续）

部件名称	主要功能
轴承	支撑转子
轴承注油孔	用于轴承注油

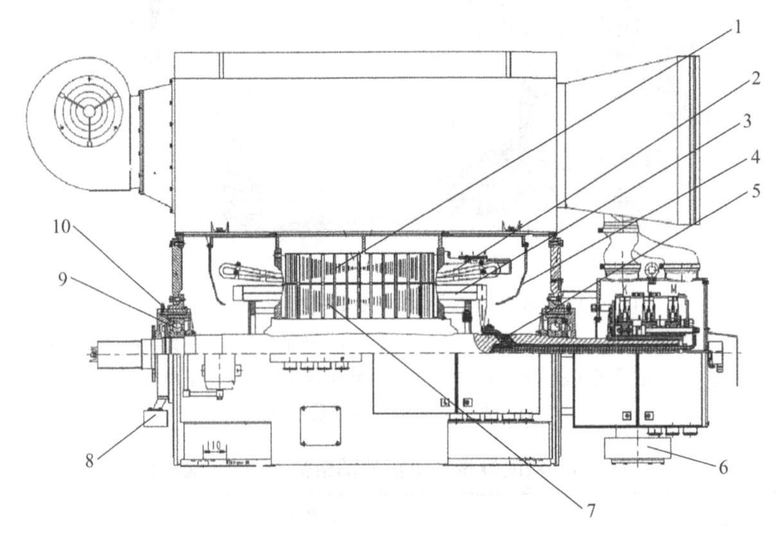

图 3-35　双馈异步发电机内部结构示意图

1—定子铁心　2—定子绕组　3—转子绕组　4—导流板　5—转子引线
6—碳粉收集盒　7—转子铁心　8—集油盒　9—轴承　10—轴承注油孔

3.2.3　双馈异步发电机的基本运行原理

图 3-36 所示为双馈异步发电机的运行原理图，“双馈”是异步电机的一种运行方式，双馈异步发电机结构与绕线转子异步电机完全相同，定、转子各设计一套对称三相绕组，通过变流器（四象限变频器）控制转子绕组的频率、电压、电流来保证定子绕组的电压、频率恒定，实现变速恒频发电。双馈异步发电机定子绕组直接连接到三相对称工频电网上，转子绕组采用交流变频电源供电，并采用相应的控制策略来控制转子电流的幅值、频率、相位和相序，机组可以在不同的转速下实现恒频发电，满足用电负载和并网的要求。由于采用了交流励磁，发电机和电力系统构成了“柔性连接”，即可以根据电网电压、电流和发电机的转速来调节励磁电流，精确地调节发电机输出电压，使其能满足要求。双馈发电机虽然属于异步电机的范畴，但是由于其具有独立的励磁绕组，可以像同步电机一样施加励磁，调节功率因数，所以又称为交流励磁电机。双馈异步发电机的基本原理和普遍的异步发电机原理是一致的，所不同的是，双馈发电机的转子不是单纯地输入机械功率，还有附加电源交换的电功率，由于其定、转子绕组能同时向电网馈送电能，所以称为双馈发电机。

同步电机由于是直流励磁，其可调量只有一个电流的幅值，所以同步电机一般只能对无功功率进行调节。交流励磁电机的可调量有三个：一是可调节励磁电流幅值；二是可改变励磁频率；三是可改变相位。这说明交流励磁电机比同步电机多了两个可调量。双馈异步发电机转子绕组接入频率、幅值、相位都可以按照要求进行调节的交流电源，即采用交-直-交或

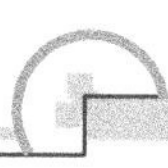

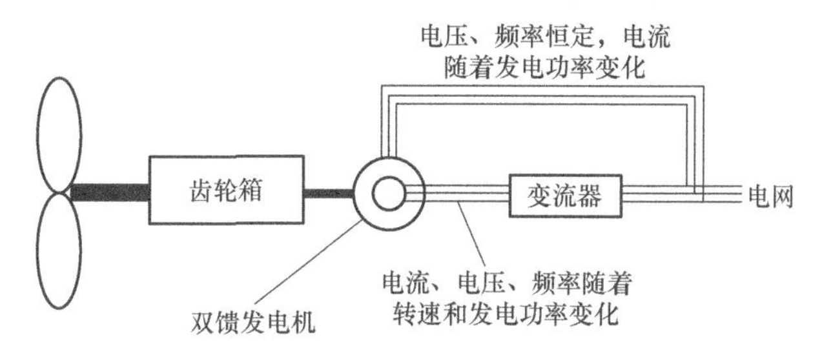

图 3-36　双馈异步发电机运行原理图

交–交变频器给转子绕组供电的结构，如图 3-37 所示。

双馈异步发电机通过改变励磁频率，可改变发电机的转速，达到调速的目的。这样，在负荷突变时，可通过快速控制励磁频率来改变发电机转速，充分利用转子的动能，释放或吸收负荷，对电网扰动远比常规发电机小。改变转子励磁的相位时，由转子电流产生的转子磁场在气隙空间的位置上有一个位移，这就改变了发电机电动势与电网电压相量的相对位移，也就改变了发电机的功率角。这说明发电机的功率角也可以进行调节，所以交流励磁不仅可调节无功功率，还可以调节有功功率。

其中，转子外加电压的频率在任何情况下必须与转子感应电动势的频率保持一致，当改变转子外加电压的幅值和相位时，即可以改变发电机的转速及定子的功率因数。

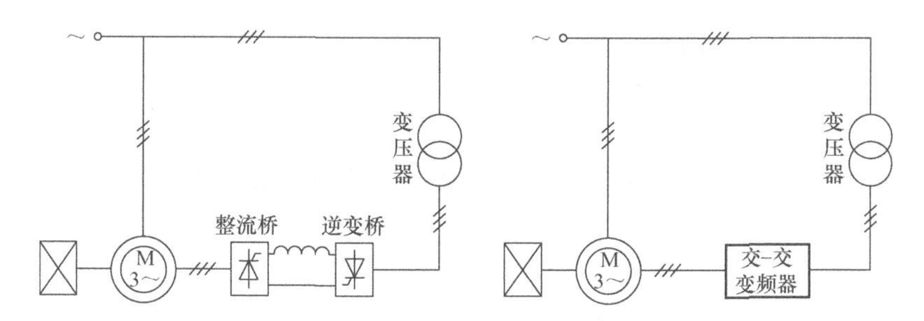

图 3-37　双馈异步发电机系统原理图

假设双馈发电机的定、转子绕组均为对称绕组，发电机的极对数为 p，根据旋转磁场理论，当定子对称三相绕组施以对称三相电压，有对称三相电流流过时，会在电机的气隙中形成一个旋转的磁场，这个旋转磁场的转速 n_1 称为同步转速，它与电网频率 f_1 及电机的极对数 p 的关系为

$$n_1 = \frac{60f_1}{p} \tag{3-13}$$

同样，在转子三相对称绕组上通入频率为 f_2 的三相对称电流，所产生旋转磁场相对于转子本身的旋转速度为

$$n_2 = \frac{60f_2}{p} \tag{3-14}$$

由式(3-14) 可知，改变频率 f_2，即可改变 n_2，而且若改变通入转子三相电流的相序，还可以改变此转子旋转磁场的转向。因此，若设 n_1 为对应于电网频率为 50Hz 时双馈发电机的同步转速，而 n 为发电机转子本身的旋转速度，则只要维持 $n \pm n_2 = n_1 =$ 常数，见式(3-15)，

则双馈发电机定子绕组的感应电动势，如同在同步发电机时一样，其频率将始终维持为f_1不变。

$$n \pm n_2 = n_1 = 常数 \tag{3-15}$$

双馈发电机的转差率$s=\frac{n_1-n}{n_1}$，则双馈发电机转子三相绕组内通入的电流频率应为

$$f_2 = \frac{pn_2}{60} = f_1 s \tag{3-16}$$

公式(3-16）表明，在异步电机转子以变化的转速转动时，只要在转子的三相对称绕组中通入转差频率（即sf_1）的电流，则在双馈发电机的定子绕组中就能产生50Hz的恒频电动势。所以根据上述原理，只要控制好转子电流的频率就可以实现变速恒频发电了。

根据双馈发电机转子转速的变化，双馈发电机可有以下三种运行状态：

1）亚同步运行状态：在此种状态下$n < n_1$，由转差频率为f_2的电流产生的旋转磁场转速n_2与转子的转速方向相同，因此有$n + n_2 = n_1$。

2）超同步运行状态：在此种状态下$n > n_1$，改变通入转子绕组的频率为f_2的电流相序，则其所产生的旋转磁场的转速n_2与转子的转速方向相反，因此有$n - n_2 = n_1$。

3）同步运行状态：在此种状态下$n = n_1$，转差频率$f_2 = 0$，这表明此时通入转子绕组的电流频率为0，也即直流电流，与普通的同步电机一样。

下面从等效电路的角度分析双馈发电机的特性。首先做如下假设：

1）只考虑定、转子的基波分量，忽略谐波分量。

2）只考虑定、转子空间磁动势基波分量。

3）忽略磁滞损耗、涡流损耗、铁耗。

4）变频电源可为转子提供能满足幅值、频率、功率因数要求的电源，不计其阻抗和损耗。

发电机定子侧电压、电流的正方向按发电机惯例，转子侧电压、电流的正方向按电动机惯例，电磁转矩与转向相反为正，转差率s按转子转速小于同步转速为正，参照异步电机的分析方法，可得双馈发电机的等效电路，如图3-38所示。

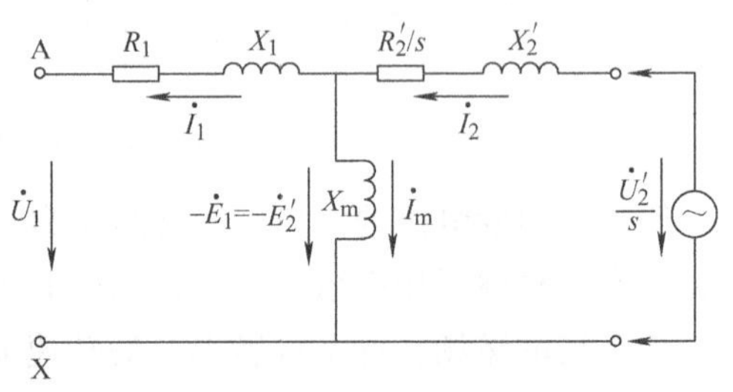

图3-38 双馈发电机的等效电路图

根据等效电路图，可得双馈发电机的基本方程式：

$$\begin{cases} \dot{U}_1 = \dot{E}_1 - \dot{I}_1(R_1 + jX_1) \\ \frac{\dot{U}_2'}{s} = -\dot{E}_2' + \dot{I}_2'\left(\frac{R_2'}{s} + jX_2'\right) \\ \dot{E}_1 = \dot{E}_2' = -\dot{I}_m(jX_m) \\ \dot{I}_1 = \dot{I}_2' - \dot{I}_m \end{cases} \tag{3-17}$$

式中　R_1、X_1——分别为定子侧的电阻和漏抗；

R_2'、X_2'——分别为转子折算到定子侧的电阻和漏抗；

X_m——为励磁电抗；

$\dot{U}_1$、$\dot{E}_1$、$\dot{I}_1$——分别为定子侧电压、感应电动势和电流；

$\dot{E}_2'$、$\dot{I}_2'$——分别为转子侧感应电动势、转子电流经过频率和绕组折算后折算到定子侧的值；

$\dot{U}_2'$——转子励磁电压经过绕组折算后的值，$\frac{\dot{U}_2'}{s}$为 $\dot{U}_2'$ 再经过频率折算后的值。

（1）频率折算

感应电机的转子绕组其端电压为 U_2，此时根据基尔霍夫第二定律，可写出转子绕组一相的电压方程：

$$\dot{E}_{2s}' = \dot{I}_2'(R_2 + \mathrm{j}sX_{2\sigma}) - \dot{U}_2' \tag{3-18}$$

两边同时除以转差率 s 得

$$\frac{\dot{E}_{2s}'}{s} = \dot{I}_{2s}'\left(\frac{R_2}{s} + \mathrm{j}X_{2\sigma}\right) - \frac{\dot{U}_2'}{s} \tag{3-19}$$

可得

$$\dot{E}_2' = \dot{I}_{2s}'\left(\frac{R_2}{s} + \mathrm{j}X_{2\sigma}\right) - \frac{\dot{U}_2'}{s} \tag{3-20}$$

式中　$\dot{I}_{2s}'$——转子电流；

R_2——转子每相电阻。

图3-39表示与式(3-20)相对应的转子等效电路。$\dot{E}_2' = \frac{\dot{E}_{2s}'}{s}$为转子不转时的感应电动势。

（2）绕组折算

$$\dot{E}_2' = k_e\dot{E}_2 = k_e\left[\dot{I}_2\left(\frac{R_2}{s} + \mathrm{j}X_{2\sigma}\right) - \frac{\dot{U}_2}{s}\right] \tag{3-21}$$

推出：

$$\dot{E}_2' = k_e k_i\left[\frac{\dot{I}_2}{k_i}\left(\frac{R_2}{s} + \mathrm{j}X_{2\sigma}\right)\right] - k_e\frac{\dot{U}_2}{s} = \dot{I}_2'\left(\frac{R_2'}{s} + \mathrm{j}X_{2\sigma}'\right) - \frac{\dot{U}_2'}{s} \tag{3-22}$$

式中，$\dot{I}_2' = \frac{\dot{I}_2}{k_i}$，$R_2' = k_e k_i R_2$，$X_{2\sigma}' = k_e k_i X_{2\sigma}$，$k_e$为电动势变比，$k_i$为电流变比，$k_e k_i$为阻抗变比。

（3）转子的电磁功率（转差功率）

$$P_{em} = E_{2s}I_2 = sE_2I_2 = sP_1 \tag{3-23}$$

由式(3-23)可得机械功率为

$$P_{mech} = P_1 - P_{em} = (1-s)P_1 = (1-s)T_1\Omega_1 = T_1(1-s)\frac{2\pi n_1}{60} = T_1\frac{2\pi n}{60} \tag{3-24}$$

式中　n_1——同步转速；

n——机械转速。

由上两式可看出，机械转矩与电磁转矩一致。普通的绕线转子电机的转子侧是自行闭合的。

根据基尔霍夫电压、电流定律可以写出普通绕线转子电机的基本方程式：

图 3-39　普通绕线转子异步发电机的等效电路图

$$\begin{cases}\dot{U}_1 = -\dot{E}_1 - \dot{I}_1(R_1 + \mathrm{j}X_1) \\ \dot{E}'_2 = \dot{I}'_2\left(\dfrac{R'_2}{s} + \mathrm{j}X'_2\right) \\ \dot{E}_1 = \dot{E}'_2 = -\dot{I}_{\mathrm{m}}(\mathrm{j}X_{\mathrm{m}}) \\ \dot{I}_1 = \dot{I}'_2 - \dot{I}_{\mathrm{m}}\end{cases} \tag{3-25}$$

从等效电路和两组方程的对比中可以看出，双馈电机就是在普通绕线转子电机的转子回路中增加了一个励磁电源，恰恰是这个交流励磁电源的加入大大改善了双馈电机的调节特性，使双馈电机表现出较其他电机更优越的一些特性。下面我们根据两种电机的基本方程画出各自的相量图，从相量图中说明引入转子励磁电源对有功和无功的影响。

如图 3-40 所示，从相量图中可以看出，对于传统的绕线转子电机，当运行的转差率 s 和转子参数确定后，定、转子各相量相互之间的相位就确定了，无法进行调整，如图 3-40a 所示。即当转子的转速超过同步转速之后，电机运行于发电机状态，此时虽然发电机向电网输送有功功率，但是同时电机仍然要从电网中吸收滞后的无功进行励磁。但从图 3-40b 中可以看出，引入了转子励磁电压之后，定子电压和电流的相位发生了变化，因此使得电机的功率因数可以调整，这样就大大改善了发电机的运行特性，对电力系统的安全运行就有重要意义。

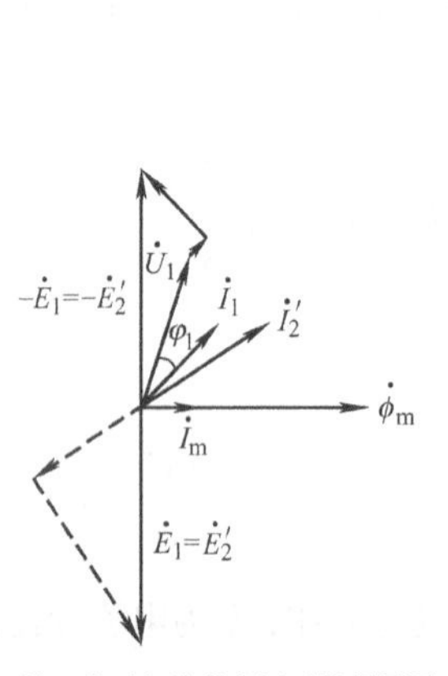

a) 转子中不加励磁电源时的相量图

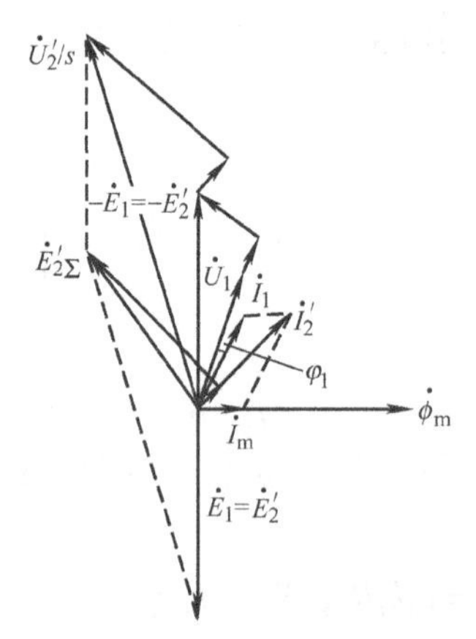

b) 转子中加入励磁电源后的相量图

图 3-40　转子相量图

3.2.4　双馈发电机的功率传输关系

风力发电机转轴上输入的净机械功率（扣除损耗后）为 P_{mech}，发电机定子向电网输出的电磁功率为 P_1，转子输入/输出的电磁功率为 P_2，s 为转差率，转子转速小于同步转速时

为正，反之为负。P_2又称为转差功率，它与定子的电磁功率存在如下关系：

$$P_2 = |s| P_1 \tag{3-26}$$

如果将P_{em}定义为转子吸收的电磁功率，那么将有：

$$P_2 = s P_1 \tag{3-27}$$

此处s可正可负，即若$s>0$，则$P_2>0$，转子从电网吸收电磁功率，若$s<0$，则$P_2<0$，转子向电网馈送电磁功率。

下面考虑发电机各运行状态下的功率传输关系。

1. 亚同步发电区（$1>s>0$）

亚同步即转子转速低于同步转速时的运行状态，可以称之为补偿发电状态，在亚同步转速时，正常应为电动机运行，但可以在转子回路通入励磁电流使其工作于发电状态，如图3-41所示。在此种状态下转子转速$n<n_1$同步转速，由转差频率为f_2的电流产生的旋转磁场转速n_2与转子的转速方向相同，因此$n+n_2=n_1$。

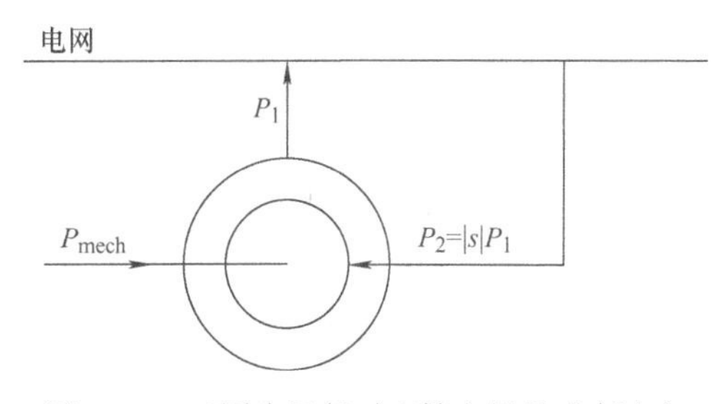

图3-41 亚同步运行时双馈电机的功率流向

根据图3-41以及能量守恒原理，流入的功率等于流出的功率，即

$$P_{mech} + |s| P_1 = P_1 \tag{3-28}$$

因为发电机亚同步运行，所以$s>0$，所以上式可进一步写成：

$$P_{mech} = (1-s) P_1 \tag{3-29}$$

将上述式子归纳得到，亚同步发电时，$s>0$，$P_{mech}>P_2$。

2. 超同步发电区（$s<0$）

顾名思义，超同步就是转子转速超过电机的同步转速时的一种运行状态，称之为正常发电状态（因为对于普通的异步电机，当转子转速超过同步转速时，就会处于发电机状态）。在此种状态下转子转速$n>n_1$同步转速，改变通入转子绕组的频率为f_2的电流相序，则其所产生的旋转磁场转速n_2的转向与转子的转向相反，因此有$n-n_2=n_1$。为了实现n_2反向，在由亚同步运行转向超同步运行时，转子三相绕组必须能自动改变其相序；反之，也是一样。

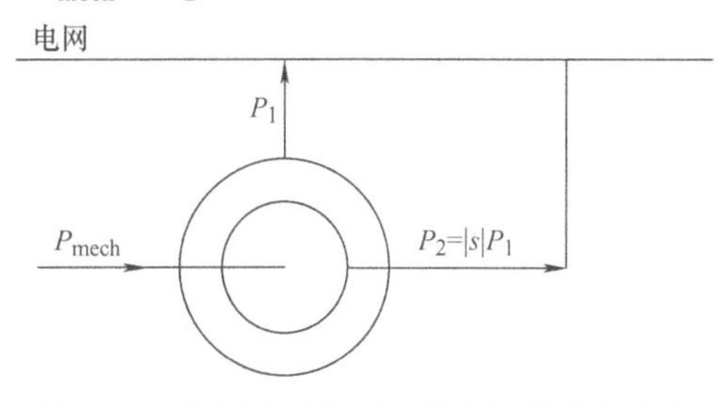

图3-42 超同步运行时双馈电机的功率流向

根据图3-42中的功率流向和能量守恒原理，流入的功率等于流出的功率，即

$$P_{mech} = P_1 + |s| P_1 = (1+|s|) P_1 \tag{3-30}$$

因为发电机超同步运行，所以$s<0$，所以上式可进一步写成：

$$P_{mech} = (1-s) P_1 \tag{3-31}$$

将上述式子归纳得到，超同步发电时，$s<0$，$P_{mech}>P_1$。

三种运行状态下的功率传输可归纳为表3-10。

表 3-10　三种运行状态下的功率传输

运行状态	功率传输关系
亚同步	$n<n_1$，n_2与n方向相同，因此$n+n_2=n_1$。$s>0$，$P_{mech}<P_2$
同步	$n=n_1$，$n_2=0$，因此$n+n_2=n_1$。$s>0$，$P_{mech}=P_2$
超同步	$n>n_1$，n_2与n方向相反，因此$n-n_2=n_1$。$s<0$，$P_{mech}>P_2$

技能训练

技能训练 1　三相同步发电机的运行特性

一、任务描述

现有一台三相凸极式同步发电机，型号为 DJ18，其铭牌参数：额定功率 P_N 为 170W，额定电压 U_N 为 220V（Y），额定电流 I_N 为 0.45A，额定转速 n_N 为 1500r/min，额定励磁电压 U_{fN}为 14V，额定励磁电流 I_{fN}为 1.2A，绝缘等级为 E。为了检验发电机绕组及内部结构是否合格，需对发电机进行空载及负载特性测试，请按相关的标准、要求及步骤完成测试及数据记录和处理。

二、任务内容

1）测定电枢绕组实际冷态直流电阻。

2）空载实验：在 $n=n_N$、$I=0$ 的条件下，测取空载特性曲线 $U_0=f(I_f)$。

3）纯电感负载特性：在 $n=n_N$、$I=I_N$、$\cos\varphi\approx0$ 的条件下，测取纯电感负载特性曲线。

4）外特性：在 $n=n_N$、$I_f=$常数、$\cos\varphi=1$ 和 $\cos\varphi=0.8$（滞后）的条件下，测取外特性曲线 $U=f(I)$。

5）调节特性：在 $n=n_N$、$U=U_N$、$\cos\varphi=1$ 的条件下，测取调节特性曲线 $I_f=f(I)$。

三、所需设备

所需的设备见表 3-11。

表 3-11　所需设备

序号	型号	名称	数量
1	DD03	导轨、测速发电机及转速表	1 件
2	DJ23	校正直流测功机	1 件
3	DJ18	三相凸极式同步电机	1 件
4	D32	数/模交流电流表	1 件
5	D33	数/模交流电压表	1 件
6	D34 - 3	智能型功率、功率因数表	1 件
7	D31	直流数字电压、毫安、安培表	1 件
8	D41	三相可调电阻器	1 件
9	D42	三相可调电阻器	1 件
10	D43	三相可调电抗器	1 件
11	D44	可调电阻器、电容器	1 件

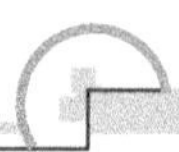

（续）

序号	型号	名称	数量
12	D51	波形测试及开关板	1件
13	D52	旋转灯、并网开关、同步机励磁电源	1件

四、实施步骤

1. 测定电枢绕组实际冷态直流电阻

被测试电机为三相凸极式同步电机，选用DJ18。测量与计算方法参见第2章技能训练1。记录室温，测量数据记录于表3-12中。

表3-12 测量数据记录表（室温： ℃）

电量	绕组								
	绕组 Ⅰ			绕组 Ⅱ			绕组 Ⅲ		
I/mA									
U/V									
R/Ω									

2. 空载实验

1）按图3-43接线，校正直流测功机MG按他励方式连接，用作电动机拖动三相同步发电机GS旋转，GS的定子绕组为Y接法（$U_N=220V$）。R_{f2}用D41组件上的90Ω与90Ω串联加上90Ω与90Ω并联共225Ω阻值，R_{st}用D44上的180Ω电阻值，R_{f1}用D44上的1800Ω电阻值。开关S_1、S_2选用D51挂箱。

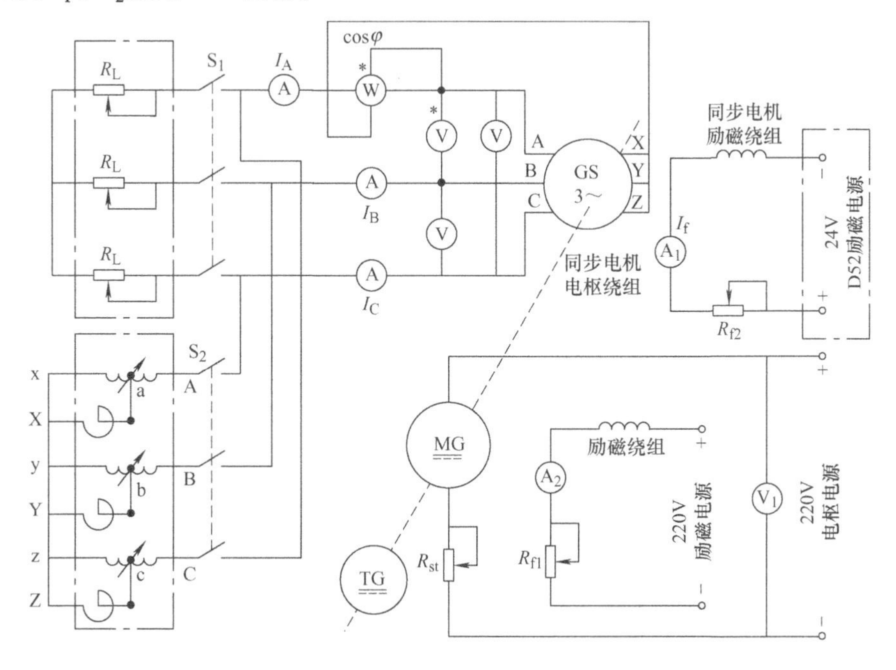

图3-43 三相同步发电机实验接线图

2）调节 D52 上的 24V 励磁电源串接的 R_{f2} 至最大位置。调节 MG 的电枢串联电阻 R_{st} 至最大值、MG 的励磁调节电阻 R_{f1} 至最小值。开关 S_1、S_2 均断开。将控制屏左侧调压器旋钮向逆时针方向旋转退到零位，检查控制屏上的电源总开关、电枢电源开关及励磁电源开关都须在“关断”的位置，做好实验开机准备。

3）接通控制屏上的电源总开关，按下“起动”按钮，接通励磁电源开关，看到电流表 A_2 有励磁电流指示后，再接通控制屏上的电枢电源开关，起动 MG。MG 起动运行正常后，把 R_{st} 调至最小，调节 R_{f1} 使 MG 转速达到同步发电机的额定转速 1500r/min 并保持恒定。

4）接通 GS 励磁电源，调节 GS 励磁电流（必须单方向调节），使 I_f 单方向递增至 GS 输出电压 $U_0 \approx 1.3U_N$ 为止。

5）单方向减小 GS 励磁电流，使 I_f 单方向减至零值为止，读取励磁电流 I_f 和相应的空载电压 U_0。

6）共取数据 7 ~9 组并记录于表 3-13 中。

表 3-13　测量数据记录表　（$n = n_N = 1500$r/min，$I = 0$）

序号											
U_0/V											
I_f/A											

在用实验方法测定同步发电机的空载特性时，由于转子磁路中剩磁情况的不同，当单方向改变励磁电流 I_f 从零到某一最大值，再反过来由此最大值减小到零时将得到上升和下降的两条不同曲线，如图 3-44 所示，两条曲线的出现，反映铁磁材料中的磁滞现象。测定参数时使用下降曲线，其最高点取 $U_0 \approx 1.3U_N$，如剩磁电压较高，可延伸曲线的直线部分使与横轴相交，则交点的横坐标绝对值 Δi_{f0} 应作为校正量，在所有试验测得的励磁电流数据上加上此值，即得通过原点的校正曲线，如图 3-45 所示。

注意事项：

1）转速要保持恒定。

2）在额定电压附近测量点相应多些。

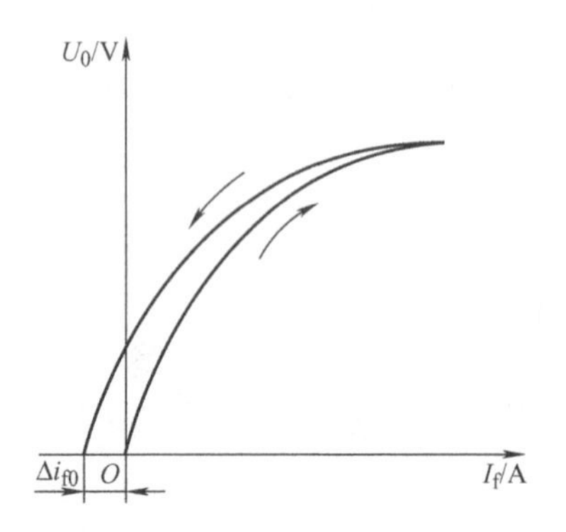

图 3-44　上升和下降两条空载特性

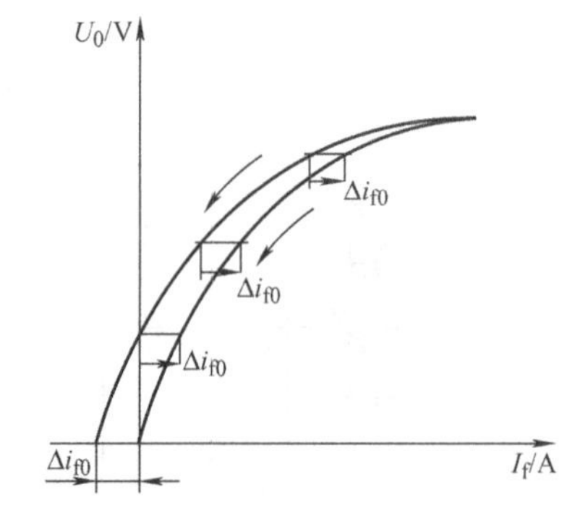

图 3-45　校正过的下降空载特性

3. 纯电感负载特性

1）调节 GS 的 R_{f2} 至最大值，调节可变电抗器使其阻抗达到最大。同时拔掉 GS 输出三

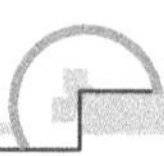

端点的短接线。

2）按他励直流电动机的起动步骤（电枢串联全值起动电阻 R_{st}，先接通励磁电源，后接通电枢电源）起动直流电机 MG，调节 MG 的转速达1500r/min 且保持恒定。合上开关 S_2，电机 GS 带纯电感负载运行。

3）调节 R_{f2} 和可变电抗器使同步发电机端电压接近于 1.1 倍额定电压且电流为额定电流，读取端电压值和励磁电流值。

4）每次调节励磁电流使电机端电压减小且调节可变电抗器使定子电流值保持恒定为额定电流。读取端电压和相应的励磁电流。

5）取几组数据并记录于表 3-14 中。

表 3-14 测量数据记录表 （$n = n_N = 1500$r/min，$I = I_N =$ ____ A）

U/V							
I_f/A							

4. 测同步发电机在纯电阻负载时的外特性

1）把三相可变电阻器 R_L 接成三相Y接法，每相用 D42 组件上的 900Ω 与 900Ω 串联，调节其阻值为最大值。

2）按他励直流电动机的起动步骤起动 MG，调节电机转速达同步发电机额定转速1500r/min，而且保持转速恒定。

3）断开开关 S_2，合上 S_1，电机 GS 带三相纯电阻负载运行。

4）接通 24V 励磁电源，调节 R_{f2} 和负载电阻 R_L，使同步发电机的端电压达额定值 220V 且负载电流亦达额定值。

5）保持这时的同步发电机励磁电流 I_f 恒定不变，调节负载电阻 R_L，测同步发电机端电压和相应的平衡负载电流，直至负载电流减小到零，测出整条外特性。

6）共取数据 5～6 组并记录于表 3-15 中。

表 3-15 测量数据记录表

（$n = n_N = 1500$r/min，$I_f =$ ____ A，$\cos\varphi = 1$）

U/V						
I/mA						

5. 测同步发电机在负载功率因数为 0.8 时的外特性

1）在图 3-43 中接入功率因数表，调节可变负载电阻使阻值达最大，调节可变电抗器使电抗值达最大值。

2）调节 R_{f2} 至最大值，起动直流电机并调节电机转速至同步发电机额定转速1500r/min，且保持转速恒定。合上开关 S_1、S_2。把 R_L 和 X_L 并联使用作电机 GS 的负载。

3）接通 24V 励磁电源，调节 R_{f2}、负载电阻 R_L 及可变电抗器 X_L，使同步发电机的端电压达额定值 220V，负载电流达额定值及功率因数为 0.8。

4）保持这时的同步发电机励磁电流 I_f 恒定不变，调节负载电阻 R_L 和可变电抗器 X_L，使负载电流改变而功率因数保持不变为 0.8，测同步发电机端电压和相应的平衡负载电流，测出整条外特性。

5）共取数据5~6组并记录于表3-16中。

表3-16　测量数据记录表

（$n=n_N=1500r/min$，$I_f=$____A，$\cos\varphi=0.8$）

U/V						
I/A						

6. 测同步发电机在纯电阻负载时的调整特性

1）发电机接入三相电阻负载R_L，调节R_L使阻值达最大，电机转速仍为额定转速1500r/min且保持恒定。

2）调节R_{f2}使发电机端电压达额定值220V且保持恒定。

3）调节R_L阻值，以改变负载电流，读取相应励磁电流I_f及负载电流，测出整条调整特性。

4）共取数据4~5组记录于表3-17中。

表3-17　测量数据记录表　（$U=U_N=220V$，$n=n_N=1500r/min$）

I/A					
I_f/A					

7. 数据整理

1）根据实验数据绘出同步发电机的空载特性。

2）根据实验数据绘出同步发电机的纯电感负载特性。

3）根据实验数据绘出同步发电机的外特性。

4）根据实验数据绘出同步发电机的调整特性。

五、思考

由空载特性和特性三角形，利用作图法求得的零功率因数的负载特性和实测特性是否有差别？造成差别的因素是什么？

六、考核评价

1. 教学要求

1）教师讲解主要针对基本技能要领、安全知识和技术术语，尽可能让学生自己动手动脑独立操作完成教学内容，并养成良好的工作习惯。

2）每项内容均应根据实训技术要求、操作要点评出成绩，填入表3-18给出的评定表。

2. 考核要求

表3-18　同步发电机运行特性测试成绩评定表

项目	技术要求	配分	评分标准	扣分
同步发电机运行特性测试	按图接线	20	线路错1处	5
	电枢绕组实际冷态直流电阻测量	5	不能正确测试、读数错1处	5
	空载实验	10	不能正确测试、读数错1处	5
	纯电感负载实验	10	不能正确测试、读数错1处	5

（续）

项目	技术要求	配分	评分标准	扣分
同步发电机运行特性测试	外特性	10	不能正确测试、读数错1处	5
	调节特性	10	不能正确测试、读数错1处	5
	结果记录	10	不能正确记录或者误差太大	5
	数据处理	15	不能画出相关曲线或者绘制错误	15
	实训总结	10	缺少本次实验的总结	5
安全文明操作、出勤			违反安全操作、损坏工具仪表、缺勤扣20~50分	
备注	除定额时间外，各项最高扣分不得超过配分数			
得分				

技能训练2　绕线转子异步电动机的起动与调速

一、任务描述

现有一台绕线转子异步电动机，型号为DJ17，其铭牌参数：额定功率 P_N 为120W，额定电压 U_N 为220V（Y），额定电流 I_N 为0.6A，额定转速 n_N 为1380r/min，绝缘等级为E。现需要测量其起动特性和调速特性，请按相关的标准、要求及步骤完成测试及数据的记录和处理。

二、任务内容

1）绕线转子异步电动机转子绕组串入可变电阻器起动。

2）绕线转子异步电动机转子绕组串入可变电阻器调速。

三、所需设备

所需的设备见表3-19。

表3-19　所需设备

序号	型号	名称	数量
1	DD03	导轨、测速发电机及转速表	1件
2	DJ17	三相绕线转子异步电动机	1件
3	D32	数/模交流电流表	1件
4	D33	数/模交流电压表	1件
5	D51	波形测试及开关板	1件
6	DJ17－1	起动与调速电阻箱	1件
7	DJ23	校正直流测功机	1件

四、实施步骤

1. 绕线转子异步电动机转子绕组串入可变电阻器起动

1）按图3-46接线。电动机为DJ17绕线转子异步电动机，电动机定子绕组为Y接法。

2）转子每相串入的电阻可用DJ17－1起动与调速电阻箱。

3）接通交流电源，调节输出电压（观察电动机转向应符合要求），在定子电压为180V，转子绕组分别串入不同电阻值时，测取定子起动电流和稳定电流，数据记入表3-20中。

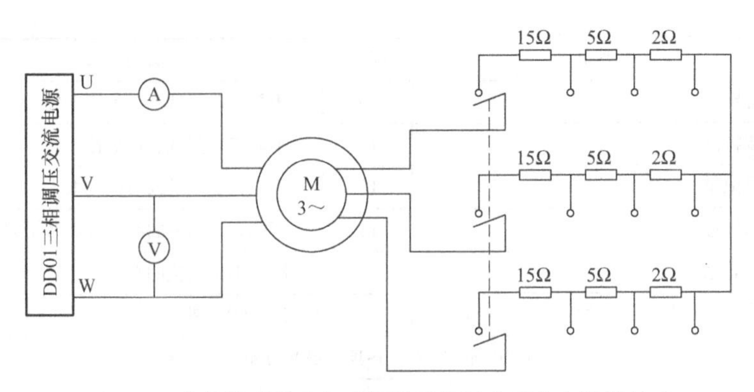

图 3-46　绕线转子异步电动机转子绕组串可变电阻器起动

表 3-20　测量数据记录表　（U_K =____V）

R_{st}/Ω	0	2	5	15
I_K				
I_{st}/A				

2. 绕线转子异步电动机转子绕组串入可变电阻器调速

1）实验电路图同图 3-46。同轴连接校正直流电机 MG 作为绕线转子异步电动机 M 的负载，MG 的实验电路如图 3-47 接线。电路接好后，将 MG 的转子附加电阻调至最大。

2）合上电源开关，电动机空载起动，保持调压器的输出电压为电动机额定电压 220V，转子附加电阻调至零。

3）合上励磁电源开关，调节校正直流测功机的励磁电流 I_f 为校正值（100mA），再调节校正直流测功机负载电流，使电动机输出功率接近额定功率并保持输出转矩 T_2 不变，改变转子附加电阻（每相附加电阻分别为 0Ω、2Ω、5Ω、15Ω），测相应的转速记录于表 3-21 中。

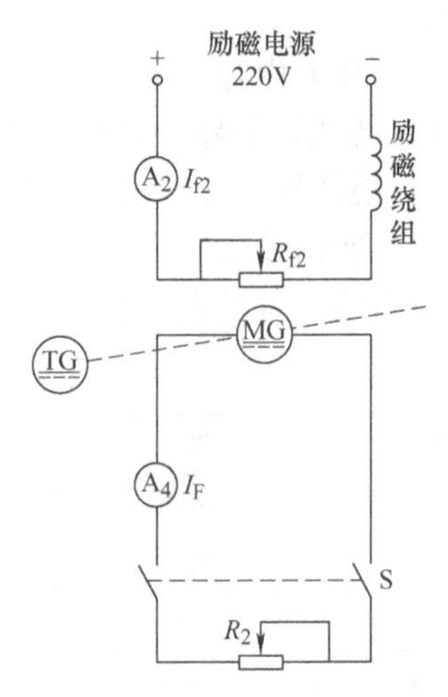

图 3-47　校正直流测功机的接线图

表 3-21　测量数据记录表

（U=220V，I_f =____mA，I_F =____A，T_2 =____N·m）

r_{st}/Ω	0	2	5	15
n/（r/min）				

五、思考

1）绕线转子异步电动机转子绕组串入电阻对起动电流和起动转矩的影响。

2）绕线转子异步电动机转子绕组串入电阻对电动机转速的影响。

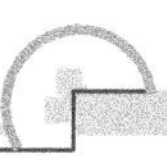

六、考核评价

1. 教学要求

1）教师讲解主要针对基本技能要领、安全知识和技术术语，尽可能让学生自己动手动脑独立操作完成教学内容，并养成良好的工作习惯。

2）每项内容均应根据实训技术要求、操作要点评出成绩，填入表3-22给出的评定表。

2. 考核要求

表3-22 绕线转子异步电动机起动与调速成绩评定表

项目	技术要求	配分	评分标准	扣分
绕线转子异步电动机起动与调速	按图接线	20	线路错1处	5
	转子绕组串电阻起动	15	不能正确测试、读数错1处	5
	转子绕组串电阻调速	15	不能正确测试、读数错1处	5
	结果记录	10	不能正确记录或者误差太大	5
	数据处理	30	不能画出相关曲线或者绘制错误	15
	实训总结	10	缺少本次实验的总结	5
安全文明操作、出勤		违反安全操作、损坏工具仪表、缺勤扣20～50分		
备注	除定额时间外，各项最高扣分不得超过配分数			
得分				

小 结

本章以直驱同步风力发电机组、双馈异步风力发电机组两种机型为载体，阐述了同步电机的运行原理、电励磁同步风力发电机组以及永磁同步风力发电机组的技术特点、双馈风力发电机组的基本运行原理和结构特点。

1. 同步风力发电机

为了能够解决同步发电机实际应用出现的问题，掌握同步发电机的空载运行特性、短路特性、外特性、调整特性、效率特性及负载时的电枢反应等都是非常有必要的。同步发电机投入并列运行的条件有：波形相同、频率相同、幅值相同、相位相同及相序相同。投入并列运行的方法有准同步法和自同步法。将发电机调整到完全符合并联条件后的合闸并网操作过程称为准同步法。自同步法的步骤是：先将发电机励磁绕组经限流电阻短路，当发电机转速接近同步转速（差值小于5%）时，合上并网开关，并立即加入励磁，最后利用自整步作用实现同步。同步发电机正常运行时，各物理量不仅对称，且在额定值范围内，但在实际运行时，在某些情况下，有些物理量的大小或超过额定值，或三相严重不对称，如不对称运行、无励磁运行、振荡等，这就需要我们了解同步发电机有哪些异常运行及常见的问题，以便找到问题的根源并想办法解决。

电励磁同步风力发电机是直驱式风力发电机组，其发电机采用的是电励磁同步发电机，其发电系统结构主要由直流励磁模块、电励磁发电机、全功率变频器模块及变压器等组成，通常变频器为全功率变频，主要作用是控制发电机的电功率、为转子绕组提供直流励磁。永磁同步发电机是利用永磁体来代替普通同步发电机励磁系统，为发电机提供励磁的一种发电机。相较于普通电励磁同步发电机，永磁同步发电机由于省掉集电环、电刷装置而具有结构简单、效率高、免维护等优点。目前大型直驱永磁同步风力发电机的主要结构形式有内转子和外转子两种结构，二者之间结构不同，工作原理一样。

2. 双馈风力发电机

双馈风力发电机的结构与普通绕线转子异步电机相同，其中“双馈”二字的含义是定子绕组和转子绕组都能向电网馈电，定子绕组可直接与电网连接，转子绕组通过变频器与电网连接，转子频率的调节通过转子连接变频器进行控制，控制原理为：$n \pm n_2 = n_1 =$ 常数，其中，n 是转子本身转速，n_2是转子频率f_2产生的旋转磁场的转速。根据双馈发电机转子转速的变化，双馈发电机可有以下三种运行状态：亚同步运行状态：$n < n_1$；超同步运行状态：$n > n_1$；同步运行状态：$n = n_1$。双馈风力发电机的功率传输关系为：亚同步运行状态下为补偿发电，同步运行状态与同步发电机相同，超同步运行状态为正常发电。

习　　题

3-1　简析同步发电机的短路特性曲线为什么是一条直线？

3-2　保持励磁电流不变，电枢电流 $I = I_N$，发电机转速恒定，试分析：①空载；②纯电阻负载；③纯电感负载；④纯电容负载（设容抗大于发电机的同步电抗）时发电机端电压的大小。欲保持端电压为额定值，应如何调节？

3-3　同步发电机带上 $\varphi > 0°$ 的对称负载后，端电压为什么会下降？试从电路和磁路两方面加以分析。

3-4　简述同步发电机并列运行的条件。

3-5　简述三相突然短路对发电机的影响。

3-6　简述同步发电机有哪些异常运行，以及对电机产生的影响。

3-7　简述电励磁直驱风力发电机发电系统的结构组成，电励磁发电机在电机功率因数、励磁电压、励磁电流等的选取上有何特点。

3-8　简述大型直驱风机永磁发电机的技术难点。

3-9　大型永磁同步发电机的发热部件及采用的冷却方式是什么？

3-10　简述大型风力发电机的常见故障及维修方法。

3-11　简述双馈异步电机中“双馈”两字的含义。

3-12　简述双馈异步风电机组发电机的外部结构、内部结构，以及各结构的功能。

3-13　简述双馈异步发电机的工作原理。

3-14　简述双馈异步发电机的运行状态及各运行状态的特点。

3-15　简述双馈异步发电机各运行状态下的功率传输关系。

第4章　驱动电动机在风力发电机组中的应用

问题导入

风力发电机组偏航系统及变桨系统所采用的驱动电动机类型是什么？驱动电动机的运行特性、功率特性、起动、调速以及制动特性如何？本章以风电机组偏航电机和变桨电机为载体，介绍电动机的基本特性。

学习目标

1. 掌握三相异步电动机空载运行、负载运行特性、工作特性、机械特性。
2. 掌握三相异步电动机的功率及转矩、起动及制动以及选用原则。
3. 掌握直流伺服电动机和交流伺服电动机的结构及工作原理。
4. 了解直流伺服电动机和交流伺服电动机的控制方式。

知识准备

大型风力发电机组偏航与变桨作为风力发电机组的两大动力系统，既可由液压驱动，也可由电动机驱动，本章以电动机驱动为对象，介绍电动机在风力发电机组偏航及变桨上的应用。MW级风力发电机组一般采用多个电机进行偏航，以达到风力发电机组精确对风；为了风力发电机组起动性能的控制以及功率的跟踪，大多数大型风力发电机组需要进行变桨控制，风机变桨驱动动力可以是液压，也可以是电动机驱动，由于变桨角度需要精确控制，一般采用伺服电动机驱动。

异步电机结构及工作原理已在第2章讲述，本章主要阐述三部分内容：三相异步电动机的空载、负载及拖动特性；伺服电动机的结构及控制方式；偏航电动机、变桨电动机的应用实例。

4.1　三相异步电动机的运行原理

异步电动机的运行原理从以下几个方面进行阐述。

1）三相异步电动机的工作特性。

2）三相异步电动机功率平衡、转矩平衡。

3）三相异步电动机的拖动及实现。

4）三相异步电动机的选用。

4.1.1 三相异步电动机的工作特性

1. 三相异步电动机的空载运行

三相异步电动机的定子和转子之间只有磁的耦合，没有电的直接联系，它是靠电磁感应作用，将能量从定子传递到转子的。这一点和变压器完全相似，三相异步电动机的定子绕组相当于变压器的一次绕组，转子绕组则相当于变压器的二次绕组。

(1) 空载运行时的电磁关系

三相异步电动机定子绕组接在对称的三相电源上，而转子不带负载的运行，称为空载运行。

1) 主、漏磁通的分布。为便于分析，根据磁通经过的路径和性质的不同，转子轴上不带机械负载时异步电动机的磁通可分为主磁通和漏磁通两大类。

① 主磁通 Φ_0。当三相异步电动机定子绕组通入三相对称交流电时，将产生旋转磁动势，该磁动势产生的磁通绝大部分穿过气隙，并同时交链于定、转子绕组，这部分磁通称为主磁通，用 Φ_0 表示。其路径为：定子铁心气隙→转子铁心气隙→定子铁心，构成闭合磁路，如图 4-1a 所示。

主磁通同时交链定、转子绕组并在其中分别产生感应电动势。转子绕组为三相或多相短路绕组，在电动势的作用下，转子绕组中有电流通过。转子电流与定子磁场相互作用产生电磁转矩，实现异步电动机的机电能量转换，因此，主磁通起了转换能量的媒介作用。

② 漏磁通 Φ_σ。除主磁通外的磁通称作漏磁通，它包括定子绕组的槽部漏磁通和端部漏磁通，如图 4-1 所示，以及由高次谐波磁动势所产生的高次谐波磁通，前两项漏磁通只交链于定子绕组，而不交链于转子绕组。而高次谐波磁通实际上穿过气隙，同时交链于定、转子绕组。由于高次谐波磁通对转子不产生有效转矩，另外它在定子绕组中感应电动势又很小，且其频率和定子前两项漏磁通在定子绕组中的感应电动势频率又相同，它也具有漏磁通的性质，所以就把它当作漏磁通来处理，故又称作谐波漏磁通。

由于漏磁通沿磁阻很大的空气隙形成闭合回路，因此它比主磁通小很多。漏磁通仅在定子绕组上产生漏电动势，因此不能起能量转换的媒介作用，只起电抗压降的作用。

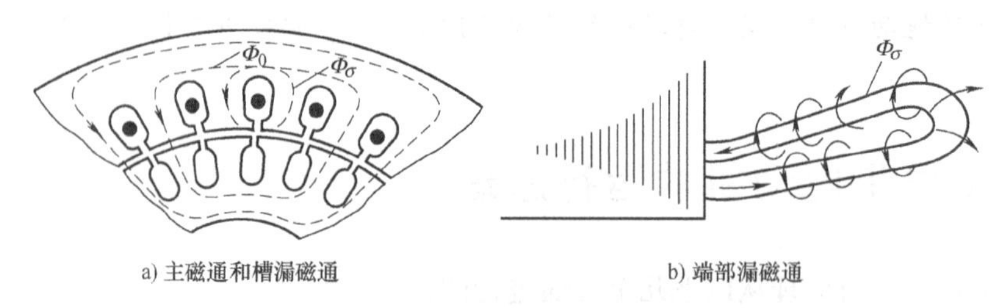

a) 主磁通和槽漏磁通　　b) 端部漏磁通

图 4-1　主磁通与漏磁通

2) 空载电流和空载磁动势。异步电动机空载运行时的定子电流称为空载电流，用 $\dot{I}_0$ 表示。

当异步电动机空载运行时，定子三相绕组有空载电流 $\dot{I}_0$ 通过，三相空载电流将产生一个旋转磁动势，称为空载磁动势 F_0。

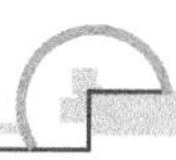

异步电动机空载运行时，由于轴上不带机械负载，其转速很高，接近同步转速，即 $n\approx n_1$，转差率 s 很小。此时定子旋转磁场与转子之间的相对速度几乎为零，于是转子感应电动势 $\dot{E}_2\approx 0$，转子电流 $I_2\approx 0$，转子磁动势 $F_2\approx 0$。

空载电流 $\dot{I}_0$ 由两部分组成：一是专门用来产生主磁通 Φ_0 的无功分量电流；另一是专门用来供给铁心损耗的有功分量电流。由于无功分量电流远远大于有功分量电流，故空载电流基本上为一无功性质的电流。空载时的电磁关系如图 4-2 所示。

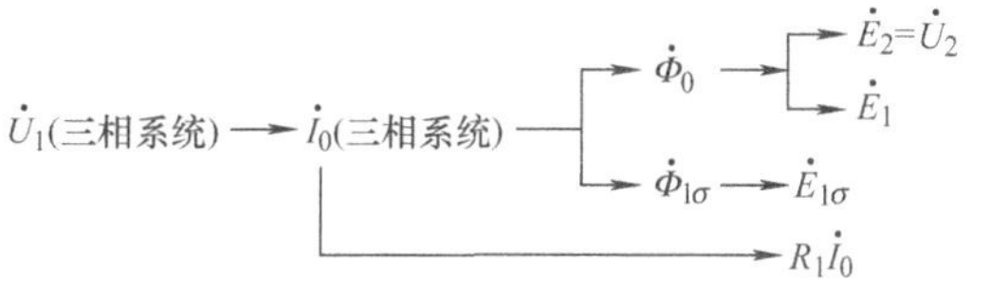

$\dot{U}_1$(三相系统) → $\dot{I}_0$(三相系统) → $\dot{\Phi}_0$ → $\dot{E}_2=\dot{U}_2$, $\dot{E}_1$；$\dot{\Phi}_{1\sigma}$ → $\dot{E}_{1\sigma}$；$R_1\dot{I}_0$

图 4-2　空载时的电磁关系

(2) 空载运行时的电压平衡方程

1) 主、漏磁通感应的电动势。

主磁通在定子绕组中感应的电动势为

$$E_1 = 4.44 f_1 N_1 k_{w1} \Phi_0 \quad \dot{E}_1 = -\mathrm{j}4.44 f_1 N_1 k_{w1} \dot{\Phi}_0 \tag{4-1}$$

定子漏磁通在定子绕组中感应的漏磁电动势可用漏抗压降的形式表示，即

$$\dot{E}_{1\sigma} = -\mathrm{j}X_1 \dot{I}_0 \tag{4-2}$$

式中　X_1——定子漏电抗，它是对应于定子漏磁通的电抗。

2) 空载时电压平衡方程式与等效电路。

设定子绕组上外加电压为 $\dot{U}_1$，相电流为 $\dot{I}_0$，主磁通 $\dot{\Phi}_0$ 在定子绕组中感应的电动势为 $\dot{E}_1$，定子漏磁通在定子每相绕组中感应的电动势为 $\dot{E}_{1\sigma}$，定子每相电阻为 R_1，类似于变压器空载时的一次侧，根据基尔霍夫第二定律，可列出电动机空载时每相的定子电压方程式为

$$\dot{U}_1 = \dot{E}_1 - \dot{E}_{1\sigma} + R_1 \dot{I}_0 = -\dot{E}_1 + Z_1 \dot{I}_0 \tag{4-3}$$

式中　Z_1——定子绕组的漏阻抗，$Z_1 = R_1 + \mathrm{j}X_1$

$$\dot{E}_1 = (-R_m + \mathrm{j}X_m)\dot{I}_0 \tag{4-4}$$

式中，$Z_m = (-R_m + \mathrm{j}X_m)$ 为励磁阻抗，其中 R_m 为励磁电阻，是反映铁损耗的等效电阻，X_m 为励磁电抗，与主磁通 Φ_0 相对应。由式(4-3) 和式(4-4)，即可画出异步电动机空载时的等效电路，如图 4-3 所示。

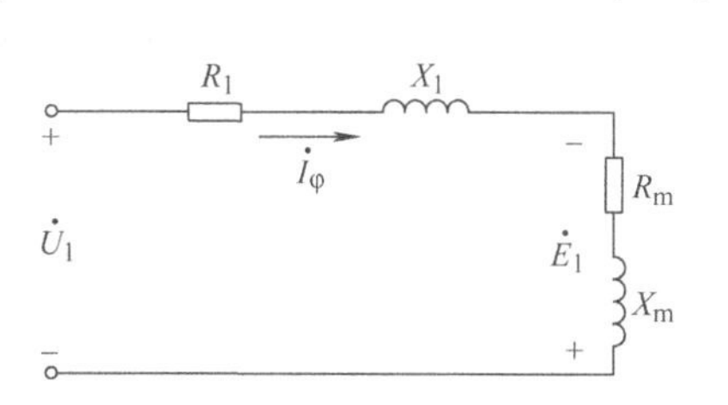

图 4-3　异步电动机空载时的等效电路

2. 三相异步电动机负载运行

所谓负载运行是指异步电动机的定子外施对称三相电压，转子带上机械负载时的运行状态。

(1) 负载运行时的电磁关系

异步电动机空载运行时，转子转速接近同步转速，转子电流 $\dot{I}_2\approx 0$，转子磁动势 $F_2\approx 0$。当异步电动机带上机械负载时，转子转速下降，定子旋转磁场切割转子绕组的相对速度增大，转子感应电动势和转子电流增大。此时，定子三相电流合成产生基波旋转磁动势 F_1，转子对称的多相（或三相）电流合成产生基波旋转磁动势 F_2，这两个旋转磁动势共同作用于气隙中，两者同速、同向旋转，处于相对静止状态，因此形成合成磁动势，电动机就在这

个合成磁动势作用下产生交链于定子绕组、转子绕组的主磁通，并分别在定子绕组、转子绕组中感应电动势。

同时定、转子磁动势分别产生只交链于本侧的漏磁通，感应出相应的漏磁电动势。其电磁关系如图4-4所示。

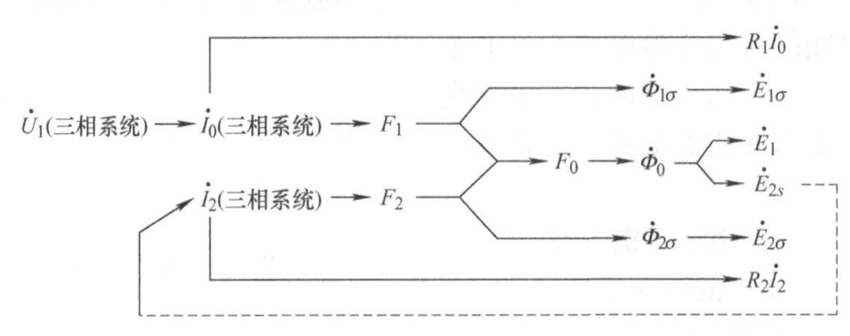

图4-4 负载时的电磁关系

（2）转子绕组各电磁量

转子不转时，气隙旋转磁场以同步转速 n_1 切割转子绕组，当转子以转速 n 旋转后，旋转磁场就以（n_1-n）的相对速度切割转子绕组，因此，当转子转速 n 变化时，转子绕组各电磁量也将随之变化。

1）转子感应电动势的频率。

感应电动势的频率正比于导体与磁场的相对切割速度，故转子电动势的频率为

$$f_2=\frac{p(n_1-n)}{60}=\frac{n_1-n}{n_1}\times\frac{pn_1}{60}=sf_1 \tag{4-5}$$

式中 f_1——电网频率，为一定值。

故转子绕组感应电动势的频率 f_2 与转差率 s 成正比。

当转子不转（如起动瞬间）时，$n=0$，$s=1$，则 $f_2=f_1$，即转子不转时转子感应电动势频率与定子感应电动势频率相等；当转子接近同步转速（如空载运行）时，$n\approx n_1$，$s\approx 0$，则 $f_2\approx 0$。异步电动机在额定情况运行时，转差率很小，通常为0.01~0.06，若电网频率为50Hz，则转子感应电动势频率仅为0.5~3Hz，所以异步电动机在正常运行时，转子绕组感应电动势的频率很低。

2）转子绕组的感应电动势。

由分析可知，转子旋转时的转子绕组感应电动势 E_{2s} 为

$$E_{2s}=4.44f_2N_2k_{w2}\Phi_0 \tag{4-6}$$

若转子不转，其感应电动势频率 $f_2=f_1$，故此时感应电动势 E_2 为

$$E_2=4.44f_1N_2k_{w2}\Phi_0 \tag{4-7}$$

把式(4-5)和式(4-7)代入式(4-6)，得

$$E_{2s}=sE_2 \tag{4-8}$$

当电源电压 U_1 一定时，Φ_0 就一定，故 E_2 为常数，则 $E_{2s}\propto s$ 一定时，感应电动势也与转差率成正比。

当转子不转时，转差率 $s=1$，主磁通切割转子的相对速度最快，此时转子电动势最大。当转速增加时，转差率将随之减小。因正常运行时转差率很小，故转子绕组感应电动势也就很小。

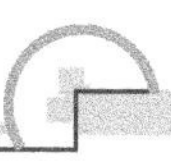

3）转子绕组的漏阻抗。

由于电抗与频率成正比，故转子旋转时的转子绕组漏电抗 X_{2s}为

$$X_{2s}=2\pi f_2 L_2=2\pi s f_1 L_2=s X_2 \tag{4-9}$$

式中　X_2——转子不转时的漏电抗；

L_2——转子绕组的漏电感。

显然，X_2是个常数，故转子旋转时的转子绕组漏电抗也正比于转差率 s。

同样，在转子不转（如起动瞬间）时，$s=1$，转子绕组漏电抗最大。当转子转动时，它随转子转速的升高而减小。

转子绕组每相漏阻抗为

$$Z_{2s}=R_2+\mathrm{j}X_{2s}=R+\mathrm{j}sX_2 \tag{4-10}$$

式中　R_2——转子绕组电阻。

4）转子绕组的电流。

异步电动机的转子绕组正常运行时处于短接状态，其端电压 $U_2=0$，所以，转子绕组电动势平衡方程为

$$\dot{E}_{2s}-Z_{2s}\dot{I}_2=0 \text{ 或 } \dot{E}_{2s}=(R_2+\mathrm{j}X_{2s})\dot{I}_2 \tag{4-11}$$

其电路如图4-5所示，转子每相电流 $\dot{I}_2$为

$$\dot{I}_2=\frac{\dot{E}_{2s}}{Z_{2s}}=\frac{s\dot{E}_2}{R_2+\mathrm{j}X_{2s}} \tag{4-12}$$

其有效值为

$$I_2=\frac{sE_2}{\sqrt{R_2^2+(\mathrm{j}X_{2s})^2}} \tag{4-13}$$

式(4-13)说明，转子绕组电流 I_2也与转差率有关。当 $s=0$ 时，$I_2=0$；当转子转速降低时，转差率 s 增大，转子电流也随之增大。

5）转子绕组功率因数

$$\cos\varphi_2=\frac{R_2}{\sqrt{R_2^2+(sX)^2}} \tag{4-14}$$

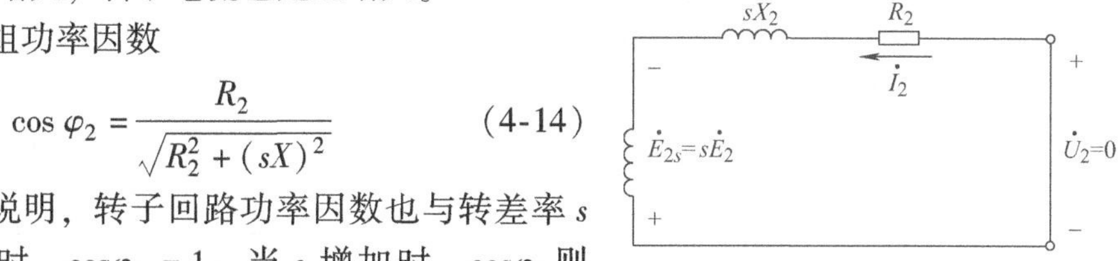

图4-5　异步电动机转子绕组一相电路

式(4-14)说明，转子回路功率因数也与转差率 s 有关。当 $s=0$ 时，$\cos\varphi_2=1$；当 s 增加时，$\cos\varphi_2$ 则减小。

6）转子旋转磁动势。

异步电动机的转子为多相（或三相）绕组，它通过多相（或三相）电流，也将产生旋转磁动势。它的转向与转子电流相序一致，可以证明，转子电流相序与定子旋转磁动势方向一致，由此可知，转子旋转磁动势转向与定子旋转磁动势转向一致。

7）转子磁动势相对于转子的转速为

$$n_2=\frac{60f_2}{p}=\frac{60sf_1}{p}=sn_1=n_1-n \tag{4-15a}$$

即转子磁动势的转速也与转差率成正比。

转子磁动势相对于定子的转速为

$$n_2 + n = (n_1 - n) + n = n_1 \tag{4-15b}$$

由此可见，无论转子转速怎样变化，定、转子磁动势总是以同速、同向在空间旋转，两者在空间始终保持相对静止，如图4-6所示。

综上所述，转子各电磁量除R_2外，其余各量均与转差率s有关，因此说转差率是异步电动机的一个重要参数。转子各电磁量之间的关系可简化为表4-1，转子各电磁量随转差率变化的情况如图4-7所示。

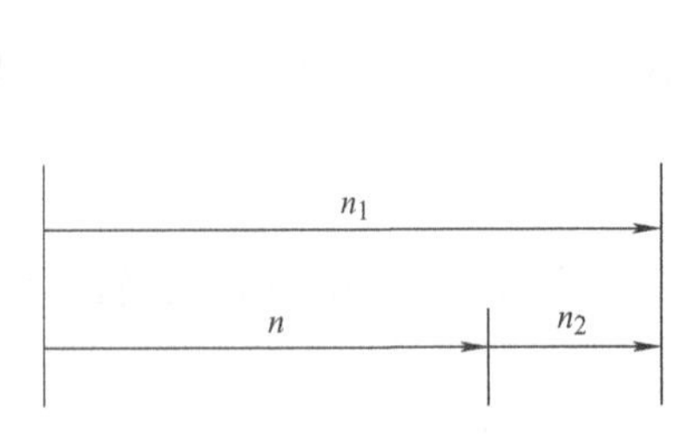

图4-6　定、转子磁动势的转速关系

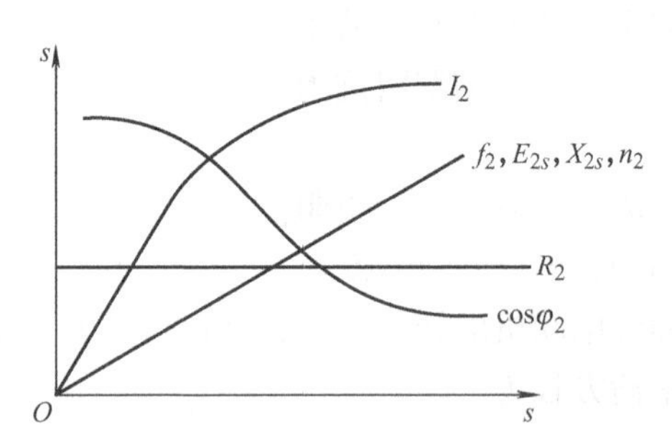

图4-7　转子各电磁量与转差率的关系

表4-1　转子各电磁量的关系

转子电磁量	电磁量之间的关系
转子感应电动势的频率	$f_2 = \frac{p\ (n_1 - n)}{60} = \frac{n_1 - n}{n_1} \times \frac{pn_1}{60} = sf_1$
转子绕组的感应电动势	$E_{2s} = s\,E_2$
转子绕组的漏阻抗	$X_{2s} = 2\pi f_2 L_2 = 2\pi s f_1\ L_2 = s\,X_2$，$Z_{2s} = R_2 + \mathrm{j}\,X_{2s} = R + \mathrm{j}s\,X_2$
转子绕组的电流	$I_2 = \frac{s\,E_2}{\sqrt{R_2^2 + (\mathrm{j}\,X_{2s})^2}}$
转子绕组功率因数	$\cos\varphi_2 = \frac{R_2}{\sqrt{R_2^2 + (sX)^2}}$
转子旋转磁动势	转子旋转磁动势转向与定子旋转磁动势转向一致
转子磁动势相对于转子的转速	$n_2 + n = \ (n_1 - n)\ + n = n_1$

（3）磁动势平衡方程

异步电动机负载运行时，定子电流产生定子磁动势F_1，转子电流产生转子磁动势F_2。这两个磁动势在空间同速、同向旋转，相对静止。F_1与F_2的合成磁动势即为励磁磁动势F_0，则有

$$F_1 + F_2 = F_0 \tag{4-16}$$

式(4-16)即为磁动势平衡方程式，可改写成

$$F_1 = F_0 + (-F_2) = F_0 + F_{1\mathrm{L}} \tag{4-17}$$

式中　$F_{1\mathrm{L}}$——定子负载分量磁动势，$F_{1\mathrm{L}} = -F_2$。

可见，定子旋转磁动势包含两个分量：一个是励磁磁动势F_0，它用来产生气隙磁通Φ_0；另一个是负载分量磁动势$F_{1\mathrm{L}}$，它用来平衡转子旋转磁动势F_2，也即用来抵消转子旋转磁动势对主磁通的影响。

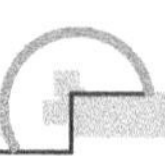

（4）电动势平衡方程

在定子电路中，主电动势$\dot{E}_1$、漏磁电动势$\dot{E}_{1\sigma}$、定子绕组电阻压降$R_1\dot{I}_1$与外加电源电压$\dot{U}_1$相平衡，此时定子电流为$\dot{I}_1$。在转子电路中，由于转子为短路绕组，故主电动势$\dot{E}_{2s}$、漏磁电动势$\dot{E}_{2\sigma}$和转子绕组电阻压降$R_2\dot{I}_2$相平衡。因此，可写出负载时定子、转子的电动势平衡方程式为

$$\begin{cases}\dot{U}_1 = -\dot{E}_1 + R_1\dot{I}_1 + \mathrm{j}X_1\dot{I}_1 \\ 0 = \dot{E}_{2s} - R_2\dot{I}_2 - \mathrm{j}X_{2s}\dot{I}_2\end{cases} \tag{4-18}$$

式中，$\dot{E}_1 = 4.44f_1N_1k_{w1}\Phi_0$，转子不动时的转子绕组感应电动势$\dot{E}_2 = 4.44f_1N_2k_{w2}\Phi_0$，两者之比用$k_e$来表示，称为电动势变比，即

$$\frac{E_1}{E_2} = \frac{N_1k_{w1}}{N_2k_{w2}} = k_e \tag{4-19}$$

3. 三相异步电动机的工作特性

异步电动机的工作特性是指在额定电压和额定频率运行时，电动机的转速n、输出转矩T_2、定子电流I_1、功率因数$\cos\varphi_1$、效率η，与输出功率P_2之间的关系曲线。工作特性可以通过电动机直接加负载试验得到，也可利用等效电路计算得出。图4-8所示为三相异步电动机的工作特性曲线，具体说明见表4-2。

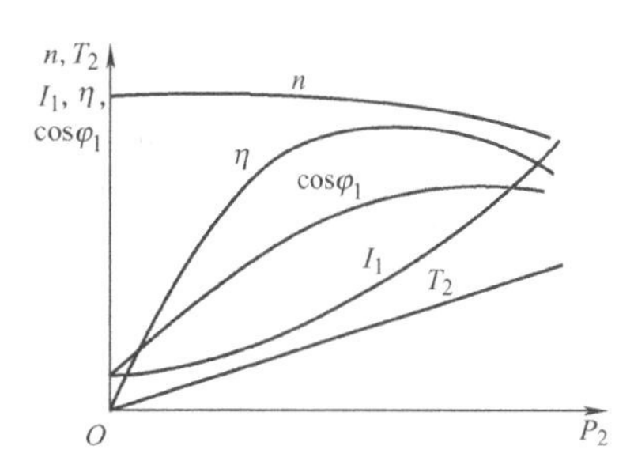

图4-8　三相异步电动机的工作特性

表4-2　三相异步电动机工作特性

工作特性	说明
转速特性 $n=f(P_2)$	1. 空载时，输出功率$P_2=0$，转子电流很小，$I_2'\approx0$，所以$p_{Cu2}\approx0$，$n\approx n_1$ 2. 负载时，随着P_2的增加，转子电流也增大，因为p_{Cu2}与I_2'的二次方成正比，而P_{em}则近似地与$\dot{I}_2$成正比，因此，随着负载的增大，s也增大，转速n则降低 3. 额定运行时，转差率很小，一般$s_N=0.01\sim0.06$，相应的转速$n_N=(1-s)\ n_1=(0.99\sim0.94)\ n_1$，与同步转速$n_1$接近，故转速特性$n=f(P_2)$是一条稍向下倾斜的曲线
转矩特性 $T_2=f(P_2)$	1. 异步电动机的输出转矩：$T_2=\frac{P_2}{\Omega}=\frac{P_2}{2\pi\frac{n}{60}}$，空载时，输出功率$P_2=0$，转子电流很小，$I'_2\approx0$，$T_2\approx0$ 2. 负载时，随着输出功率的增加，转速略有下降，故由转矩公式可知，T_2上升速度略快于输出功率的上升速度，故转矩特性$T_2=f(P_2)$为一条过零点稍向上翘的曲线。由于从空载到满载，转速变化很小，故$T_2=f(P_2)$可近似看成一条直线

（续）

工作特性	说明
定子电流特性 $I_1=f(P_2)$	1. 由磁动势平衡方程式可得 $\dot{I}_1=\dot{I}_0+(-\dot{I}_2)$，可知，当空载时，$\dot{I}_2\approx0$，故 $\dot{I}_1\approx\dot{I}_0$ 2. 负载时，随着输出功率的增加，转子电流增大，于是定子电流的负载分量也随之增大，所以定子电流随着输出功率的增大而增大
定子功率因数特性 $\cos\varphi_1=f(P_2)$	1. 三相异步电动机运行时需要从电网吸收感性无功功率来建立磁场，所以异步电动机的功率因数总是滞后的。空载时，定子电流主要是无功励磁电流，因此功率因数很低，通常不超过0.2 2. 负载运行时，随着负载的增加，功率因数逐渐上升，在额定负载附近，功率因数最高。当超过额定负载后，由于转差率迅速增大，转子漏电抗迅速增大，故转子功率因数 $\cos\varphi_2$ 下降，于是转子电流无功分量增大，相应的定子无功分量电流也增大，因此定子功率因数 $\cos\varphi_1$ 反而下降，如图4-8所示
效率特性 $\eta=f(P_2)$	1. 由公式：$\eta=\dfrac{P_2}{P_1}=1-\dfrac{\sum P}{P_2+\sum P}$，可知，电动机空载时，输出功率 $P_2=0$，效率 $\eta=0$ 2. 负载运行时，随着输出功率的增加，效率也在增加 3. 在正常运行范围内因主磁通和转速变化很小，故铁损耗和机械损耗可认为是不变损耗。而定子、转子铜损耗和附加损耗随负载而变，称为可变损耗。当负载增大到使可变损耗等于不变损耗时，效率达最高。若负载继续增大，则与电流二次方成正比的定子、转子铜损耗增加很快，故效率反而下降

4. 三相异步电动机机械特性

三相异步电动机的机械特性也是指电动机的转速 n 与电磁转矩 T_{em} 之间的关系，即 $n=f(T_{em})$。因为异步电动机的转速 n 与转差率 s 之间存在着一定的关系，所以异步电动机的机械特性通常也用 $T_{em}=f(s)$ 的形式表示。

三相异步电动机的电磁转矩有三种表达式，分别为物理表达式、参数表达式和实用表达式，现分别介绍如下。

（1）物理表达式

由式(4-52)和电磁功率表达式以及转子电动势公式，可推得

$$T_{em}=\frac{P_{em}}{\Omega_1}=\frac{m_1E_2'I_2'\cos\varphi_2}{2\pi\dfrac{n_1}{60}}=\frac{m_1\times4.44f_1N_1k_{w1}\Phi_0I_2'\cos\varphi_2}{2\pi\dfrac{f_1}{p}}=C_T\Phi_0I_2'\cos\varphi_2 \tag{4-20}$$

式中，$C_T=\dfrac{4.44}{2\pi}m_1pN_1k_{w1}$ 为转矩常数，对于已制成的电动机，C_T 为一常数。式(4-20)表明，异步电动机的电磁转矩是由主磁通 Φ_0 与转子电流的有功分量 $I'_2\cos\varphi_2$ 相互作用产生的，在形式上与直流电动机的转矩表达式相似，它是电磁力定律在异步电动机中的具体体现。

物理表达式虽然反映了异步电动机电磁转矩产生的物理本质，但并没有直接反映出电磁

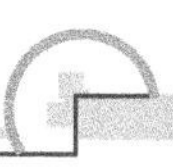

转矩与电动机参数之间的关系，更没有明显地表示电磁转矩与转速之间的关系，因此，分析或计算异步电动机的机械特性时，一般不采用物理表达式，而是采用下面介绍的参数表达式。

（2）参数表达式

异步电动机的电磁转矩为

$$T_{em}=\frac{P_{em}}{\Omega_1}=\frac{m_1 I_2'^2 R_2'/s}{2\pi f_1/p} \tag{4-21}$$

根据简化等效电路得到

$$I'_2=\frac{U_1}{\sqrt{\left(R_1+\frac{R_2'}{s}\right)^2+(X_1+X_2')^2}} \tag{4-22}$$

将式(4-22) 代入式(4-21) 中，可以得到异步电动机机械特性的参数表达式

$$T_{em}=\frac{m_1 pU_1^2 R'_2/s}{2\pi f_1\left[\left(R_1+\frac{R_2'}{s}\right)^2+(X_1+X_2')^2\right]} \tag{4-23}$$

在式(4-23) 中，定子相数 m_1、磁极对数 p、定子相电压 U_1、电源频率 f_1、定子每相绕组电阻 R_1 和漏抗 X_1、折算到定子侧的转子电阻R'_2和漏抗X'_2等都是不随转差率 s 变化的常量。当电动机的转差率 s（或转速 n）变化时，可由式(4-23) 算出相应的电磁转矩 T_{em}，因而可以作出图 4-9 所示的机械特性曲线。

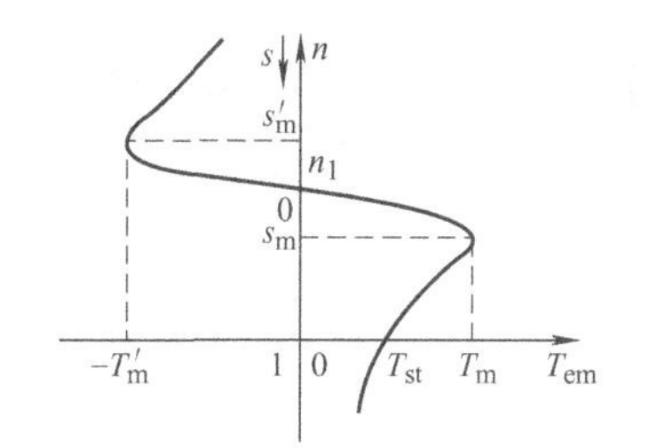

图 4-9 三相异步电动机的机械特性

当同步转速 n_1 为正时，机械特性曲线跨第一、二、四象限。在第一象限时，$0<n<n_1$，$0<s<1$，n_1、T_{em}均为正值，电机处于电动机运行状态；在第二象限时，$n>n_1, s<0$，n 为正值，T_{em}为负值，电机处于发电机运行状态；在第四象限时，$n<0$，$s>1$，n 为负值，T_{em}为正值，电机处于电磁制动运行状态。

在机械特性曲线上，转矩有两个最大值，一个出现在电动状态，另一个出现在发电状态。最大转矩 T_m和对应的转差率 s_m（称为临界转差率）。对式(4-23) 求导数$\frac{dT_{em}}{ds}$，并令$\frac{dT_{em}}{ds}=0$，求得

$$s_m=\pm\frac{R_2'}{\sqrt{R_1^2+(X_1+X_2')^2}} \tag{4-24}$$

$$T_m=\pm\frac{m_1 p U_1^2}{4\pi f_1\left[\pm R_1+\sqrt{R_1^2+(X_1+X_2')^2}\right]} \tag{4-25}$$

式中，“+”号对应电动状态；“-”号对应发电状态。

通常$R_1<(X_1+X_2')$，故式(4-24)、式(4-25) 可以近似为

$$s_m\approx\pm\frac{R_2'}{X_1+X_2'} \tag{4-26}$$

$$T_{\mathrm{m}} \approx \pm \frac{m_1 p\, U_1^2}{4\pi f_1 (X_1 + X_2')} \tag{4-27}$$

由式(4-26)、式(4-27) 可以得出：

1）T_{m}与U_1^2 成正比，而 s_{m}与 U_1 无关。

2）s_{m}与R_2'成正比，而 T_{m}与R_2'无关。

3）T_{m}和 s_{m}都近似地与 $X_1 + X_2'$成反比。

以上三点结论对研究电动机的人为机械特性是非常有用的。

最大电磁转矩对电动机来说具有重要意义。电动机运行时，若负载转矩短时突然增大，且大于最大电磁转矩，则电动机将因为承载不了而停转。为了保证电动机不会因短时过载而停转，一般电动机都具有一定的过载能力。显然，最大电磁转矩越大，电动机短时过载能力越强，因此把最大电磁转矩与额定转矩之比称为电动机的过载能力，用 λ_{T}表示，即

$$\lambda_{\mathrm{T}} = \frac{T_{\mathrm{m}}}{T_{\mathrm{N}}} \tag{4-28}$$

λ_{T}是表征电动机运行性能的重要参数，它反映了电动机短时过载能力的大小，一般电动机的过载能力 $\lambda_{\mathrm{T}} = 1.6 \sim 2.2$，起重、冶金机械专用电动机的 $\lambda_{\mathrm{T}} = 2.2 \sim 2.8$。

除了最大转矩 T_{m}以外，机械特性曲线上还反映了异步电动机的另一个重要参数，即起动转矩 T_{st}，它是异步电动机接至电源开始起动瞬间的电磁转矩。将 $s = 1$ （$n = 0$ 时）代入式(4-23)得起动转矩为

$$T_{\mathrm{st}} = \frac{m_1\, p U_1^2\, R'_2}{2\pi f_1 [(R_1 + R'_2)^2 + (X_1 + X'_2)^2]} \tag{4-29}$$

由式(4-29) 可以得出：

1）T_{st}与U_1^2 成正比。

2）电抗参数 $X_1 + X_2'$越大，T_{st}越小。

3）在一定范围内增大 R_2'时，T_{st}增大。

由于 s_{m}随X_2'正比增大，而 T_{m}与X_2'无关，所以绕线转子异步电动机可以在转子回路串入适当的电阻 R'_{st}，使 $s_{\mathrm{m}} = 1$，如图 4-10 所示。这时起动转矩 $T_{\mathrm{st}} = T_{\mathrm{m}}$。

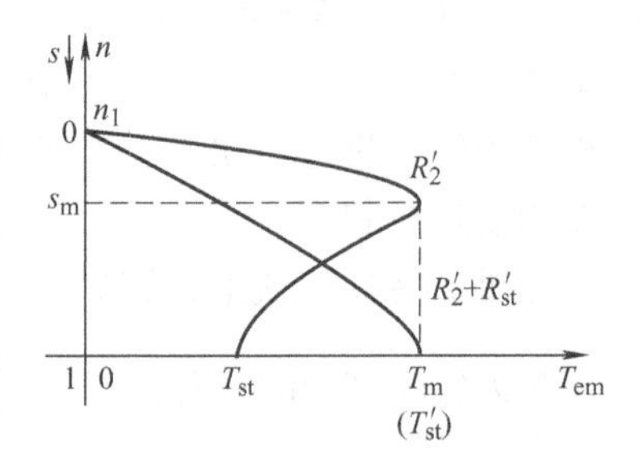

图 4-10　绕线转子异步电动机转子串电阻使 $T_{\mathrm{st}} = T_{\mathrm{m}}$

可见，绕线转子异步电动机可以通过转子回路串电阻的方法增大起动转矩，改善起动性能，对于笼型异步电动机，无法在转子回路中串电阻，起动转矩大小只能在设计时考虑，在额定电压下，其 T_{st}是一个恒值。T_{st}与 T_{N} 之比称为起动转矩倍数，用 k_{st}表示，即

$$k_{\mathrm{st}} = \frac{T_{\mathrm{st}}}{T_{\mathrm{N}}} \tag{4-30}$$

k_{st}是表征笼型异步电动机性能的另一个重要参数，它反映了电动机起动能力的大小。显然，只有当起动转矩大于负载转矩，即 $T_{\mathrm{st}} > T_{\mathrm{L}}$时，电动机才能起动起来。一般笼型异步电动机的 $k_{\mathrm{st}} = 1.0 \sim 2.0$，起重和冶金机械专用的笼型异步电动机的 $k_{\mathrm{st}} = 2.8 \sim 4.0$。

（3）实用表达式

机械特性的参数表达式清楚地表示了转矩与转差率和电动机参数之间的关系，用它分析

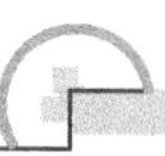

各种参数对机械特性的影响是很方便的。但是，针对电力拖动系统中的具体电动机而言，其参数是未知的，欲求得其机械特性的参数表达式显然是困难的。因此希望能够利用电动机的技术数据和铭牌数据求得电动机的机械特性，即机械特性的实用表达式。

在忽略 R_1 的条件下，用电磁转矩公式(4-23) 除以最大转矩公式(4-27)，并考虑到临界转差率公式(4-26)，化简后可得电动机机械特性的实用表达式为

$$T_{em}=\frac{2T_m}{\frac{s}{s_m}+\frac{s_m}{s}} \tag{4-31}$$

式(4-31) 中的 T_m 和 s_m，可由电动机额定数据方便地求得，因此式(4-31) 在工程计算中是非常实用的机械特性表达式。

如果考虑$\frac{s}{s_m}\ll\frac{s_m}{s}$，即$\frac{s}{s_m}\approx0$，则可以得到机械特性的线性表达式为

$$T_{em}=\frac{2T_m}{s_m}s \tag{4-32}$$

下面介绍 T_m 和 s_m 的求法。已知电动机的额定功率 P_N、额定转速 n_N、过载能力 λ_T，则额定转矩为

$$T_N=\frac{P_N}{\Omega_N}=\frac{P_N\times10^3}{\frac{2\pi n_N}{60}}=9550\frac{P_N}{n_N} \tag{4-33}$$

式中，P_N 的单位为 kW；n_N 的单位为 r/min；T_N 的单位为 N · m。最大转矩为

$$T_m=\lambda_T T_N \tag{4-34}$$

额定转差率为

$$s_N=\frac{n_1-n_N}{n_1} \tag{4-35}$$

忽略空载转矩，当 $s=s_N$ 时，$T_{em}=T_N$，代入式(4-32) 可得

$$T_N=\frac{2T_m}{\frac{s}{s_N}+\frac{s_N}{s}} \tag{4-36}$$

将 $T_m=\lambda_T T_N$ 代入上式可得

$$s_m=s_N(\lambda_T+\sqrt{\lambda_T^2-1}) \tag{4-37}$$

求出了 T_m 和 s_m 后，式(4-33) 便成为已知的机械特性方程式。只要给定一系列的数值，便可求出相应的 T_{em} 值，即可画出机械特性曲线。

上述异步电动机机械特性的三种表达式，虽然都能用来表征电动机的运行性能，但其应用场合各有不同，三者的对比见表 4-3。

表 4-3　异步电动机机械特性三种表达式对比

机械特性表达式名称	表达式	应用场合
物理表达式	$T_{em}=C_T\Phi_0 I_2'\cos\varphi_2$	只反映异步电动机电磁转矩产生的物理本质，一般适用于对电动机的运行做定性分析

（续）

机械特性表达式名称	表达式	应用场合
参数表达式	$T_{em}=\frac{P_{em}}{\Omega_1}=\frac{m_1 I_2'^2 R_2'/s}{2\pi f_1/p}$	适用于分析各种参数变化对电动机运行性能的影响
实用表达式	$T_{em}=\frac{2T_m}{\frac{s}{s_m}+\frac{s_m}{s}}$	适用于电动机机械特性的工程计算

5. 三相异步电动机的固有机械特性和人为机械特性

（1）固有机械特性

三相异步电动机的固有机械特性是指电动机在额定电压和额定频率下，按规定的接线方式接线，定子和转子电路不外接电阻或电抗时的机械特性。当电机处于电动机运行状态时，其固有机械特性如图4-11所示。下面对固有机械特性上的几个特殊点进行说明，见表4-4。

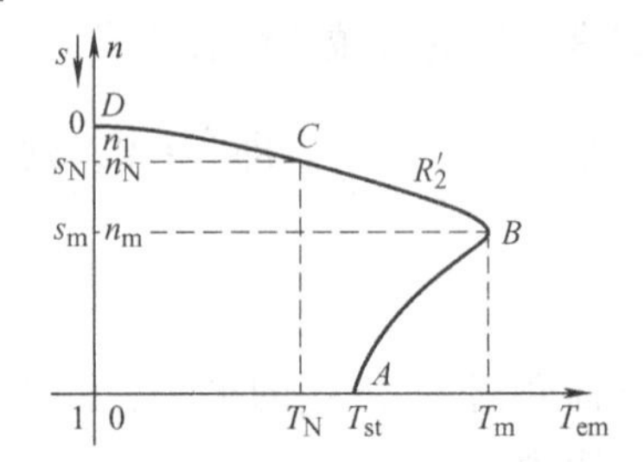

图4-11　三相异步电动机的固有机械特性

表4-4　三相异步电动机固有机械特性曲线上的几个特殊点（图4-11）

特殊点	说明
起动点 A	电动机接通电源开始起动瞬间，其工作点位于 A 点，此时：$n=0$，$s=1$，$T_{em}=T_{st}$，定子电流 $I_1=I_{st}=$（4~7）I_N（I_N 为额定电流）
最大转矩点 B	B 点是机械特性曲线中线性段（D—B）与非线性段（B—A）的分界点，此时：$s=s_m$，$T_{em}=T_m$。通常情况下，电动机在线性段上工作是稳定的，而在非线性段上工作是不稳定的，所以 B 点也是电动机稳定运行的临界点，临界转差率 s_m 也是由此而得名
额定运行点 C	电动机额定运行时，工作点位于 C 点，此时：$n=n_N$，$s=s_N$，$T_{em}=T_N$，$I_1=I_N$，额定运行时转差率很小，一般 $s_N=0.01\sim0.06$，所以电动机的额定转速 n_N 略小于同步转速 n_1，这也说明了固有特性的线性段为硬特性
同步转速点 D	D 点是电动机的理想空载点，即转子转速达到了同步转速。此时：$n=n_1$，$s=0$，$T_{em}=0$，转子电流 $I_2=0$，显然，如果没有外界转矩的作用，异步电动机本身不可能达到同步转速点

（2）人为机械特性

三相异步电动机的人为机械特性是指人为地改变电源参数或电动机参数而得到的机械特性。由电磁转矩的参数表达式可知，可以改变的电源参数有：电压 U_1 和频率 f_1；可以改变的电动机参数有：极对数 p、定子电路参数 R_1 和 X_1、转子电路参数 R_2' 和 X'_2 等。所以，三相异步电动机的人为机械特性种类很多，这里介绍两种常见的人为机械特性。

1）降低定子电压时的人为机械特性。由前面的分析可知，当定子电压 U_1 降低时，T_{em}（包括 T_{st} 和 T_m）与 U_1^2 成正比减小，s_m 和 n_1 与 U_1 无关而保持不变，所以可得 U_1 下降后的人为机械特性，如图4-12所示。

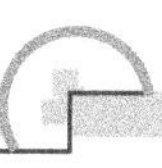

由图4-12可见，降低电压后的人为机械特性，其线性段的斜率变大，即特性变软。T_{st}和T_m均按U_1^2关系减小，即电动机的起动转矩倍数和过载能力均显著下降。如果电动机在额定负载下运行，U_1降低后将导致转速下降，转差率增大，转子电流将因转子电动势的增大而增大，从而引起定子电流增大，导致电动机过载。若长期欠电压过载运行，必然使电动机过热，电动机的使用寿命缩短。另外电压下降过多，可能出现最大转矩小于负载转矩，这时电动机将停转。

2）转子电路串接对称电阻时的人为机械特性。在绕线转子异步电动机的转子三相电路中，可以串接三相对称电阻R_s，如图4-13a所示，由前面的分析可知，此时n_1、T_m不变，而s_m则随外接电阻的增大而增大。其人为机械特性如图4-13b所示，由图可知，在一定范围内增加转子电阻，可以增大电动机的起动转矩。当所串接的电阻使其$s_m=1$时，对应的起动转矩将达到最大转矩，如果再增大转子电阻，起动转矩反而会减小。另外，转子串接对称电阻后，其机械特性曲线线性段的斜率增大，特性变软。

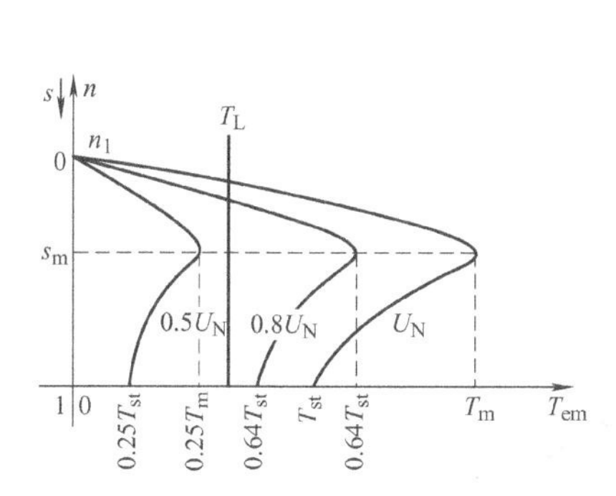

图4-12　异步电动机降压时的人为机械特性

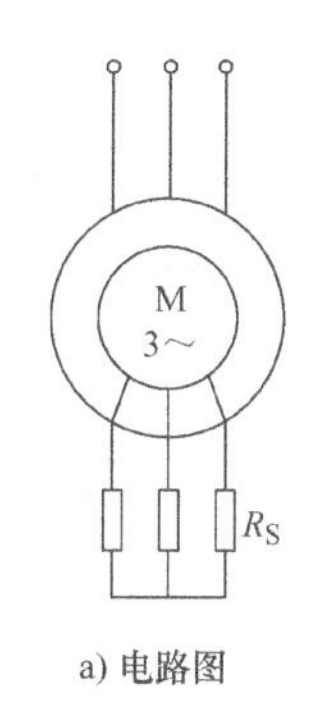

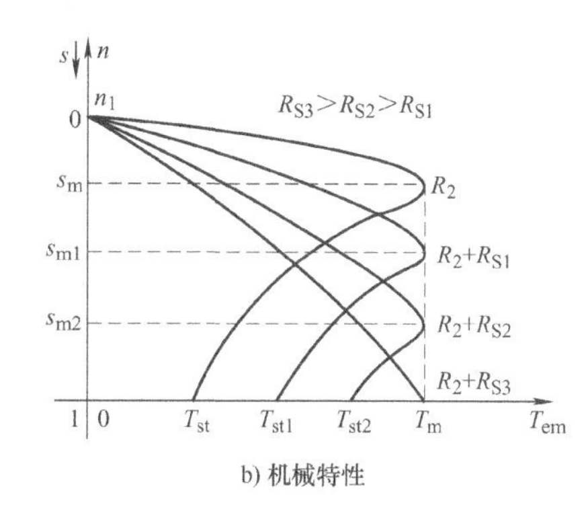

图4-13　绕线转子异步电动机转子电路串接对称电阻

（3）电磁转矩的实用公式和机械特性的估算

在实际应用中，为了便于工程计算，一般根据电磁转矩的实用表达式计算。利用产品给出的数据，估算机械特性曲线$T=f(s)$，大体步骤如下：

1）根据额定功率P_N及额定转速n_N求出T_N。

2）由过载能力倍数k_m求得最大电磁转矩T_m，$T_m=k_mT_N$。

3）根据过载能力倍数k_m，求出临界转差率。

由
$$\frac{T_N}{T_m}=\frac{2}{\dfrac{s_N}{s_m}+\dfrac{s_m}{s_N}}=\frac{1}{k_m}$$

求得
$$s_m=s_N(k_m+\sqrt{k_m^2-1})$$

4）把上述求得的T_m、s_m代入实用表达式可得机械特性方程$T=\dfrac{2T_m}{\dfrac{s}{s_m}+\dfrac{s_m}{s}}$。只要给定一系列$s$值，便可求出相应的电磁转矩，并作出$T=f(s)$曲线。

例4-1　一台Y80L－2三相笼型异步电动机，已知额定功率$P_N=2.2\text{kW}$，$U_N=380\text{V}$，$I_N=4.74\text{A}$，$n_N=2840\text{r/min}$，过载能力$k_m=2$，试绘制其机械特性。

解：电动机的额定转矩

$$T_N = 9550 \times \frac{P_N}{n_N} = 9550 \times \frac{2.2}{2840} \text{N} \cdot \text{m} = 7.4\text{N} \cdot \text{m}$$

最大转矩

$$T_m = k_m T_N = 2 \times 7.4\text{N} \cdot \text{m} = 14.8\text{N} \cdot \text{m}$$

额定转差率

$$s_N = \frac{n_1 - n_N}{n_1} = \frac{3000 - 2840}{3000} = 0.053$$

临界转差率

$$s_m = s_N(k_m + \sqrt{k_m^2 - 1}) = 0.053 \times (2 + \sqrt{2^2 - 1}) = 0.198$$

实用机械特性方程

$$T = \frac{2T_m}{\frac{s}{s_m} + \frac{s_m}{s}} = \frac{2 \times 14.8}{\frac{s}{0.198} + \frac{0.198}{s}}$$

把不同的 s 值代入上式，求出对应的 T 值，见表 4-5。

表 4-5　转差率与转矩对应值

s	1.0	0.9	0.8	0.7	0.6	0.5	0.4	0.3	0.2	0.15	0.1	0.053
T/N · m	5.64	6.21	6.90	7.75	8.81	10.13	11.77	13.61	14.80	14.25	11.91	7.40

4.1.2　三相异步电动机的功率平衡、转矩平衡关系

1. 功率平衡

异步电动机运行时，定子从电网吸收电功率，转子向拖动的机械负载输出机械功率。电动机在实现机电能量转换的过程中，必然会产生各种损耗。根据能量守恒定律，输出功率应等于输入功率减去总损耗。

由电网供给电动机的功率称为输入功率，其计算公式为

$$P_1 = m_1 U_1 I_1 \cos\varphi_1 \tag{4-38}$$

定子电流流过定子绕组时，电流 I_1 在定子绕组电阻 R_1 上的功率损耗称为定子铜损耗，其计算式为

$$p_{Cu1} = m_1 R_1 I_1^2 \tag{4-39}$$

旋转磁场在定子铁心中还将产生铁损耗（因转子频率很低，一般为 1 ~ 3Hz，故转子铁损耗很小，可以忽略不计），其值可看作励磁电流 I_0 在励磁电阻上所消耗的功率

$$p_{Fe} = m_1 R_m I_0^2 \tag{4-40}$$

因此从输入功率 P_1 中扣除定子铜损耗和定子铁损耗，剩余的功率便是由气隙磁场通过电磁感应关系由定子传递到转子侧的电磁功率 P_{em}，即

$$P_{em} = P_1 - (p_{Cu1} + p_{Fe}) \tag{4-41}$$

由等效电路可得

$$P_{em}=m_1\,E_2'I_2'\cos\varphi_2=m_1\,I_2'^2\frac{R_2'}{s} \tag{4-42}$$

转子电流流过转子绕组时，电流 I_2 在转子绕组电阻 R_2 上的功率损耗称为转子铜损耗，其计算式为

$$p_{Cu2}=m_1\,R_2'I'_2{}^2 \tag{4-43}$$

传递到转子的电磁功率扣除转子铜损耗为电动机的总机械功率 P_{MEC}，即

$$P_{MEC}=P_{em}-p_{Cu2} \tag{4-44}$$

由等效电路可知，它就是转子电流消耗在附加电阻上的电功率，即

$$P_{MEC}=m_1\,\frac{1-s}{s}R_2'I_2'^2 \tag{4-45}$$

由式(4-42) 和式(4-43) 可得

$$\frac{p_{Cu2}}{P_{em}}=s\ 或p_{Cu2}=s\,P_{em} \tag{4-46}$$

由式(4-42) 和式(4-45) 可得

$$\frac{P_{MEC}}{P_{em}}=1-s\ 或P_{MEC}=(1-s)P_{em} \tag{4-47}$$

由式(4-46) 和式(4-47) 可知，一小部分 sP_{em} 转变为转子铜损耗，其余绝大部分 $(1-s)P_{em}$ 转变为总机械功率。电动机运行时，还会产生轴承及风阻等摩擦所引起的机械损耗 p_{mec} 另外还有由于定、转子开槽和谐波磁场引起的附加损耗 p_{ad}。电动机的附加损耗很小，一般在大型异步电动机中，p_{ad} 约为电动机额定功率的0.5%；而在小型异步电动机中，满载时，p_{ad} 可达1% ~3%或更大些。总机械功率 P_{MEC} 扣去机械损耗 p_{mec} 和附加损耗 p_{ad}，才是电动机转轴上输出的机械功率，即

$$P_2=P_{MEC}-p_{mec}-p_{ad} \tag{4-48}$$

可见异步电动机运行时，从电源输入电功率 P_1 到转轴上输出功率 P_2 的全过程为

$$P_2=P_1-p_{Cu1}-p_{Fe}-p_{Cu2}-p_{mec}-p_{ad}=P_1-\sum p \tag{4-49}$$

异步电动机的功率流程如图4-14 所示。

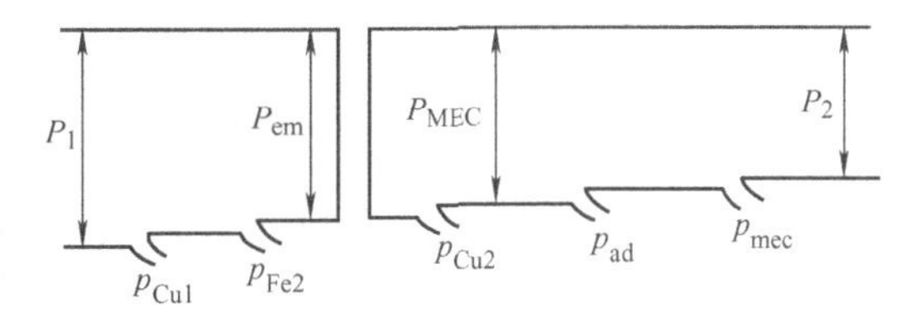

图4-14　异步电动机功率流程图

2. 转矩平衡

由动力学可以知道，旋转体的机械功率等于作用在旋转体上的转矩与其机械角速度 Ω 的乘积，$\Omega=\frac{2\pi n}{60}$（rad/s）。将式(4-48)的两边同时除以转子机械角速度 Ω 便得到稳态时异步电动机的转矩平衡方程式

$$\frac{P_2}{\Omega}=\frac{P_{MEC}}{\Omega}-\frac{p_{mec}+p_{ad}}{\Omega} \tag{4-50}$$

即

$$T_2=T_{em}-T_0\ 或T_{em}=T_2+T_0 \tag{4-51}$$

式中　T_{em}——电动机电磁转矩，为驱动性质转矩；

T_2——电动机轴上输出的机械负载转矩，为制动性质转矩；

T_0——对应于机械损耗和附加损耗的转矩，称为空载转矩，它也为制动性质转矩。

式(4-51) 说明，电磁转矩 T_{em} 与输出机械转矩 T_2 和空载转矩 T_0 相平衡。从式(4-50)可推得

$$T_{em}=\frac{P_{MEC}}{\Omega}=\frac{(1-s)P_{em}}{\frac{2\pi n}{60}}=\frac{P_{em}}{\frac{2\pi n}{60}}=\frac{P_{em}}{\Omega_1} \tag{4-52}$$

式中　Ω_1——同步机械角速度。

由此可知，电磁转矩从转子方面看，它等于总机械功率除以转子机械角速度；从定子方面看，它又等于电磁功率除以同步机械角速度。

在计算中，若功率单位为 W，机械角速度单位为 rad/s，则转矩单位为 N · m。

4.1.3　三相异步电动机的拖动及实现

三相异步电动机的起动是指三相异步电动机接通电源后由静止状态加速到稳定运行状态的过程。对电动机的起动性能要求如下：

1）起动电流要小，以减小对电网的冲击。

2）起动转矩要大，以加速起动过程，缩短起动时间。

1. 三相笼型异步电动机的起动

三相笼型异步电动机有两种起动方法：直接起动和减压起动，见表 4-6。

表 4-6　三相笼型异步电动机起动方法

<table>
<tr><th colspan="2">起动方法</th><th>特性</th></tr>
<tr><td colspan="2">直接起动</td><td>1. 电动机定子绕组直接接到额定电压的交流电源上起动，又称全压起动
2. 这种起动方法最简单，不需要复杂的起动设备，但是它的起动性能恰好与所要求的相反，即起动电流大，而起动转矩不大。直接起动适用于小容量电动机起动(7.5kW 以下)，接线原理图如图 4-15 所示</td></tr>
<tr><td rowspan="2">减压起动</td><td>Y-△减压起动</td><td>1. 只适用于正常运行时定子绕组为△联结、负载较轻的电动机。Y-△减压起动接线原理图如图 4-16 所示
2. 起动时Y联结，运行时△联结，电动机Y联结时的起动电流是△联结时的 1/3，电动机Y联结时的起动转矩也是△联结时的 1/3
3. 起动设备简单，操作方便，但仅适用于△联结的电动机。可减小起动冲击电流，但起动转矩也减小，Y-△减压起动多用于空载或轻载起动</td></tr>
<tr><td>自耦变压器减压起动</td><td>1. 电动机起动时，把自耦变压器投入运行，将自耦变压器降压后的电压加至电动机上，电动机减压起动。等到电动机起动完成后，再切除自耦变压器，电动机全压运行。自耦变压器减压起动原理图如图 4-17 所示
2. 电动机通过自耦变压器减压起动时的起动电流比直接起动时减小的倍数是自耦变压器降压倍数的二次方，同理，电动机通过自耦变压器减压起动时的起动转矩比直接起动时减小的倍数也是自耦变压器降压倍数的二次方。自耦变压器一般有 3 个降压分接头，可根据实际需要供用户选用</td></tr>
</table>

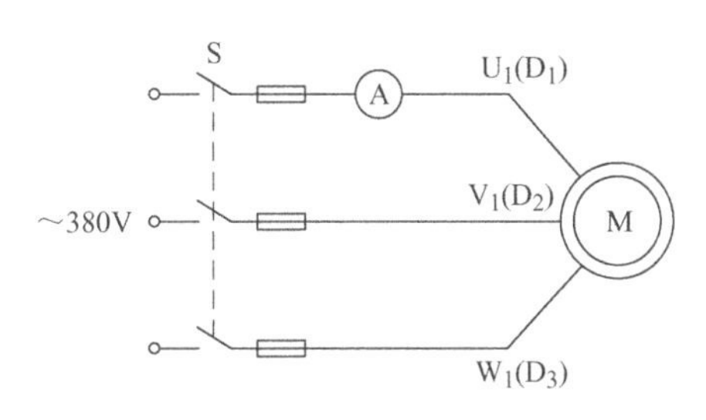

图 4-15　三相异步电动机直接起动原理图

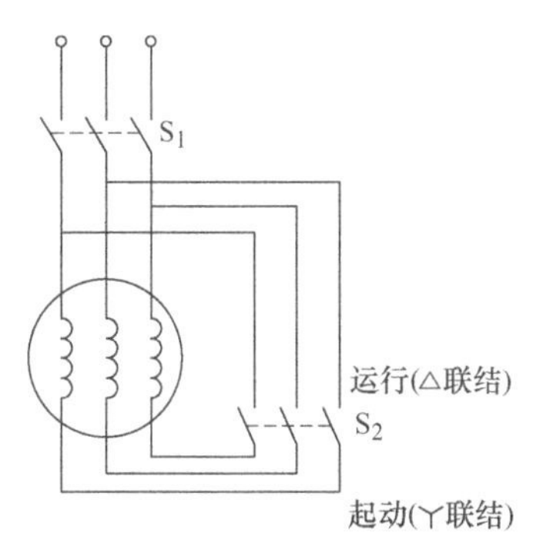

图 4-16　Y-△减压起动原理图

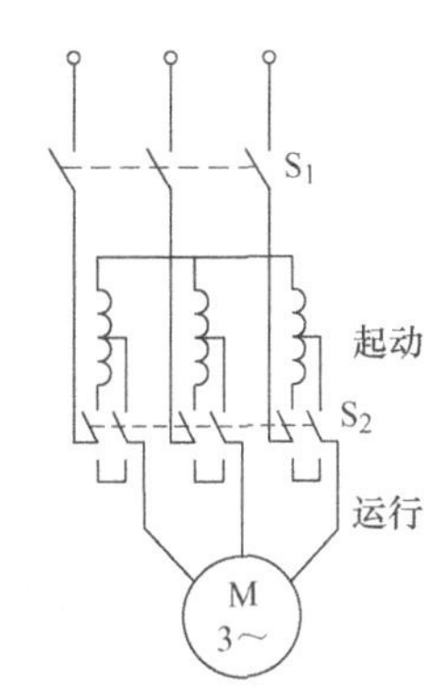

图 4-17　自耦变压器减压起动原理图

2. 三相绕线转子异步电动机的起动

三相绕线转子异步电动机的起动有转子回路串电阻起动和转子绕组串频敏变阻器起动。转子回路串电阻的起动方法是在转子回路串电阻起动，在转子回路中串联适当的电阻，既能限制起动电流，又能增大起动转矩。二者的起动特性见表 4-7。

表 4-7　三相绕线转子异步电动机的起动方法

起动方法	特性
转子回路串电阻	1. 为了有较大的起动转矩、使起动过程平滑，应在转子回路中串入多级对称电阻，并随着转速的升高，逐渐切除起动电阻，这种方法也称为电阻分级起动的方法，接线原理图如图 4-18 所示 2. 如图 4-19 所示，起动过程为：电动机由 a 点开始起动，经 $h \to c \to d \to e \to f \to g \to h$，完成起动过程，$T_1$ 称为最大加速转矩，一般取 T_1 =（0.7 ~ 0.85）T_m，T_2 称为切换转矩，一般取 T_2 =（1.1 ~ 1.2）T_L，其中 T_L 为负载转矩
转子绕组串频敏变阻器	1. 转子串频敏变阻器起动原理如图 4-20 所示，频敏变阻器是一铁损很大的三相电抗器 2. 起动时，S_2 断开，转子串入频敏变阻器，S_1 闭合，电动机通电开始起动 3. 起动时，转子电流频率等于定子电流频率，频敏变阻器铁损大，反映铁损耗的等效电阻也大，相当于转子回路串入一个较大电阻。随着转速的上升，转子电流频率逐渐减小，铁损也减少，等效电阻也逐渐减小，相当于逐渐切除转子电阻，起动结束后，S_2 闭合，切除频敏变阻器，转子电路直接短路

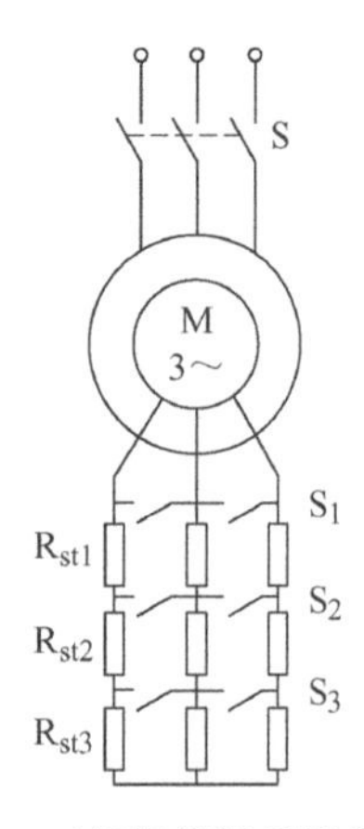

图4-18　三相绕线转子异步电动机转子回路串电阻起动

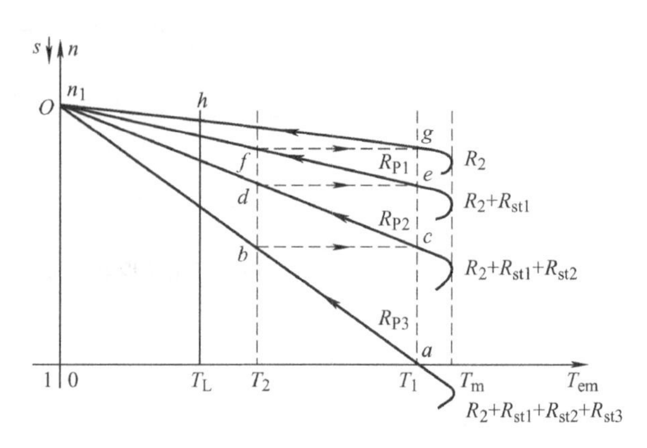

图4-19　电阻分级起动示意图

3. 三相异步电动机的制动

三相异步电动机的制动是指电动机产生的电磁转矩的方向与其旋转方向相反，正好阻碍着电动机的运转，使电动机减速或停转。三相异步电动机的制动方法与直流电动机一样，也分为能耗制动、反接制动和回馈制动三种，其特性见表4-8。能耗制动广泛用于要求平稳准确停车的场合，也广泛应用于矿井提升及起重运输机械等场合，用来限制重物下降的速度；三相异步电动机的反接制动可分为电源两相反接的反接制动和倒拉反转的反接制动两种；回馈制动就是借助于外力使电动机的转子转速超过其同步转速，转子输入的机械能转换成电能回馈给电网。

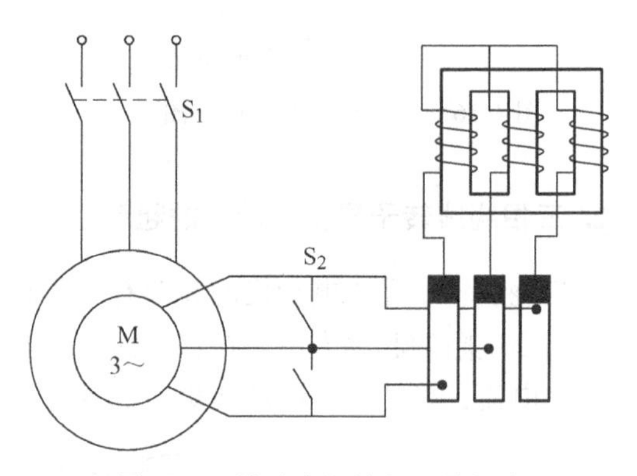

图4-20　转子串频敏变阻器起动

表4-8　三相异步电动机的制动

制动方法	特性
能耗制动	1. 如图4-21所示，在电动机运行过程中，需要制动时，断开S_1，电动机脱离交流电网，同时闭合S_2，在定子绕组中通入直流励磁电流 2. 如图4-22所示，直流励磁电流产生一个恒定的磁场，因惯性继续旋转的转子切割恒定磁场，导体中感应电动势和电流 3. 感应电流与磁场作用产生的电磁转矩为制动性质，转速迅速下降，当转速为零时，感应电动势和电流为零，制动过程结束。制动过程中，转子的动能转变为电能消耗在转子回路电阻上，称为能耗制动

（续）

制动方法		特性
反接制动	电源两相反接的反接制动	1. 电动机电源两相反接的反接制动原理图如图4-23所示，机械特性如图4-24所示，机械特性由曲线1变为曲线2，工作点由 $A\to B\to C$，$n=0$，制动过程结束 2. 绕线转子电动机在定子两相反接同时，可在转子回路串联制动电阻来限制制动电流和增大制动转矩，如图4-24曲线3所示
	倒拉反转的反接制动	1. 电动机倒拉反转的反接制动原理图如图4-25所示，机械特性如图4-26所示 2. 适用于绕线转子异步电动机带位能性负载下放重物时，以获得稳定的下放速度。在制动时转子回路串联适当大电阻 3. 电动机工作点由 $A\to B\to C$，$n=0$，制动过程开始，电动机反转，直到 D 点，在第四象限才是制动状态
回馈制动	下放重物时的回馈制动	1. 下放重物时的回馈制动机械特性如图4-27所示，在下放开始时，电动机仍处于电动状态，工作点沿机械特性曲线在第三象限变化，直到电动机的转速等于同步转速 2. 在位能负载转矩作用下，转速将继续升高并超过同步转速，机械特性进入第四象限，电磁转矩改变方向成为制动转矩，因而限制了转速继续升高，直到保持稳定运行状态，匀速下放重物 3. 在这个过程中，电动机将机械能变为电能回馈送给电网，称为回馈制动。回馈制动状态实际上就是将轴上的机械能转变成电能并回馈到电网的异步发电机状态。为了限制下放速度，转子回路串入的电阻值不应太大，或不串电阻
	变极或变频调速过程中的回馈制动	1. 变极或变频调速过程中的回馈制动的机械特性如图4-28所示。电动机的机械特性为曲线1，运行于 A 点 2. 当电动机采用变极（增加极数）或变频（降低频率）进行调速时，机械特性变为2，同步转速变低了，电动机工作点由 A 点变到 B 点，电磁转矩为负，转速大于同步转速，电动机处于回馈制动状态。回馈制动经济性能好，但只有特定状态时才能实现制动，且只能限制转速，不能制动停车

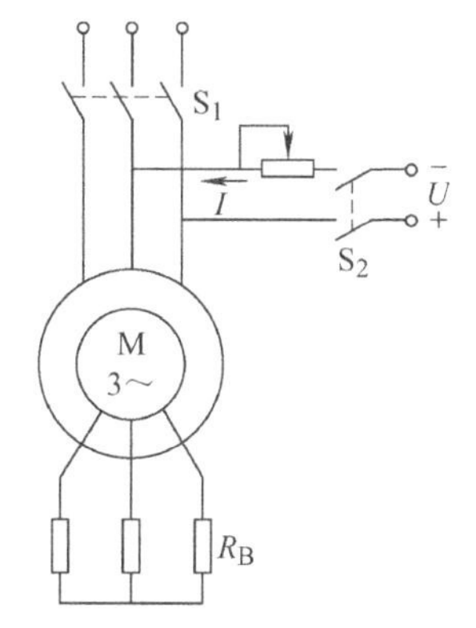

图4-21 三相异步电动机的能耗制动原理图

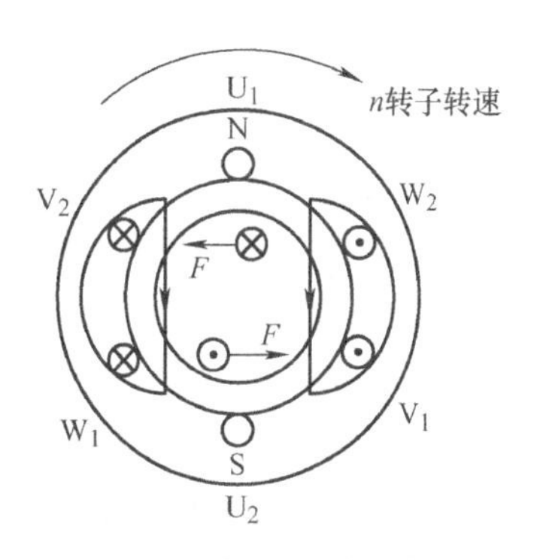

图4-22　能耗制动示意图

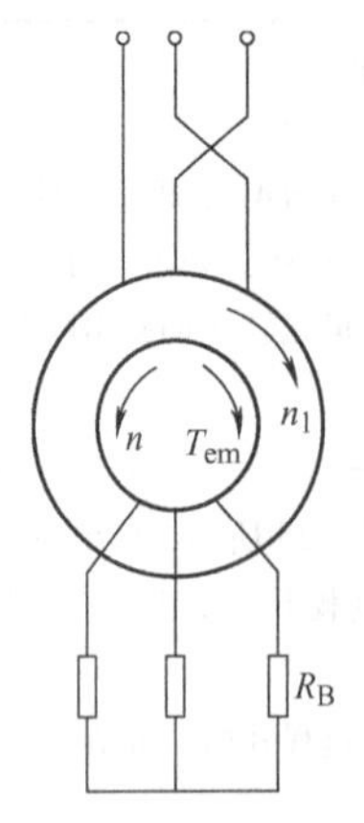

图4-23　电动机电源两相反接的反接制动原理图

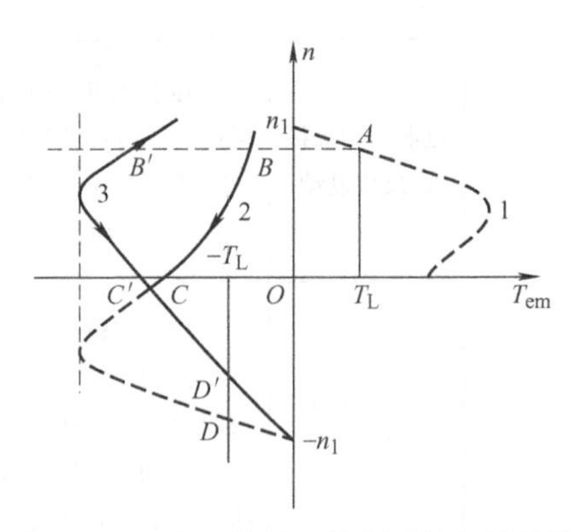

图 4-24　两相反接的反接制动的机械特性

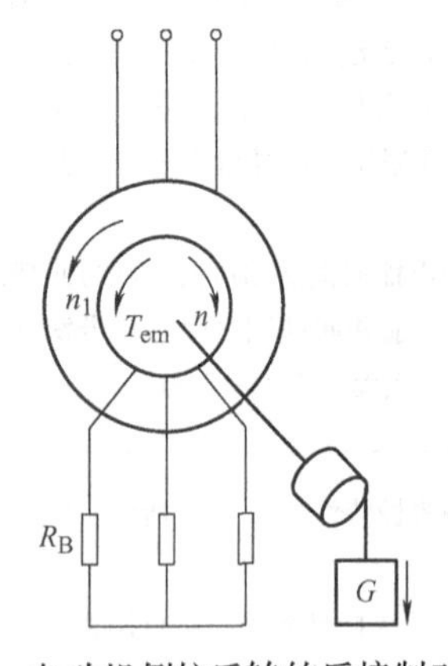

图 4-25　电动机倒拉反转的反接制动原理图

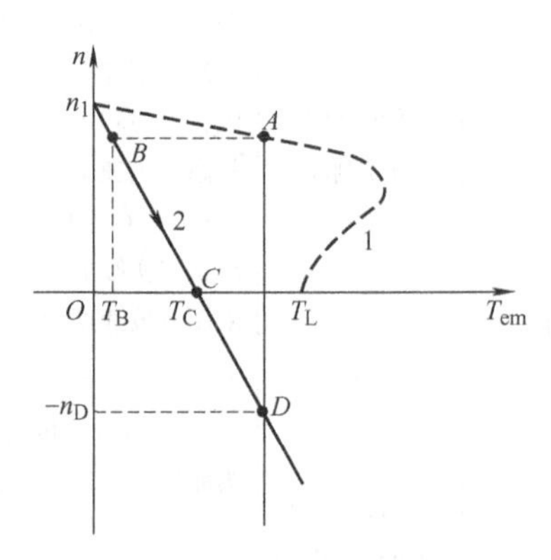

图 4-26　电动机倒拉反转的反接制动的机械特性

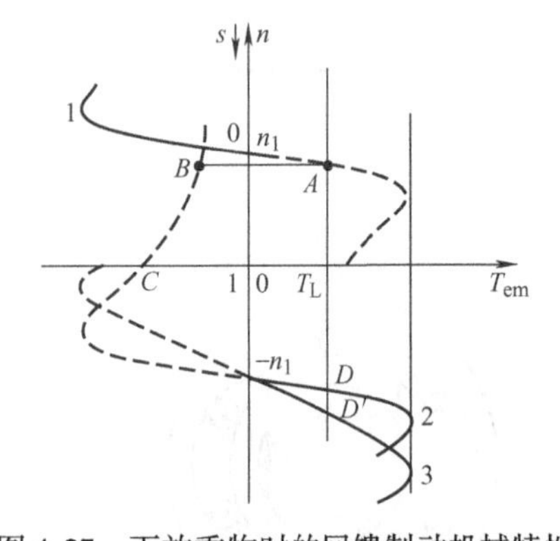

图 4-27　下放重物时的回馈制动机械特性

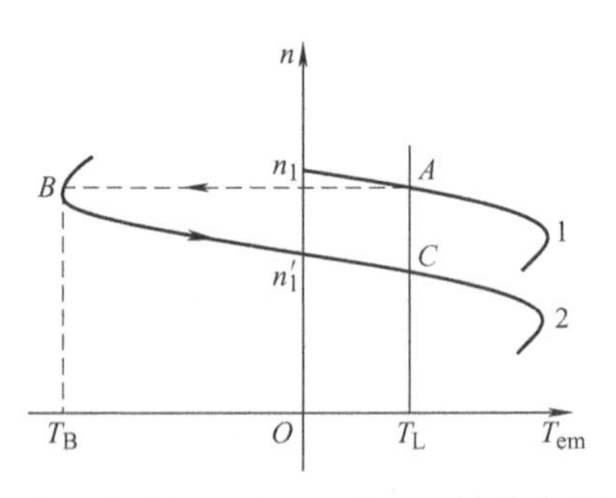

图 4-28　变极或变频调速过程中的回馈制动的机械特性

4. 三相异步电动机的调速

根据转差率公式可知，异步电动机的转速公式为

$$n = n_1(1-s) = \frac{60f_1}{p}(1-s) \tag{4-53}$$

可知，异步电动机有下列三种基本调速方法：

1）改变定子极对数调速（变极调速）。

2）改变电源频率调速（变频调速）。

3）改变转差率调速。

三种调速方法、原理及基本特性见表4-9。

表4-9　三相异步电动机调速方法

<table>
<tr><th colspan="2">调速方法</th><th>原理及特性</th></tr>
<tr><td colspan="2">变极调速</td><td>1. 变极调速只用于笼型电动机，如图4-29所示。以4极变2极为例进行分析，电动机的U相两个线圈顺向串联，定子绕组产生4极磁场（$2p=4$），其绕组的顺串展开图如图4-30所示。当将绕组采用反向串联和反向并联后，定子绕组产生2极磁场（$2p=$ 2，如图4-31和图4-32所示。变极原理就是使定子每相的一半绕组中的电流改变方向，就可改变极对数
2. 常用三种变极接线方式有：Y—反并YY、Y—反串Y和△—YY。需要注意：当改变定子绕组接线时，必须同时改变定子绕组的相序，以保证电动机转向不变
3. Y-YY联结方式时的机械特性如图4-33所示。△-YY联结方式时的机械特性如图4-34所示。变极调速时，转速成倍变化，调速的平滑性较差，但具有较硬的机械特性，稳定性好，既可用于恒功率负载又可用于恒转矩负载</td></tr>
<tr><td colspan="2">变频调速</td><td>1. 当电动机转差率变化不大时，电动机的转速基本与电源频率成正比，连续调节电源频率，可以平滑地改变电动机的转速
2. 但是单一调节电源频率，将导致电动机运行性能的恶化。因此，为了使电动机能保持较好的运行性能，要求在调节电源频率的同时，改变定子电压。所以要实现异步电动机的变频调速，必须具备能够同时改变电压和频率的交流供电电源
3. 随着电力电子技术的发展，已出现了各种性能良好、工作可靠的变频调速电源装置
4. 变频调速的优点是具有良好的调速性能、效率高，缺点是需一套性能优良的变频电源</td></tr>
<tr><td rowspan="3">转差调速</td><td>绕线转子电动机的转子串接电阻调速</td><td>1. 绕线电动机的转子回路串接对称电阻时的机械特性如图4-35所示，从机械特性看，转子串电阻时，同步速和最大转矩不变，但临界转差率增大
2. 当驱动恒转矩负载时，电动机的转速随转子串联电阻的增大而减小</td></tr>
<tr><td>绕线转子电动机的串级调速</td><td>1. 绕线转子电动机的串级调速原理图如图4-36所示。在绕线转子电动机的转子回路串接一个与转子电动势同频率的附加电动势
2. 改变附加电动势的幅值和相位，也可实现调速，这就是串级调速</td></tr>
<tr><td>调压调速</td><td>改变电动机的电压时，机械特性如图4-37所示。调压调速既非恒转矩调速，也非恒功率调速，它最适用于转矩随转速降低而减小的负载，如风机类负载，也可用于恒转矩负载，最不适用恒功率负载</td></tr>
</table>

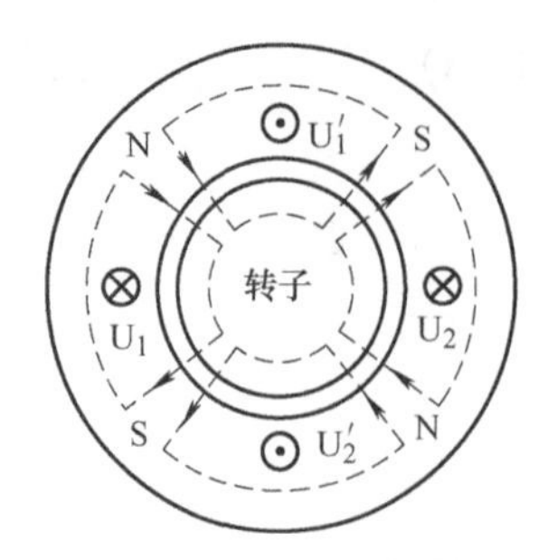

图 4-29 电动机的定子绕组示意图

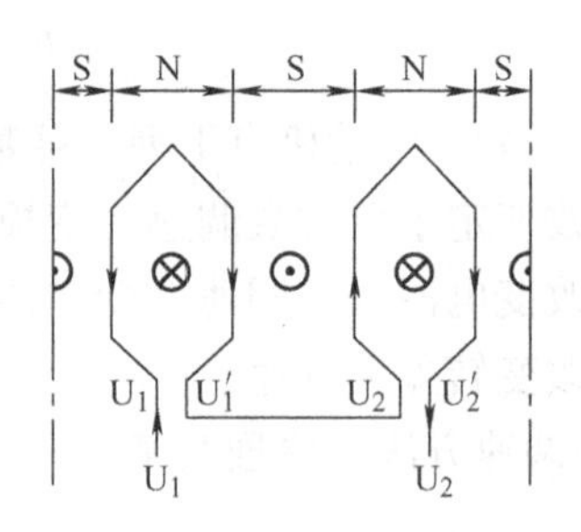

图 4-30 顺串展开图

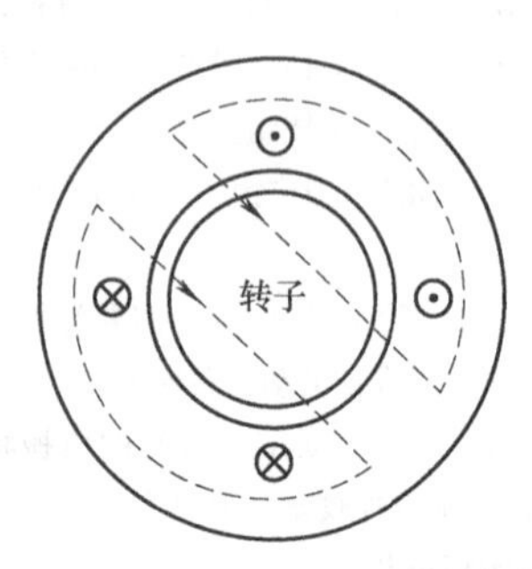

图 4-31 电动机的定子绕组示意图

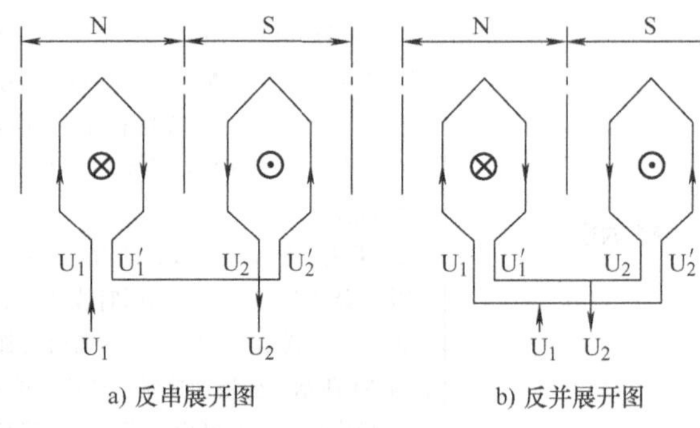

图 4-32 反串和反并展开图

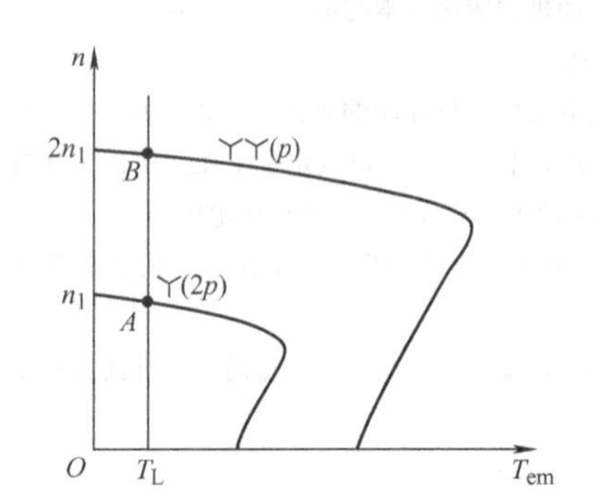

图 4-33 Y-YY联结方式时的机械特性

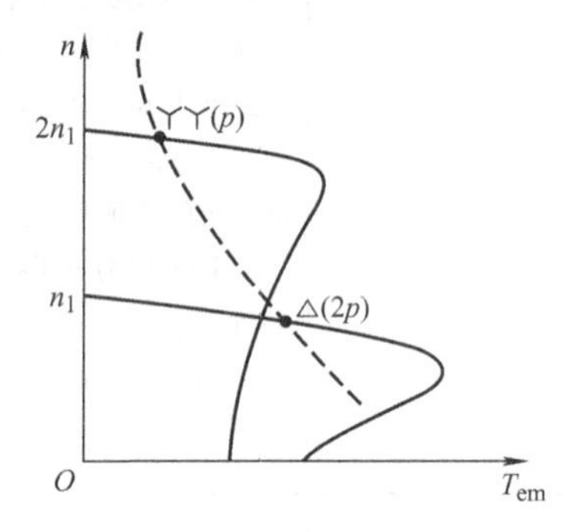

图 4-34 △-YY联结方式时的机械特性

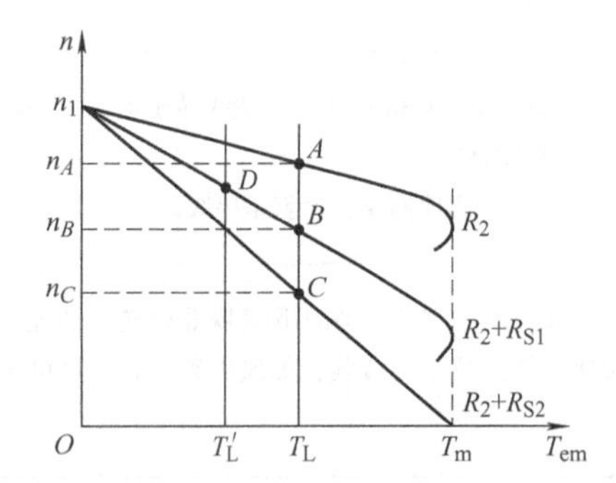

图 4-35 绕线电动机转子回路串电阻时的机械特性

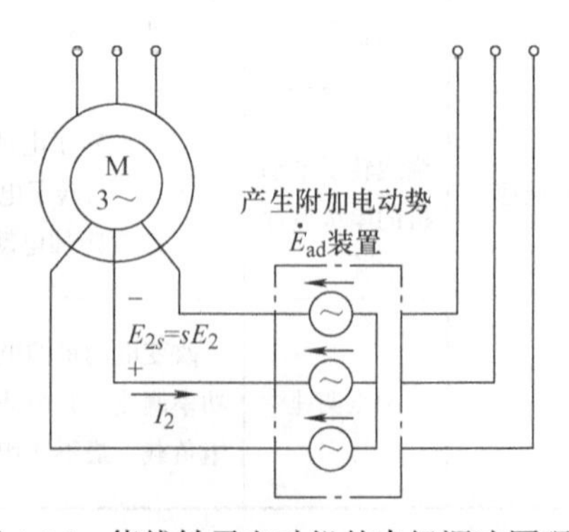

图 4-36 绕线转子电动机的串级调速原理图

4.1.4　三相异步电动机的选用

1. 选用电动机的原则

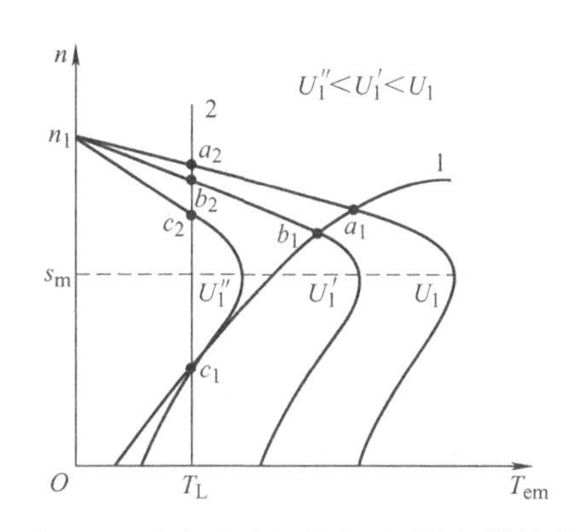

图4-37　改变电动机的电压时的机械特性

为了适应各种不同用途，工厂生产了不同种类、形式及容量的电动机。在选用电动机时，要充分考虑它的特性，在仔细研究被拖动机械的特性后，选择适合负载特性的电动机。选择电动机的原则是：

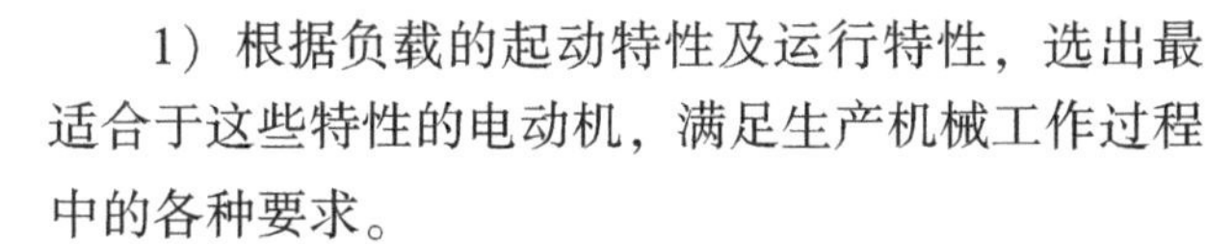

1）根据负载的起动特性及运行特性，选出最适合于这些特性的电动机，满足生产机械工作过程中的各种要求。

2）选择具有与使用场所的环境相适应的防护方式及冷却方式的电动机，在结构上应能适合电动机所处的环境条件。

3）计算和确定合适的电动机容量。通常设计制造的电动机，在75%～100%额定负载时，效率最高。因此应使设备需求的容量与被选电动机的容量差值最小，使电动机的功率被充分利用。

4）选择可靠性高、便于维护的电动机。

5）考虑到互换性，尽量选择标准电动机。

6）为使整个系统高效率运行，要综合考虑电动机的极数及电压等级。

2. 选用电动机的主要步骤

选择电动机应考虑安全运行和节约能量，不仅要电动机本身消耗的能量最小，而且要使电动机的驱动系统效率最高，选择电动机基本的步骤一般包括：确定电源、额定频率、转速、工作周期、电动机类型、工作机制与环境条件、安装方式、电动机与负载的连接方式等。

1）根据生产机械特性的要求，选择电动机种类。

2）根据电源情况，选择电动机额定电压。

3）根据生产机械所要求的转数及传动设备的情况，选择电动机的转速。

4）根据电动机和生产机械安装的位置和场所环境，选择电动机的结构和防护形式。

5）根据生产机械所需要的功率和电动机的运行方式，选择电动机的额定功率。

综合以上因素，根据制造厂的产品目录，选定一台合适的电动机。

4.2　伺服电动机

伺服电动机在风力发电机组中主要用于变桨系统的驱动，电动机根据驱动器指令运转，并通过减速机带动回转支撑的旋转，从而调节桨叶的节距角；通过编码器将电动机的位置信号反馈至驱动器。本节主要介绍直流伺服和交流伺服两种伺服电动机的结构特点及基本应用特性。

伺服电动机是一种服从控制信号的要求而动作的执行电动机，无信号时，转子静止不动，信号来时，转子立即转动，信号消失，转子及时停转，“伺服”由此得名。伺服电动机转子转速受输入信号控制，并能快速反应，且具有机电时间常数小、线性度高、始动电压低等特性，可把所收到的电信号转换成电动机轴上的角位移或角速度输出。

伺服电动机的种类多、用途广，如图 4-38 所示的火星探路者上应用了 39 个直流伺服电动机，如风力发电机组中的变桨电动机，为了实现叶片桨距角的精确控制，一般选用伺服电动机驱动，可精确控制叶片转速及旋转角度。常用伺服电动机根据通电电源的不同可分为直流伺服电动机和交流伺服电动机两大类，如图 4-39 所示，其主要特点是：可控性好，当信号电压为零时无自转现象。

图 4-38　火星探路者

a) 直流伺服电动机

b) 交流伺服电动机

图 4-39　伺服电动机外形图

4.2.1　直流伺服电动机

1. 直流伺服电动机结构与分类

直流伺服电动机分为传统型和低惯量型两大类，其主要的结构特点见表 4-10。传统型直流伺服电动机就是微型的他励直流电动机，也是由定子、转子（电枢）、电刷和换向器四大部分组成的，实物图如图 4-40 所示，按定子磁极的种类可分为永磁式和电磁式两种。低惯量型直流伺服电动机具有转子轻、转动惯量小、快速响应好等优点，按照电枢形式的不同，低惯量直流伺服电动机分为盘形电枢直流伺服电动机、空心杯电枢永磁式直流伺服电动机及无槽电枢直流伺服电动机。

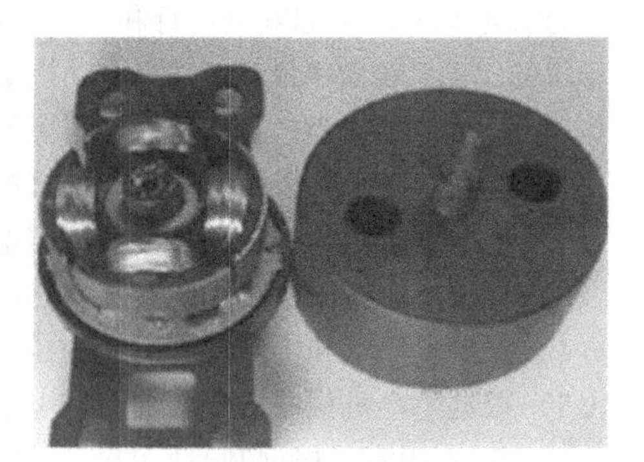

图 4-40　直流伺服电动机实物图

表 4-10　直流伺服电动机的结构及分类

直流伺服电动机分类		结构特点
传统型	电磁式	定子通常由硅钢片冲制叠压而成，磁极和磁轭整体相连，在磁极铁心上套有励磁绕组（图 4-41），电磁式直流伺服电动机的转子与永磁式相同

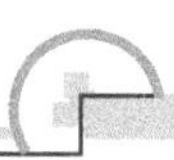

（续）

直流伺服电动机分类		结构特点
传统型	永磁式	永磁式电动机在定子上装有永久磁钢做成的磁极，磁极是永久磁铁，转子（电枢）铁心均由硅钢片冲制叠压而成，在转子冲片的外圆周上开有均匀分布的齿和槽，在转子槽中放置电枢绕组，并经换向器、电刷与外电路相连，如图 4-42 所示
低惯量型	盘形电枢	1. 定子是由永久磁钢和前后磁轭组成的，转轴上装有圆盘，气隙位于圆盘的两侧，圆盘上有电枢绕组，绕组可分为印制绕组和绕线盘式绕组两种形式 2. 印制绕组是采用与制造印制电路板相类似的工艺制成的，可以是单片双面，也可以是多片重叠（图 4-43） 3. 绕线盘组则是先绕成单个线圈，然后将绕好的全部线圈沿径向圆周排列起来，再用环氧树脂浇注成圆盘形（图 4-44），盘形电枢上电枢绕组中的电流沿径向流过圆盘表面，并与轴向磁通相互作用而产生转矩
	空心杯电枢永磁式	1. 空心杯电枢永磁式直流伺服电动机由一个外定子和一个内定子构成定子磁路（结构见图 4-45）。通常外定子由两个半圆形的永久磁铁组成，而内定子则由圆柱形的软磁材料制成，仅作为磁路的一部分，以减小磁路磁阻 2. 空心杯电枢是一个用非磁性材料制成的空心杯形圆筒，直接装在电动机轴上。在电枢表面可采用印制绕组，也可采用沿圆周轴向排成空心杯状并用环氧树脂固化成型的电枢绕组 3. 当电枢绕组流过一定的电流时，空心杯电枢能在内、外定子间的气隙中旋转，并带动电动机转轴旋转
	无槽电枢	1. 电枢铁心为光滑圆柱体，其上不开槽，电枢绕组直接排列在铁心表面，再用环氧树脂把它与电枢铁心粘成一个整体，定、转子间气隙大（结构见图 4-46） 2. 定子磁极可以采用永久磁铁做成，也可以采用电磁式结构 3. 电动机的转动惯量和电枢电感都比杯形或盘形电枢大，因而动态性能较差

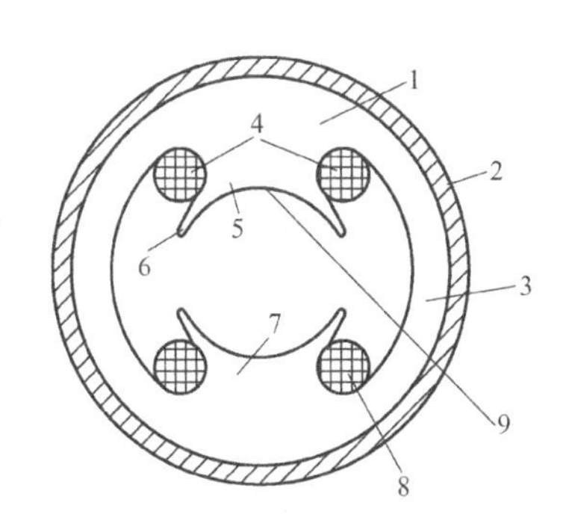

图 4-41　直流伺服电动机定子结构示意图

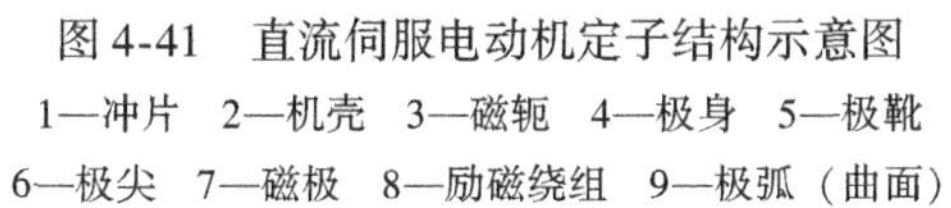

1—冲片　2—机壳　3—磁轭　4—极身　5—极靴
6—极尖　7—磁极　8—励磁绕组　9—极弧（曲面）

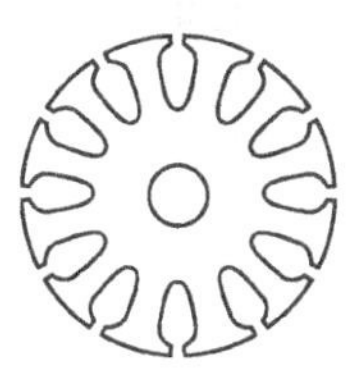

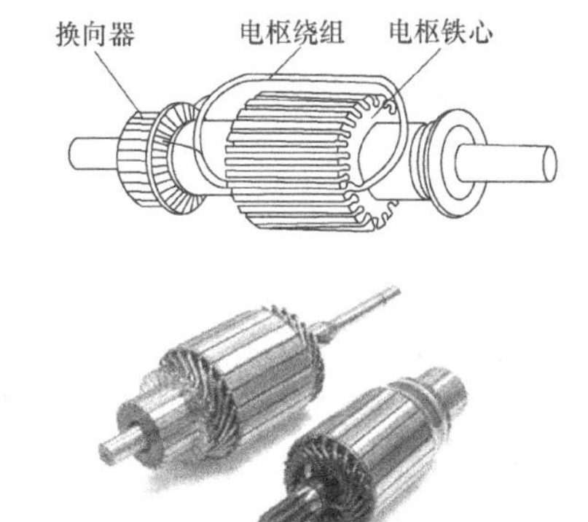

图 4-42　直流伺服电动机转子结构示意图

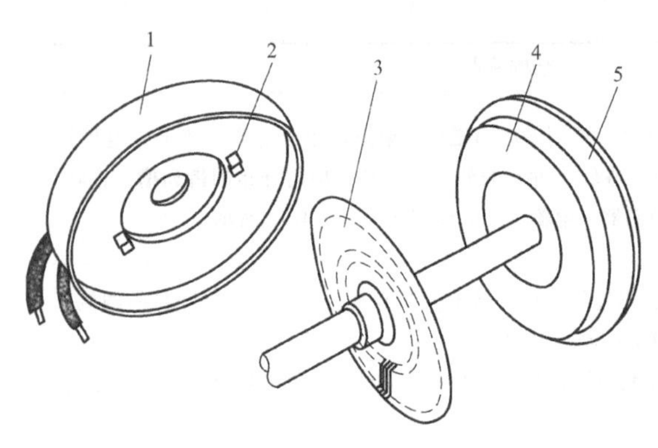

图 4-43　盘形电枢直流伺服电动机结构示意图

1—前端盖　2—电刷　3—盘形电枢　4—磁钢　5—后端盖

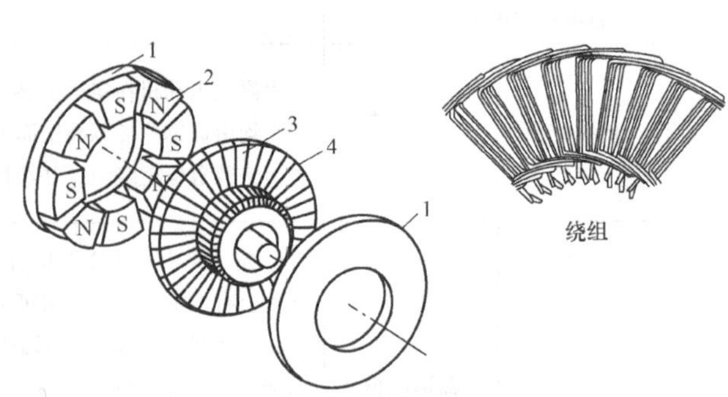

图 4-44　绕线盘式绕组盘形电枢直流伺服电动机

1—磁钢　2—永久磁铁磁极　3—盘形电枢　4—电枢绕组

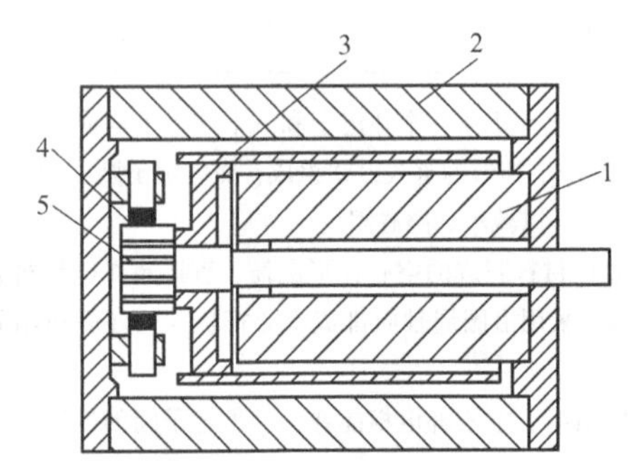

图 4-45　空心杯式直流伺服电动机的结构

1—内定子　2—外定子　3—空心杯电枢　4—电刷　5—换向器

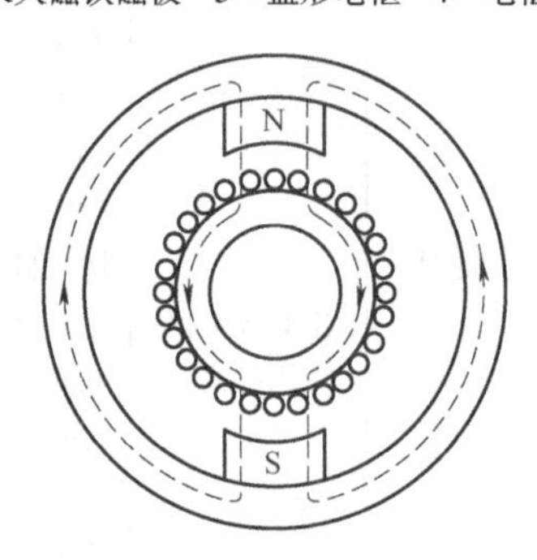

图 4-46　无槽电枢直流伺服电动机

2. 直流伺服电动机的控制方式

直流伺服电动机是一种把输入的电信号转变为转轴上的角位移及角速度来执行控制任务的直流电动机，它广泛地用在自动控制系统中。对直流伺服电动机的主要要求体现在以下两个方面。

1）具有线性的机械特性，在输出一定转矩时，其转速和转向应能准确反映输入电信号的数值和极性；

2）具有良好的起动和调速性能，有较宽的调速范围，并能快速地跟随电信号变化。

直流伺服电动机的功率通常都很小，它的励磁方式一般用他励式和永磁式。由于直流电动机运行时必须具有励磁磁场和电枢电流两个条件，因此直流伺服电动机的控制方法有电枢控制和磁极控制两种，现将其工作原理分别阐述如下。

（1）电枢控制的直流伺服电动机

这种伺服电动机的接线如图 4-47a所示。励磁绕组长期接在一

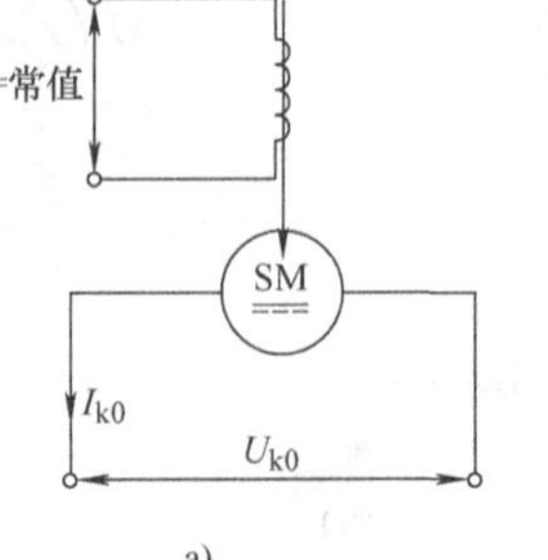

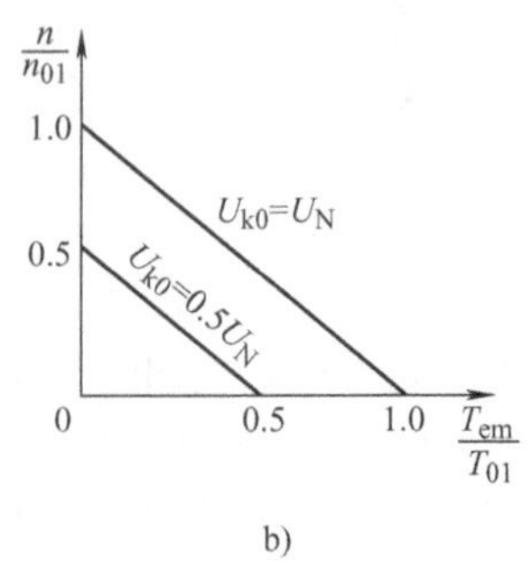

图 4-47　电枢控制的直流伺服电动机

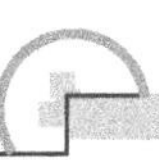

个电压恒定的直流电网上，即 U_f = 常值，用以产生恒定的磁通 Φ_0。电枢绕组接到控制电压 U_{k0} 上，作为控制绕组。当没有电信号时，$U_{k0}=0$，$I_{k0}=0$，电动机没有转矩，转子静止不动。但当电信号一来，$U_{k0}\neq 0$，$I_{k0}\neq 0$，便产生电磁转矩，其大小为$T_{em}=C_M\Phi_0 I_{k0}$，该转矩将驱动电动机转动。如果电信号 U_{k0}的极性改变，则 I_{k0}反向，随之电磁转矩的方向也跟着反过来。如果电信号的数值在改变，则直流伺服电动机处于改变电枢电压的调速状态，它的机械特性是一簇平行直线，如图 4-47b 所示，图中转速及转矩用标幺值表示，其基值 n_{01}为控制电压等于额定电压时的空载转速，T_{01}为上述电压下的起动转矩。由图可见，转矩一定时，直流伺服电动机的转速与控制电压成正比。于是转向反映了 U_{k0}的极性，转速反映了 U_{k_0}的数值。机械特性的线性关系，是直流伺服电动机的优点。

电枢控制的直流伺服电动机的励磁绕组和磁极，可用永久磁铁来代替。代替后的电动机具有磁极高度降低，从而使电动机体积缩小、热耗减小、控制电路简化等优点，是现代常用的结构形式。

（2）磁极控制的直流伺服电动机

这种伺服电动机的接线如图 4-48 所示。电枢绕组长期接在一个电压恒定的直流电网上，即 U_a = 常值。励磁绕组作为控制绕组。当没有信号时，$U_{k0}=0$，$I_{k0}=0$（不计剩磁），这时虽然电枢中有由 U_a产生的电流 I_a通过，但电磁转矩却等于零，因而转子静止不动。当信号$U_{k0}=0$ 时，励磁绕组有电流通过而产生主磁通 Φ_{k0}，此时转子受到电磁转矩 $T_{em}=C_M\Phi_{k0}I_a$的作用而转动。当信号极性改变时，主磁通方向改变，随之转矩及转向也反过来。于是转向和转速也反映了控制电压的极性和数值。

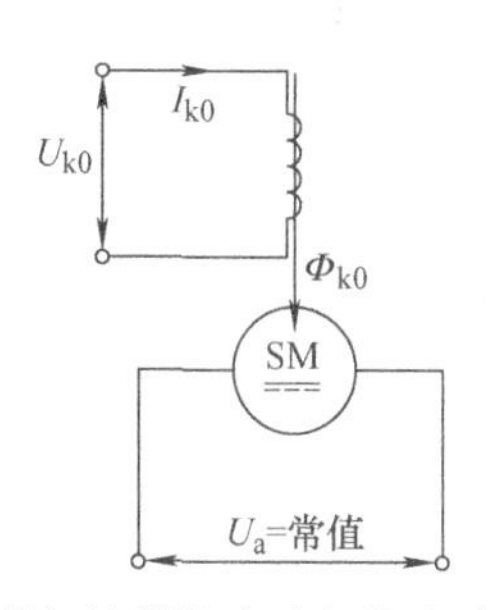

图 4-48　磁极控制的直流伺服电动机示意图

电枢控制的直流伺服电动机的性能一般较磁极控制的优良，因此实际上大多直流伺服电动机采用电枢控制，只在某些小功率电动机才采用磁极控制。直流伺服电动机在机械方面要求尽量减小轴承以及电刷和换向器之间的摩擦转矩，以改善低速性能，从而扩大调速范围。它的转子一般都比较细长，转动惯量较小，以便提高快速响应能力。

4.2.2　交流伺服电动机

1. 基本结构

交流伺服电动机广泛应用于自动控制系统中，其任务是通过加在控制绕组上的电信号，使电动机转轴获得一定的转速或偏角。常用的交流伺服电动机是小型或微型的两相感应电动机，其结构如图 4-49a 所示，由定子、转子、励磁绕组及控制绕组等组成，定子上装有两个空间上彼此相差 90°电角度的绕组。

交流伺服电动机的转子除了常用的笼形外，在要求快速反应的场合，可采用图 4-50 所示的杯形转子，也称空心转子。它的定子有内外两个铁心，均用硅钢片叠成。在外定子铁心上装有在空间上相差 90°电角度的两相绕组，而内定子铁心则用以构成闭合磁路，减小磁阻。

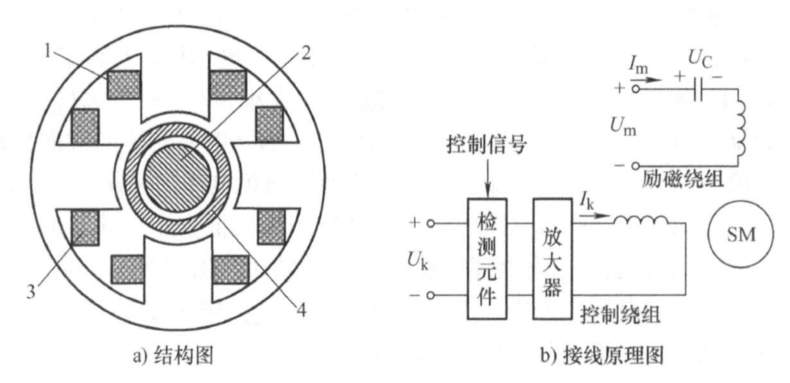

a) 结构图　　b) 接线原理图

图 4-49　交流伺服电动机结构

1—控制绕组　2—内定子　3—励磁绕组　4—杯形转子

内外定子之间有个杯形的薄壁转子，由铝或铝合金的非磁性金属制成，壁厚 0.3 ~ 0.8mm，用转子支架装在转轴上。杯形转子电动机的特点是转子非常轻，转动惯量很小，能极迅速和灵敏地起动、旋转和停止；缺点是气隙稍大，因此空载电流较大，功率因数和效率较低。

2. 交流伺服电动机工作原理

交流伺服电动机的接线原理图如图 4-49b 所示，其中一个绕组经常接到电压 U_f 恒定的交流电网上，称为励磁绕组，另一个绕组接到控制电压，称为控制绕组。控制电压 U_k 的频率与励磁电压 U_f 的频率相同。当控制电压 U_k 为零时，电动机气隙中的磁场为一脉振磁场，不产生起动转矩，因此转子静止不动。当 $U_k>0$，且使控制电流 I_k 与励磁电流 I_f 有不同的相位时，则电动机气隙中形成一个椭圆形或圆形的旋转磁场，使电动机产生起动转矩，转子就会自动旋转起来。

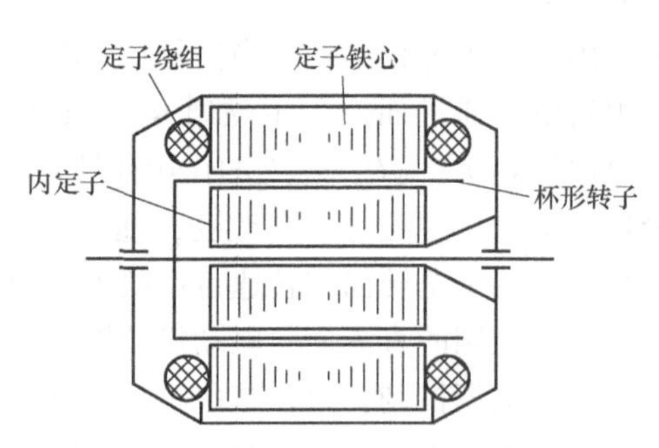

图 4-50　杯形转子感应电动机

3. 交流伺服电动机的控制

由于电磁转矩的大小决定于气隙磁场的每极磁通量和转子电流的大小及相位，也即决定于控制电压 U_k 的大小和相位，所以可采用下列三种方法来控制电动机，使之起动、旋转、变速或停止。

1）幅值控制：即保持控制电压 U_k 的相位角不变，仅仅改变其幅值大小。

2）相位控制：即保持控制电压 U_k 的幅值不变，仅仅改变其相位。

3）幅相控制：即同时改变控制电压 U_k 的幅值和相位。

这三种控制方法的实质都是利用改变不对称两相电压中正序和负序分量的比例来改变电动机中正转和反转旋转磁场的相对大小，从而改变它们产生的合成电磁转矩，以达到改变转速的目的。为了使控制电压 U_k 和励磁电压 U_f 具有一定的相位差，通常采用在励磁回路或控

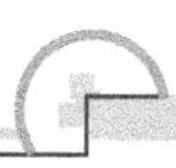

制回路中串联电容器的方法来实现。

三种控制方式的机械特性如图4-51所示。图中T为输出转矩对起动转矩的相对值，v为转速对同步转速的相对值。从机械特性可以看出，不论哪种控制方式，控制电信号越小，则α_e越小，机械特性就越下移，理想空载（即$T=0$）转速也随之减小。

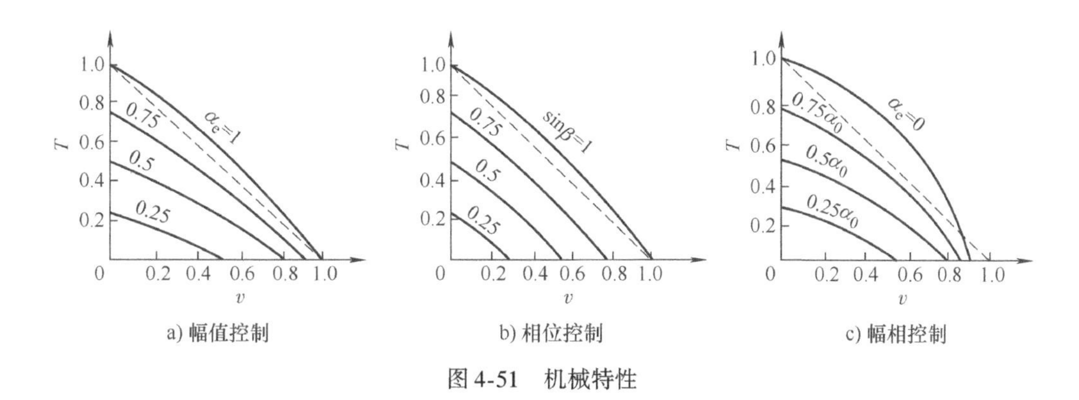

a) 幅值控制　b) 相位控制　c) 幅相控制

图4-51　机械特性

4.3　偏航驱动电动机应用

大多MW级风力发电机组偏航系统均由多台电动机共同驱动，一般采用三相笼型异步电动机作为拖动电机，电动机的额定转速、最大转矩、额定转矩和极限转矩等都是笼型异步电动机选型的重要参数。本节以3MW风力发电机组偏航系统为例，说明偏航电动机是如何选型计算的。

4.3.1　偏航系统运行原理

风力发电机组的偏航系统也称为对风装置，其作用在于当风速的方向变化时，能够快速、平稳地对准风向，以便风轮获得最大的风能。大中型风力发电机一般采用电动的偏航系统来调整风轮并使其准确对风，如图4-52所示，偏航系统一般包括感应风向的风向标、偏航驱动、偏航制动器（偏航阻尼或偏航卡钳）、回转体大齿轮等，其中，偏航驱动如图4-53所示，由偏航电动机、偏航减速齿轮箱和偏航驱动小齿轮组成。

偏航系统的工作原理如下：风向标作为感应元件将风向的变化用电信号传递到偏航电动机的控制回路的处理器里，经过比较后处理器给偏航电动机发出顺时针或逆时针的偏航命令，为了减少偏航时的陀螺力矩，电动机转速将通过同轴联接的减速器减速后，将偏航力矩作用在回转体大齿轮上，带动风轮偏航对风，当对风完成后，风向标失去电信号，电动机停止工作，偏航过程结束。

4.3.2　偏航电动机应用实例

偏航电动机的选用主要考虑电动机的功率、转矩等参数，偏航电动机转矩的计算参看4.1.1节中的三相异步电动机机械特性。由于偏航驱动有减速器、偏航轴承等部件，转矩及转速的计算步骤如下：

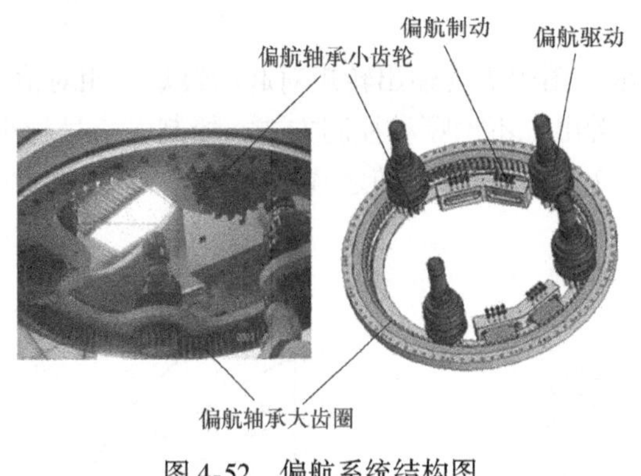

图 4-52　偏航系统结构图

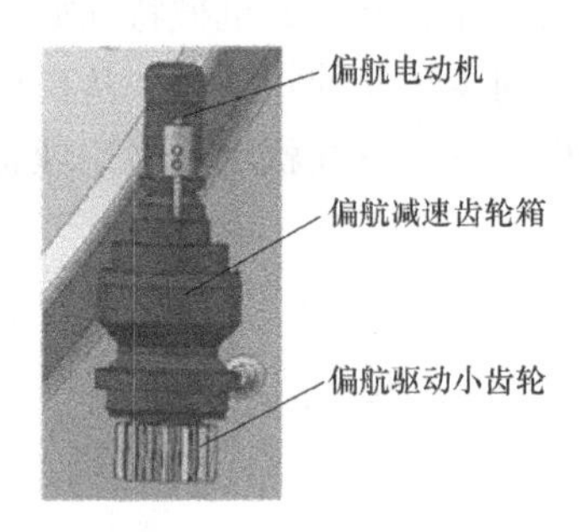

图 4-53　偏航驱动

1. 单个偏航转矩 T_1

$$T_1 = T_{max}\frac{N_1}{N_2} \tag{4-54}$$

式中　T_1——单个偏航转矩（kN·m）；
T_{max}——偏航驱动极限输出转矩（kN·m）；
N_1——偏航轴承大齿圈齿数，单位为个；
N_2——小齿轮齿数，单位为个。

2. 偏航极限驱动力矩 T_{a1}

$$T_{a1} = N_t T_1 \tag{4-55}$$

式中　N_t——驱动数量，单位为个。

3. 偏航电动机额定输出转矩 T_N

$$T_N = 9550\frac{P_N}{n_N}$$

式中　T_N——电动机额定输出转矩（kN·m）；
P_N——电动机额定功率（kW）；
n_N——电动机额定转速（r/min）。

4. 齿轮箱额定输出转矩 T_2

$$T_2 = \frac{T_N i_c}{1000}$$

式中　T_2——齿轮箱额定输出转矩（kN·m）；
i_c——齿轮箱传动比。

5. 齿轮箱最大输出转矩 T_{max2}

$$T_{max2} = kT_2$$

式中　T_{max2}——齿轮箱最大输出转矩（kN·m）；

k——电动机堵转力矩倍数。

6. 小齿轮输出转速 n_2

$$n_2 = \frac{n_N}{i_c}$$

式中　n_2——小齿轮输出转速（r/min）；

i_c——齿轮箱传动比。

7. 大齿圈输出转速 n_1

$$n_1 = n_2 \frac{N_2}{N_1}$$

由于偏航电动机属于断续工作制，只要齿轮箱最大转矩值接近于偏航驱动极限输出转矩值，齿轮箱额定转矩接近于偏航驱动额定输出转矩，即可满足要求。

例 4-2　已知某 3MW 风力发电机组偏航系统载荷及相关参数见表 4-11，试完成偏航轴承、偏航电动机载荷计算及偏航电动机选型，并绘制其电动机机械特性曲线。

表 4-11　偏航系统载荷及相关参数

项目	符号	单位	参数值
偏航轴承			
齿数	N_1	个	151
极限输出转矩	T_{max}	kN·m	120
额定输出转矩	T_e	kN·m	60
小齿轮齿数	N_2	个	13
驱动数量	N_t	个	6
偏航电动机			
齿轮箱传动比	i_c		1800
电动机堵转力矩倍数	k		2.2

解：

1. 轴承及电动机载荷计算

电力拖动系统中，一般选用三相异步电动机进行驱动，根据偏航系统的工作特性及三相异步电动机的选型要求，参照标准 JB/T 8680—2008 选用 Y 系统三相异步电动机，初步选用电机 Y132S－6，额定功率 $P_N = 3kW$，额定转速 $n_N = 950r/min$，电机堵转转矩倍数为 2，最大转矩倍数为 2。

（1）单个偏航转矩 T_1

$$T_1 = T_{max}\frac{N_1}{N_2} = 120 \times \frac{151}{13}kN \cdot m = 1393.846kN \cdot m$$

（2）偏航极限驱动力矩 T_{a1}

$$T_{a1}=N_tT_1=6\times1393.846\text{kN}\cdot\text{m}=8363.0769\text{kN}\cdot\text{m}$$

（3）偏航电动机额定输出转矩 T_N

$$\text{T}_N=9550\frac{P_N}{n_N}=9550\times\frac{3}{950}\text{kN}\cdot\text{m}=30.158\text{kN}\cdot\text{m}$$

（4）齿轮箱额定输出转矩 T_2

$$T_2=\frac{T_Ni_c}{1000}=\frac{30.158\times1800}{1000}\text{kN}\cdot\text{m}=54.2844\text{N}\cdot\text{m}$$

（5）齿轮箱最大输出转矩 T_{max2}

$$T_{max2}=kT_2=2.2\times54.2844\text{kN}\cdot\text{m}=119.426\text{kN}\cdot\text{m}$$

（6）小齿轮输出转速 n_2

$$n_2=\frac{n_N}{i_c}=\frac{950}{1800}\text{r/min}=0.5277778\text{r/min}$$

（7）大齿圈输出转速 n_1

$$n_1=n_2\frac{N_2}{N_1}=0.5277778\times\frac{13}{151}\text{r/min}=0.0454\text{r/min}$$

偏航轴承的载荷为：极限输出转矩 120kN · m，额定输出转矩 60kN · m；偏航驱动齿轮箱：极限输出转矩 119.426kN · m，额定输出转矩 54.2844kN · m。由于偏航电动机属于断续工作制，该电动机基本可满足要求。

2. 电动机机械特性的估算

机械特性的估算步骤：

（1）电动机的额定转矩

$$T_N=9550\frac{P_N}{n_N}=9550\times\frac{3}{960}\text{N}\cdot\text{m}=29.844\text{N}\cdot\text{m}$$

（2）最大转矩

$$T_m=k_mT_N=2\times29.844\text{N}\cdot\text{m}=59.688\text{N}\cdot\text{m}$$

（3）额定转差率

$$s_N=\frac{n_1-n_N}{n_1}=\frac{1000-960}{1000}=0.04$$

当极对数 $p=1$ 时，$n_1=3000\text{r/min}$；$p=2$ 时，$n_1=1500\text{r/min}$；$p=3$ 时，$n_1=1000\text{r/min}$；由于额定转速 $n_N=960\text{r/min}$，所以同步转速 $n_1=1000\text{r/min}$。

（4）临界转差率

$$s_m=s_N(k_m+\sqrt{k_m^2-1})=0.04(\sqrt{2^2-1})=0.069$$

（5）实用机械特性方程

$$T=\frac{2T_m}{\frac{s}{s_m}+\frac{s_m}{s}}=\frac{2\times59.688}{\frac{s}{0.069}+\frac{0.069}{s}}=\frac{119.376}{\frac{s}{0.069}+\frac{0.069}{s}}$$

把不同的 s 值代入上式，求出对应的 T 值，见表 4-12。

表 4-12　偏航电动机转差率与电磁转矩对应值

s	1.0	0.9	0.8	0.7	0.6	0.5	0.4	0.3	0.2	0.1	0.069	0
T/N·m	8.198	8.843	10.22	11.65	13.55	16.16	19.9	26.1	36.8	55.8	59.69	0

4.4　变桨驱动电动机应用

变桨作为大型风电机组控制系统的核心部分之一，对机组安全、稳定、高效运行具有十分重要的作用。稳定的变桨控制已成为当前大型风力发电机组控制技术研究的热点和难点之一。变桨距控制方式一般可以分为两种，一种是电动机执行机构，另一种是液压执行机构。电动机变桨距执行机构利用电动机对桨叶进行单独控制，由于其结构紧凑、可靠，没有像液压变桨距机构那样传动结构相对复杂，存在非线性，泄漏、卡涩时有发生，所以也得到许多生产厂家的青睐。本节主要以电动机执行机构为例介绍伺服电动机在变桨系统上的应用案例。

4.4.1　变桨系统结构及运行原理

变桨系统结构如图 4-54 所示，变桨系统一般包括转动部件（变桨轴承）、驱动部件（伺服电动机）、辅助部件（限位开关和限位块）、控制系统（轮毂控制柜）和备用电源系统。电动变桨距系统的每个桨叶配有独立的执行机构，伺服电动机连接减速箱，通过主动齿轮与桨叶轮齿内齿圈相连，带动桨叶进行转动，实现对桨距角的直接控制。其工作原理为：变桨控制系统控制伺服电动机驱动变桨轴承内齿圈带动叶片转动，使叶片的桨距角发生改变，进而改变气流对叶片的攻角，发电机获得最合理的空气动力转矩，保证最佳的功率输出。

如果电动变桨距系统出现故障，控制电源断电，伺服电动机由备用电源系统供电，15s 内将桨叶紧急调节为顺桨位置。在备用电源电量耗尽时，继电器触点断开，原来由电磁力吸合的制动齿轮弹出，制动桨叶，保持桨叶处于顺桨位置。在轮毂内齿圈边上还装有一个接近开关，起限位作用。在风力发电机正常工作时，继电器上电，电磁铁吸合制动齿轮，不起制动作用，使桨叶能够正常转动。

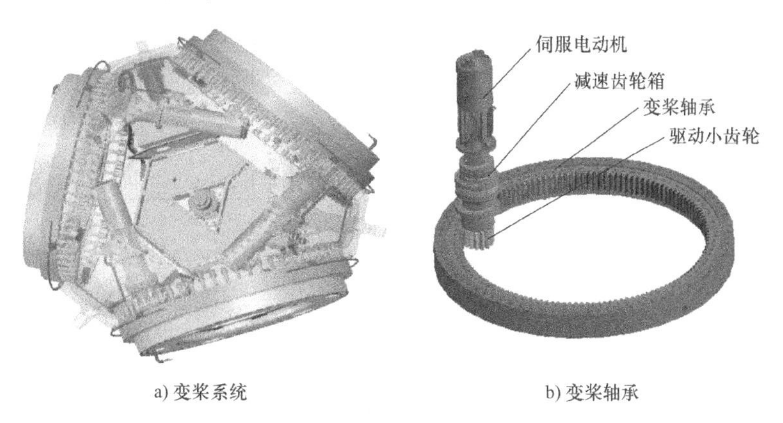

a) 变桨系统　　b) 变桨轴承

图 4-54　变桨系统结构图

4.4.2 变桨电动机应用实例

变桨电动机在变桨距控制机构中，可对每个桨叶进行单独调节。变桨电动机通过主动齿轮与桨叶轮的内齿圈相啮合，直接对桨叶的节距角进行控制。位移传感器采集桨叶节距角的变化，与电动机形成闭环 PID 负反馈控制。由于变桨距控制精度要求较高，一般选用伺服电动机作为其动力设备，可以是直流伺服电动机也可以是交流伺服电动机。随着电力电子技术和控制技术的发展，对交流电的控制已变得相对简单，由于直流伺服电动机的电刷是易损件，需经常维护，所以大多采用交流伺服电动机。本节介绍变桨电动机的选型计算，与偏航电动机选用一样，需根据驱动载荷的大小，确定电动机本身的额定功率和转矩、转速等参数，步骤如下：

1）由变桨轴承参数及载荷求出变桨轴承大齿圈输出极限转矩。

2）初步选取变桨电动机功率和额定转速，并估算其机械特性。

3）由电动机机械特性与驱动载荷做比较，最终确定电动机额定功率和额定转速。

变桨轴承及电动机相关参数和计算方法见表 4-13。

表 4-13 变桨轴承及电动机参数

项目	符号	单位	计算公式
齿数	N_1	个	
小齿轮齿数	N_2	个	
齿圈传动比	i_1		$i_1=\frac{N_1}{N_2}$
驱动齿轮箱传动比	i_2		
总传动比	i		$i=i_1 i_2$
极限输出转矩	T_1	kN · m	
大齿圈极限输出转矩	T_2	kN · m	$T_2=T_1 i_1$
电动机额定输出转速	n_N	r/min	
大齿圈额定输出转速	n_{N1}	r/min	$n_{N1}=\frac{n_N}{i}$
正常变桨速度	Ω	°/s	
紧急变桨速度	$\Omega_{紧急}$	°/s	
紧急变桨电动机转速	$n_{紧急}$	r/min	
电动机额定功率	P_N	kW	
电动机额定输出转矩	T_N	kN · m	$T_N=9550\frac{P_N}{n_N}$
大齿圈额定输出转矩	T_{N1}	kN · m	$T_{N1}=T_N\frac{i}{1000}$
电动机堵转力矩倍数	k		
大齿圈最大输出转矩	T_{max1}	kN · m	$T_{max_1}=kT_{N1}$

例 4-3 已知一 3MW 风力发电机组的变桨轴承参数见表 4-14，变桨轴输出极限载荷为 40kN · m，变桨电动机：额定功率 P_N 为 9kW，额定转速 n_N 为 1200r/min，试完成变桨系统的载荷的计算并校核该电动机是否可用于变桨系统，并绘制电动机机械特性曲线。

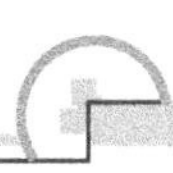

表 4-14　变桨轴承及电动机相关参数

项目	符号	单位	数值
齿数	N_1	个	135
小齿轮齿数	N_2	个	14
驱动齿轮箱传动比	i_2		233
电动机额定输出转速	n_N	r/min	1200
正常变桨速度	Ω	°/s	3
紧急变桨速度	$\Omega_{紧急}$	°/s	5
紧急变桨电动机转速	$n_{紧急}$	r/min	1800
电动机额定功率	P_N	kW	9
电动机堵转力矩倍数	k		2.2

解：由表4-13的计算公式可计算变桨系统相关参数

1. 变桨轴承及电动机载荷计算

（1）齿圈传动比 i_1

$$i_1=\frac{N_1}{N_2}=\frac{135}{14}=9.643$$

（2）变桨轴承总传动比 i

$$i=i_1 i_2=233\times 9.643=2246.819$$

（3）变桨轴承大齿圈极限输出转矩 T_2

$$T_2=T_1 i_1=40\times 9.643\text{kN}\cdot\text{m}=385.72\text{kN}\cdot\text{m}$$

（4）大齿圈额定输出转速 n_{N1}

$$n_{N1}=\frac{n_N}{i}=\frac{1200}{2246.819}\text{r/min}=0.534\text{r/min}=3.204°/\text{s}$$

（5）电动机额定输出转矩 T_N

$$T_N=9550\times\frac{P_N}{n_N}=9550\times\frac{9}{1200}\text{N}\cdot\text{m}=71.625\text{N}\cdot\text{m}$$

（6）大齿圈额定输出转矩 T_{N1}

$$T_{N1}=T_N\frac{i}{1000}=71.625\times\frac{2246.819}{1000}\text{kN}\cdot\text{m}=160.928\text{kN}\cdot\text{m}$$

（7）大齿圈最大输出转矩 T_{max1}

取电动机堵转力矩倍数为2.2，可得：$T_{max1}=kT_{N1}=2.2\times 160.928\text{kN}\cdot\text{m}=354.0372\text{kN}\cdot\text{m}$

由以上计算可知，变桨轴承大齿圈极限输出转矩 $T_2=385.72\text{kN}\cdot\text{m}$，大齿圈最大输出转矩 $T_{max1}=354.0372\text{kN}\cdot\text{m}$，基本满足要求。

2. 变桨电动机机械特性估算

与偏航电动机机械特性估算一样。

（1）电动机的额定转矩

$$T_N=9550\frac{P_N}{n_N}=9550\times\frac{9}{1200}\text{N}\cdot\text{m}=71.625\text{N}\cdot\text{m}$$

（2）最大转矩

$$T_m = k_m T_N = 2 \times 71.625\text{N} \cdot \text{m} = 143.25\text{N} \cdot \text{m}$$

（3）额定转差率

$$s_N = \frac{n_1 - n_N}{n_1} = \frac{1500 - 1200}{1500} = 0.2$$

当极对数 $p=1$ 时，$n_1 = 3000\text{r/min}$；$p=2$ 时，$n_1 = 1500\text{r/min}$；$p=3$ 时，$n_1 = 1000\text{r/min}$；由于额定转速 $n_N = 1200\text{r/min}$，所以同步转速 $n_1 = 1500\text{r/min}$。

（4）临界转差率

$$s_m = s_N(k_m + \sqrt{k_m^2 - 1}) = 0.2(\sqrt{2^2 - 1}) = 0.346$$

（5）实用机械特性方程

$$T = \frac{2T_m}{\frac{s}{s_m} + \frac{s_m}{s}} = \frac{2 \times 143.25}{\frac{s}{0.346} + \frac{0.346}{s}} = \frac{286.5}{\frac{s}{0.346} + \frac{0.346}{s}}$$

把不同的 s 值代入上式，求出对应的 T 值，见表 4-15。

表 4-15　变桨电动机转差率与电磁转矩对应值

s	1.0	0.9	0.8	0.7	0.6	0.5	0.4	0.3	0.2	0.15	0.1	0.346
T/N·m	88.61	95.96	104.4	113.8	124	141.7	141.8	141.8	124.1	104.6	76.4	143.3

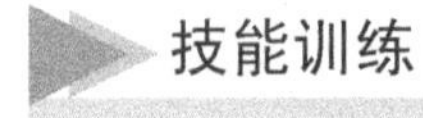

技能训练

技能训练 1　三相异步电动机空载和负载测试

一、任务描述

现有一台三相交流异步电动机，型号为 DJ16，其铭牌参数：额定功率 P_N 为 100W，额定电压 U_N 为 220V(△)，额定电流 I_N 为 0.5A，额定转速 n_N 为 1420r/min，绝缘等级为 E。为了检验电动机绕组及内部结构是否合格，需对电动机进行空载及负载特性的测试，请按相关的标准、要求及步骤完成电动机测试及数据记录和处理。

二、任务内容

1）三相异步电动机空载实验。

2）三相异步电动机负载实验。

三、所需设备

所需的设备见表 4-16。

表 4-16　所需设备

序号	型号	名称	数量
1	DD03	导轨、测速发电机及转速表	1 件
2	DJ23	校正过的直流电机	1 件
3	DJ16	三相笼型异步电动机	1 件
4	D33	数/模交流电压表	1 件

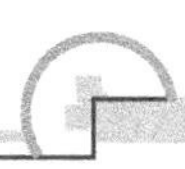

（续）

序号	型号	名称	数量
5	D32	数/模交流电流表	1件
6	D34-3	智能型功率、功率因数表	1件
7	D31	直流数字电压、毫安、安培表	1件
8	D42	三相可调电阻器	1件
9	D51	波形测试及开关板	1件
10	DD05	测功支架、测功盘及弹簧秤（50N）	1套

四、实施步骤

1. 空载实验

1）按图4-55接线。电动机绕组为△接法（$U_N=220V$），直接与测速发电机同轴连接，不连接校正直流测功机DJ23。

2）把交流调压器调至电压最小位置，接通电源，逐渐升高电压，使电动机起动旋转，观察电动机旋转方向，并使电动机旋转方向为正转（如转向不符合要求需调整相序时，必须切断电源）。

3）保持电动机在额定电压下空载运行数分钟，使机械损耗达到稳定后再进行实验。

4）调节电压由1.2倍额定电压开始逐渐降低电压，直至电流或功率显著增大为止。在这范围内读取空载电压、空载电流、空载功率。

5）在测取空载实验数据时，在额定电压附近多测几点，共取数据7~9组记录于表4-17中。

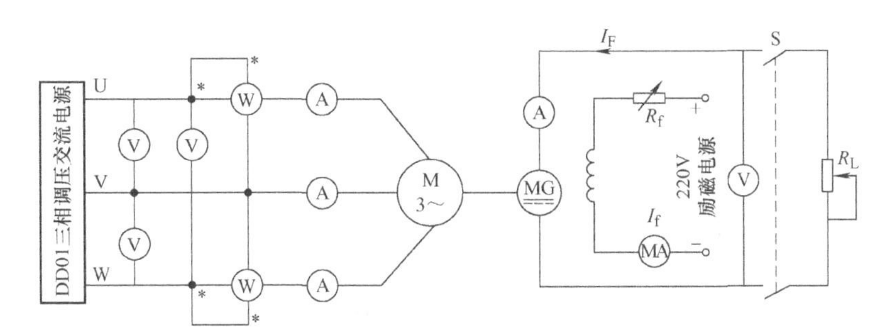

图4-55 三相笼型异步电动机试验接线图

表4-17 空载实验数据记录表

	U_{0L}/V				I_{0L}/A				P_0/W			$\cos\varphi_0$
	U_{AB}	U_{BC}	U_{CA}	U_{0L}	I_A	I_B	I_C	I_{0L}	P_1	P_2	P_0	

2. 负载实验

1）测量接线图同图4-55。同轴连接负载电动机。图中R_f用D42上1800Ω阻值，R_L用D42上1800Ω阻值加上900Ω并联900Ω共2250Ω阻值。

2）按下起动按钮，接通交流电源，调节调压器使之逐渐升压至额定电压并保持不变。

3）合上校正过的直流电动机的励磁电源，调节励磁电流至校正值（100mA）并保持不变。

4）合上开关S，调节负载电阻R_L（注：先调节1800Ω电阻，调至零值后用导线短接再调节450Ω电阻），使异步电动机的定子电流逐渐上升，直至电流上升到1.25倍额定电流。

5）从该负载开始，逐渐减小负载直至空载（即断开开关S），在这范围内读取异步电动机的定子电流、输入功率、转速、校正直流测功机的负载电流I_F等数据。

6）共取数据8～9组记录于表4-18中。

表4-18　负载实验数据记录表　（$U_1=U_{1N}=220V$（△）　$I_f=$　mA）

	I_{1L}/A				P_1/W			I_F/A	T_2/N·m	n/(r/min)
	I_A	I_B	I_C	I_{1L}	$P_Ⅰ$	$P_Ⅱ$	P_1			

3. 实验报告

1）作空载特性曲线：I_{0L}、P_0、$\cos\varphi_0=f(U_{0L})$。

2）作工作特性曲线：P_1、I_1、η、s、$\cos\varphi_1=f(P_2)$。

由负载试验数据计算工作特性，填入表4-19中。

表4-19　工作特性　（$U_1=220V$（△）　$I_f=$　mA）

序号	电动机输入		电动机输出		计算值			
	$I_{1\varphi}$/A	P_1/W	T_2/N·m	n/(r/min)	P_2/W	s	η(%)	$\cos\varphi_1$

计算公式为：

$$I_{1\varphi}=\frac{I_{1L}}{\sqrt{3}}=\frac{I_A+I_B+I_C}{3\sqrt{3}}$$

$$s=\frac{1500-n}{1500}$$

$$\cos\varphi_1=\frac{P_1}{3U_{1\varphi}I_{1\varphi}}$$

$$P_2=0.105nT_2$$

$$\eta=\frac{P_2}{P_1}\times100\%$$

式中　$I_{1\varphi}$——定子绕组相电流（A）；

$U_{1\varphi}$——定子绕组相电压（V）；

s——转差率；

η——效率。

五、思考

1）由空载、短路实验数据求取异步电动机的等效电路参数时，有哪些因素会引起误差？

2）从短路实验数据我们可以得出哪些结论？

3）由直接负载法测得的电动机效率和用损耗分析法求得的电动机效率各有哪些因素会引起误差？

六、考核评价

1. 教学要求

1）教师讲解主要针对基本技能要领、安全知识和技术术语，尽可能让学生自己动手动脑独立操作完成教学内容，并养成良好的工作习惯。

2）每项内容均应根据实训技术要求、操作要点评出成绩，填入表4-20给出的评定表。

2. 考核要求

表4-20　三相异步电动机空载和负载测试成绩评定表

项目	技术要求	配分	评分标准	扣分
三相异步电动机空载和负载测试	接线	10	接线错一处	5
	通电测试	40	不能正确测试、读数一处	20
	结果记录	10	不能正确记录或者误差太大	5
	数据处理	30	不能画出相关曲线或者绘制错误	15
	实训总结	10	缺少本次实验的总结	5
安全文明操作、出勤		违反安全操作、损坏工具仪表、缺勤扣20~50分		
备注	除定额时间外，各项最高扣分不得超过配分数			
得分				

技能训练2　三相异步电动机的起动与调速

一、任务描述

现有一台三相交流异步电动机，型号为DJ16，其铭牌参数：额定功率 P_N 为100W，额定电压 U_N 为220V（△），额定电流 I_N 为0.5A，额定转速 n_N 为1420r/min，绝缘等级为E。现需要测量其起动特性和调速特性，请按相关的标准、要求及步骤完成测试及数据的记录和处理。

二、任务内容

1）直接起动。

2）星形-三角形（Y-△）换接起动。

3）绕线转子异步电动机转子绕组串入可变电阻器起动。

4）绕线转子异步电动机转子绕组串入可变电阻器调速。

三、所需设备

所需的设备见表4-21。

表4-21　所需设备

序号	型号	名称	数量
1	DD03	导轨、测速发电机及转速表	1件
2	DJ16	三相笼型异步电动机	1件
3	DJ17	三相绕线转子异步电动机	1件
4	DJ23	校正直流测功机	1件
5	D31	直流电压、毫安、安培表	1件
6	D32	数/模交流电流表	1件
7	D33	数/模交流电压表	1件
8	D43	三相可调电抗器（可选）	1件
9	D51	波形测试及开关板	1件
10	DJ17-1	起动与调速电阻箱	1件

四、实施步骤

1. 三相笼型异步电动机直接起动试验

1）按图4-56接线，电动机绕组为△接法。异步电动机直接与测速发电机同轴连接，不连接校正直流测功机DJ23，电流表用D32上的指针表。

2）把交流调压器退到零位，开启钥匙开关，按下“起动”按钮，接通三相交流电源。

3）调节调压器，使输出电压达电动机额定电压220V，使电动机起动旋转（如电动机旋转方向不符合要求需调整相序时，必须按下“停止”按钮，切断三相交流电源）。

4）再按下“停止”按钮，断开三相交流电源，待电动机停止旋转后，按下“起动”按钮，接通三相交流电源，使电机全压起动，观察电动机起动瞬间电流值（按指针式电流表偏转的最大位置所对应的读数值定性计量）。

2. 星形-三角形（Y-△）起动

1）按图4-57接线，线接好后把调压器退到零位。

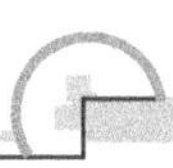

2）三刀双掷开关合向右边（Y接法）。合上电源开关，逐渐调节调压器使升压至电动机额定电压220V，使电动机旋转，然后断开电源开关，待电动机停转。

3）合上电源开关，观察起动瞬间电流，然后把S合向左边，使电动机（△）正常运行，整个起动过程结束。观察起动瞬间电流表的显示值以与其他起动方法做定性比较。

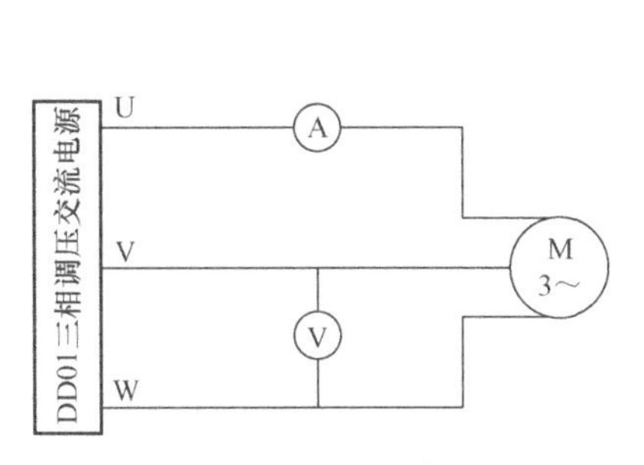

图4-56　异步电动机直接起动

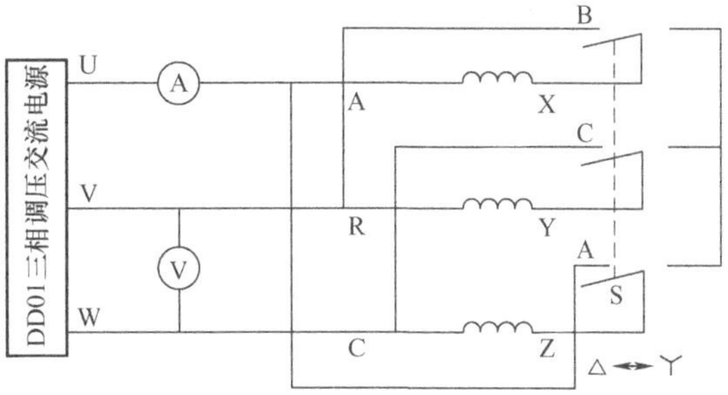

图4-57　三相笼型异步电动机星形-三角形起动

3. 绕线转子异步电动机转子绕组串入可变电阻器调速

1）实验线路图如图4-58所示。同轴连接校正直流电机MG作为绕线转子异步电动机M的负载，电路接好后，将M的转子附加电阻调至最大。

2）合上电源开关，电机空载起动，保持调压器的输出电压为电机额定电压220V，转子附加电阻调至零。

3）合上励磁电源开关，调节校正直流测功机的励磁电流 I_f 为校正值（100mA），再调节校正直流测功机负载电流，使电动机输出功率接近额定功率并保持该输出转矩 T_2 不变，改变转子附加电阻（每相附加电阻分别为0Ω、2Ω、5Ω、15Ω），测相应的转速记录于表4-22中。

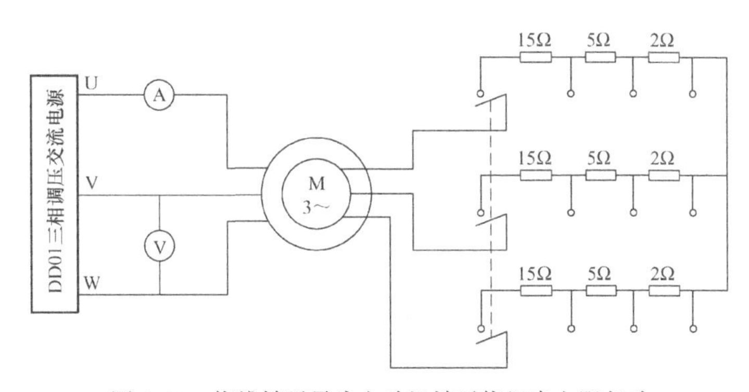

图4-58　绕线转子异步电动机转子绕组串电阻起动

表4-22　测量数据记录表

（U=220V　I_f= ____mA　I_f= A（T_2=____N·m））

r_{st}/Ω	0	2	5	15
n/（r/min）				

4. 实验报告

1）比较异步电动机不同起动方法的优缺点。

2）由起动实验数据求下述情况下的起动电流和起动转矩。

① 外施额定电压 U_N（直接法起动）。

② 外施电压为 $U_N/\sqrt{3}$（Y-△起动）。

3）绕线转子异步电动机转子绕组串入电阻对起动电流和起动转矩的影响。

4）绕线转子异步电动机转子绕组串入电阻对电动机转速的影响。

五、思考

1）起动电流和外施电压成正比、起动转矩和外施电压的二次方成正比在什么情况下才能成立？

2）起动时的实际情况和上述假定是否相符？不相符的主要因素是什么？

六、考核评价

1. 教学要求

1）教师讲解基本技能要领、安全知识和技术术语，尽可能让学生自己动手动脑独立操作完成教学内容，并养成良好的工作习惯。

2）每项内容均应根据实训技术要求、操作要点评出成绩，填入表 4-23 给出的评定表。

2. 考核要求

表 4-23　三相异步电动机起动与调速成绩评定表

项目	技术要求	配分	评分标准	扣分
三相异步电动机的起动与调速	实验接线	10	有一处不能正确接线	5
	通电测试	40	不能正常起动，或不能正常调速	20
	结果记录	10	不能正确记录或者误差太大	5
	数据处理	20	不能按要求计算相关数据或计算错误	10
	实训报告	20	缺少本次实验的总结	10
安全文明操作、出勤		违反安全操作、损坏工具仪表、缺勤扣 20～50 分		
备注	除定额时间外，各项最高扣分不得超过配分数			
得分				

小　　结

风力发电机组偏航与变桨可以由液压驱动，也可由电动机驱动，本章以风电机组偏航电动机和变桨电动机为应用载体，阐述三相异步电动机的运行特性、直流伺服电动机和交流伺服电动机的结构原理和运行特性以及偏航电动机和变桨电动机的应用。

1. 驱动电动机特性

随着控制技术的发展，驱动电动机大多采用交流电机，且电动机运行特性相同，因此，为了能在实际应用中更好地完成电动机选用以及解决实际运行中出现的问题，本章主要介绍三相异步电动机的运行特性，并认识直流伺服电动机和交流伺服电动机等两种控制电动机。

三相异步电动机空载运行时，转差率很小，转子转速接近同步转速，相对运动几乎为

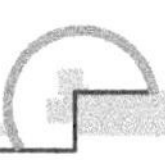

零，所以转子电流、转子感应电动势及转子磁动势约等于零，负载运行时的主磁场由定子绕组和转子绕组产生的合成磁动势决定。异步电动机的工作特性是指在额定电压和额定频率运行时，电动机的转速 n、输出转矩 T_2、定子电流 I_1、功率因数 $\cos\varphi_2$、效率 η，与输出功率 P_2之间的关系曲线，了解这些特性，有助于对电动机各参数之间关系的理解。

在选用电动机时，必须要知道电动机的机械特性，三相异步电动机的机械特性也是指电动机的转速 n 与电磁转矩 T_{em}之间的关系，即 $n=f(T_{em})$，三相异步电动机电磁转矩表达式有物理表达式（$T_{em}=C_T\Phi_0 I'_2\cos\varphi_2$）、参数表达式（$T_{em}=\dfrac{P_{em}}{\Omega_1}=\dfrac{m_1 I'^2_2 R'_2/s}{2\pi f_1/p}$）和实用表达式（$T_{em}=\dfrac{2T_m}{\dfrac{s}{s_m}+\dfrac{s_m}{s}}$）三种。

物理表达式反映的是异步电动机电磁转矩产生的物理本质，参数表达式可以清楚地表示转矩与转差率和电动机参数之间的关系，用它分析各种参数对机械特性的影响是很方便的，但是，针对电力拖动系统中的具体电动机而言，其参数是未知的，欲求得其机械特性的参数表达式显然是困难的。因此一般用电动机的技术数据和铭牌数据求得电动机的机械特性，即机械特性的实用表达式。

为了提高三相异步电动机的起动和制动性能，掌握电动机的起动方法和制动方法的接线、原理、机械特性等也是很有必要的，三相笼型异步电动机的起动有直接起动和减压起动。直接起动：起动电流大，起动转矩小，适用于小型电机；减压起动有Y-△减压起动和自耦变压器减压起动，Y-△减压起动可减小起动冲击电流，但起动转矩也减小，多用于空载或轻载起动，自耦变压器一般有 3 个降压分接头，可根据实际需要供用户选用。

风力发电机组变桨系统驱动主要用伺服电动机，直流伺服电动机和交流伺服电动机从结构上来讲，也由定子和转子两大部分组成，原理上与普通直流电机和异步电机一样，只是转轴上需加装编码器采集转速信号用于控制电动机。

2. 风电机组驱动电动机应用

兆瓦级以上的大型风电机组偏航系统一般采用几个三相交流异步电动机进行驱动，其控制方式与普通异步电动机一样。电动机与偏航轴承之间加装齿轮减速器，电动机选用时，根据驱动负载大小来选用，变桨系统主要针对三个叶片来说，每个叶片由一个伺服电动机驱动，电机选用时也是根据负载大小计算选用，驱动电机与变桨轴承之间加装减速齿轮箱，电动机的控制由编码器及风速等信号进行综合控制。

习　题

4-1　一台三相异步电动机的额定数据为 $P_N=7.5\text{kW}$，$f_N=50\text{Hz}$，$n_N=1440\text{r/min}$，$\lambda_{st}=2.2$，$\lambda=2.3$，试求：

（1）电动机的额定转矩；

（2）电动机的起动转矩；

（3）电动机的最大转矩；

(4) 绘制出电动机的固有机械特性曲线。

4-2 一台电动机的铭牌数据如图4-59所示。

已知其满载时的功率因数为0.8，试求：

(1) 电动机的极数；

(2) 电动机满载运行时的输入电功率；

(3) 额定转差率；

(4) 额定效率；

(5) 额定转矩。

三相异步电动机			
型号	Y112-4	功率	4.0kW
电压	380V	电流	8.8A
转速	1440r/min	接法	△

图4-59 习题4-2三相异步电动机铭牌

4-3 Y225-4型三相异步电动机的技术数据如下：380V，50Hz，△接法，定子输入功率$P_{1N}=48.75\text{kW}$，定子电流$I_{1N}=84.2\text{A}$，转差率$s_N=0.013$，轴上输出转矩$T_N=290.4\text{N}\cdot\text{m}$，试求：

(1) 电动机的转速n_N；

(2) 轴上输出的机械功率P_2；

(3) 功率因数$\cos\varphi_N$；

(4) 效率η_N。

4-4 已知Y132S-4型三相异步电动机的额定数据如下：额定功率$P_{1N}=5.5\text{kW}$，额定转速$n_N=1440\text{r/min}$，额定效率$\eta_N=85.5\%$，功率因数$\cos\varphi_N=0.84$，起动电流倍数$I_{st}/I_N=7$，起动转矩倍数$T_{st}/T_N=2.0$，最大转矩倍数$T_m/T_N=2.2$。电源频率为50Hz，试求额定转速下的转差率s_N、电流I_N和转矩T_N，以及起动电流I_{st}、起动转矩T_{st}、最大转矩T_m。

4-5 四极三相异步电动机的额定功率为30kW，额定电压为380V，三相接法，频率为50Hz。在额定负载下运行时，其转差率为0.02，效率为90%，电流为57.5A，$T_{st}/T_N=1.2$，$I_{st}/I_N=7$，试求：

(1) 用Y-△减压起动时的起动电流和起动转矩；

(2) 当负载转矩为额定转矩的60%和25%时，电动机能否起动？

4-6 Y225M-4型三相异步电动机的额定数据如下：$P_N=45\text{kW}$，$n_N=1480\text{r/min}$，$U_N=380\text{V}$，$I_N=84.2\text{A}$，$\eta_N=92.3\%$，$\cos\varphi_N=0.88$，$I_{st}/I_N=7$，$T_{st}/T_N=1.9$，$T_m/T_N=2.2$。

(1) 求额定转矩T_N、起动转矩和最大转矩；

(2) 若负载转矩为500N·m，问在$U=U_N$和$0.9U_N$两种情况下电动机能否起动？

4-7 已知某风力发电机组偏航系统参数见表4-24，试完成：

(1) 完成偏航电动机的选型；

(2) 并估算电动机的机械特性，画出机械特性曲线。

表4-24 偏航系统载荷及相关参数

项目	符号	单位	参数值
偏航轴承			
齿数	N_1	个	167
极限输出转矩	T_{max}	kN·m	120
额定输出转矩	T_e	kN·m	60

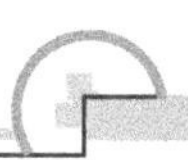

（续）

项目	符号	单位	参数值
偏航轴承			
小齿轮齿数	N_2	个	14
驱动数量	N_t	个	6
偏航电动机			
齿轮箱传动比	i_c		1800
电动机堵转力矩倍数	k		2.2

4-8　如果直流伺服电动机电刷压力过大或者轴承装配不良，以致影响轴的灵活转动时，那么这些因素会不会影响直流伺服电动机的机械特性和调节特性?

4-9　从电磁关系上说明电枢控制式和磁场控制式直流伺服电动机的性能有何不同。

4-10　什么是伺服电动机的自转现象？如何消除?

4-11　交流伺服电动机的理想空载转速为何总是低于同步转速？当控制电压变化时，电动机的转速为何能发生变化?

第 5 章　风电场变压器应用技术

问题导入

变压器的工作原理是什么？三相变压器的电路和磁路特点——联结组和铁心结构是怎样的？风电场变压器的应用有哪些？变压器与风力发电机组的连接方式及升压特点是什么？本章节将会进行详细阐述。

学习目标

1. 掌握变压器工作原理。
2. 了解变压器的电路系统和磁路系统。
3. 掌握油浸式变压器的主要结构及作用。
4. 掌握变压器的型号识别。
5. 掌握风电场变压器的应用及连接。

知识准备

5.1　变压器的认知

变压器是电力系统中的重要电气设备，它是电力输配电系统的核心装置，同时也是电气控制系统中不可缺少的元器件。变压器是一种静止的电机，它利用电磁感应原理将一种电压、电流的交流电能转换成同频率的另一种电压、电流的电能，换句话说，变压器就是实现电能在不同等级之间进行转换。变压器的种类很多，容量可从几伏安到几十万千伏安，电压低的只有几伏，高的可达几十万伏。变压器可按其用途、铁心结构、相数、冷却介质等不同来进行分类，见表5-1。

表5-1　变压器的分类

变压器分类	变压器名称	应用或结构特点
按用途分	电力变压器	电力变压器主要用在输配电系统中，包括升压变压器、降压变压器、联络变压器和厂用变压器
	仪用互感器	如电压互感器、电流互感器，主要用于线路参数的测量
	特种变压器	具有特殊用途的变压器，除了作交流电压的变换外，还有其他各种用途，如变更电源的频率、整流设备的电源等
按铁心结构分	芯式变压器	芯式变压器结构比较简单，高压绕组与铁心的距离较远，绝缘较易处理，故电力变压器铁心一般都制造成芯式结构

（续）

变压器分类	变压器名称	应用或结构特点
按铁心结构分	壳式变压器	由壳式铁心制成，其在性能上的某些优点虽不如芯式变压器，但对功率很小的变压器来说，由于只有一个线包，结构上较为简单，故在小功率的变压器上得到广泛采用
按绕组数目分	双绕组变压器	由绕在同一个铁心上的两个绕组，通过交变磁通联系着，匝数多的电压高，匝数少的电压低，将一种等级的电压变成同频率的另一种等级的电压。一次绕组和二次绕组是分开绕制的，相互之间是绝缘的，两者只有磁的耦合，没有电的联系
	三绕组变压器	每相有3个绕组，当1个绕组接到交流电源后，另外2个绕组就感应出不同的电动势，这种变压器用于需要两种不同电压等级的负载。发电厂和变电所通常出现三种不同等级的电压，所以三绕组变压器在电力系统中应用比较广泛
	多绕组变压器	多绕组变压器在电力系统中最常用的是三绕组变压器。相比用两台普通变压器来说，用多绕组变压器经济、占地少、维护管理也较方便
	自耦变压器	一次绕组和二次绕组在同一条绕组上，并直接串联、自行耦合，有可调压式和固定式。自耦变压器的一次绕组和二次绕组有直接电的联系，它的低压绕组就是高压绕组的一部分
按相数分	单相变压器	一次绕组和二次绕组均为单相绕组的变压器结构简单、体积小、损耗低，主要是铁损小，适宜在负荷密度较小的低压配电网中应用和推广
	三相变压器	三相变压器广泛适用于交流50～60Hz、电压660V以下的电路中，广泛用于进口重要设备、精密机床、机械电子设备、医疗设备、整流装置、照明等
	多相变压器	相数多于3相的为多相变压器
按冷却介质分	油浸式变压器	发电厂的大多主变压器和配电变压器均为油浸式变压器
	干式变压器	干式变压器广泛用于局部照明、高层建筑、机场，码头CNC机械设备等场所，简单来说，干式变压器就是指铁心和绕组不浸渍在绝缘油中的变压器
	充气式变压器	一般是指用于各种高压电力、电气设备检测和预防性试验的升压试验设备

5.1.1　变压器的工作原理

变压器的基本工作原理是利用电磁感应现象实现一个电压等级的交流电能到另一个电压等级交流电能的变换，如图5-1所示。变压器的核心部件是铁心和绕组，铁心用于提供磁路，铁心上的绕组构成电路，与电源连接的一侧为一次绕组，与符合连接的一侧为二次绕组。

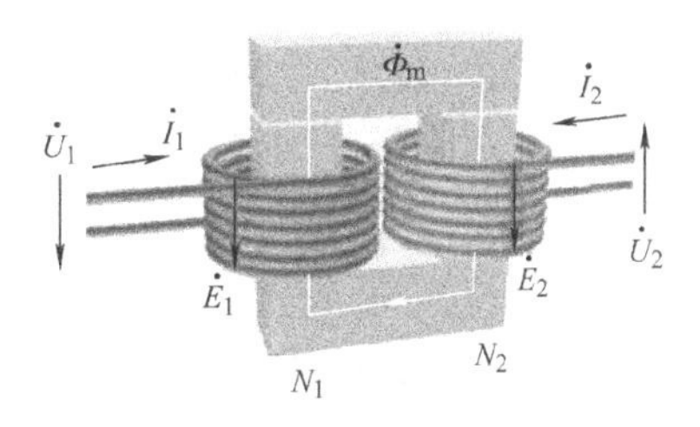

图5-1　变压器原理图

一次绕组和二次绕组一般没有电气上的连接，而是通过铁心中的磁场建立联系。对于理想变压器，感应电压、电流和绕组匝数之间有如下关系：

$$\frac{E_1}{E_2}=\frac{N_1}{N_2}$$

$$I_1N_1 = I_2N_2 \tag{5-1}$$

式中 E_1，E_2——一次绕组、二次绕组感应电动势；

N_1，N_2——一次绕组、二次绕组线圈匝数；

I_1，I_2——一次绕组、二次绕组电流。

每台变压器可以长期流过的最大功率，规定为它自身的额定容量，以 kV · A 来标定。

5.1.2 三相变压器

三相电能的传输可采用两种形式的变压器：一种是由三个独立的单相变压器组成的变压器组，称为三相组式变压器；另一种是铁心为三相共有的三相变压器。三相变压器也有芯式和壳式两种，我国电力变压器大部分是采用芯式铁心。在实际运行过程中，三相变压器的电压、电流基本上对称，当所带负载为对称负载时，各相电压、电流大小相等，相位依次相差120°，所以只要知道任何一相的电压、电流，就可根据对称关系直接得出其余两相的电压和电流。本小节主要对三相变压器的电路系统、磁路系统、联结组以及并联运行等问题进行阐述。

1. 三相变压器的电路系统——联结组

三相变压器绕组的联结不仅仅是组成电路系统的问题，而且还关系到变压器电磁量中的谐波问题，以及并联运行等问题，为此必须说明三相变压器绕组的联结法和联结组。

（1）联结法

三相电力变压器绕组一般采用星形和三角形两种联结方法，为研究分析方便，对三相变压器的一次绕组和二次绕组的首末端和中性点进行了编号，见表 5-2。

表 5-2 三相变压器绕组首末端的标记

绕组名称	首端	末端	中性点
一次绕组	A、B、C	X、Y、Z	N
二次绕组	a、b、c	x、y、z	n

变压器绕组星形联结用符号“Y（或 y）”表示，把绕组的三个首端 A、B、C（或 a、b、c）向外引出，把末端 X、Y、Z（或 x、y、z）连接在一起称为中性点，用 N（或 n）表示，线路的连接如图 5-2a 所示；作三角形联结时，用符号“D”（或 d）表示，将首端 A、B、C（或 a、b、c）向外引出，规定三相连接顺序为 A→X→C→Z→B→Y（或 a→x→c→z→b→y），如图 5-2b 所示。规定用符号表示联结法，把一次绕组联结符号写在前，二次绕组符号写在后，比如星形联结的中性点向外引出时，一次绕组用 YN 表示，二次绕组用 yn 表示，又如 Yd 表示一次绕组为星形联结，二次绕组为三角形联结；YNd 表示一次绕组为星形联结并引出中性点，二次绕组为三角形联结；Dd 表示一次绕组、二次绕组均为三角形联结。

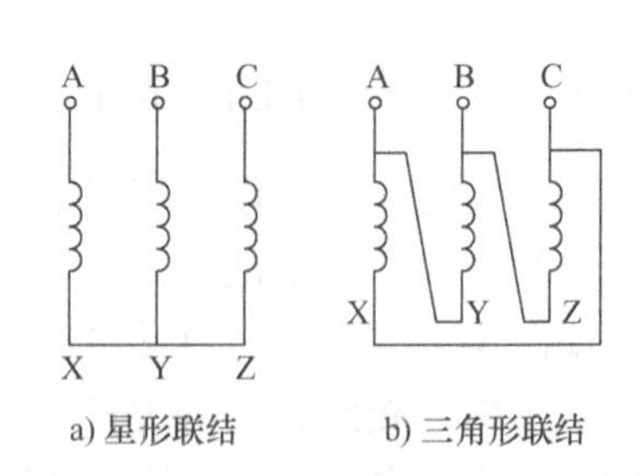

图 5-2 变压器绕组星形和三角形联结

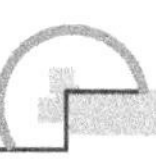

（2）联结组

由于三相绕组可以采用不同的联结，使得变压器一次绕组、二次绕组中的线电压出现不同的相位差，因此按一次、二次线电压的相位关系把变压器绕组的联结分成不同的联结组。理论和实践证明，对于变压器的三相绕组，无论采用什么联结法，一次、二次绕组线电压的相位差总是30°电角度的倍数。所以，通常采用“时钟表示法”，即用钟面上的12个数字来表示这种相位。这种表示方法是：把一次、二次绕组的两个线电压三角形的重心重合在一起，并把一次绕组线电压三角形的一条中性线作为时钟的长针，指向钟面的12，再把二次绕组线电压三角形中相对应的中性线作为钟面短针，它所指的钟点就是该变压器联结组的“标号”。

变压器一次、二次绕组线电压之间相量间的相位差，不仅取决于三相绕组的联结法，且与绕组的绕向及绕组端子的标志有关，也就是说，一次、二次绕组线电压之间的相位差首先取决于相电压之间的相位差。下面先介绍单相变压器联结组的问题，再进一步说明三相变压器的联结组。

无论单相变压器的高、低压绕组，还是三相变压器同一相的一次、二次绕组，都绕在同一个铁心柱上，它们被同一个主磁通交链。当主磁通交变时，一次、二次绕组之间有一定的极性关系，在同一瞬间，一次绕组的某一端点电位为正，二次绕组必有一端点电位也相对为正，这两个对应端点称为“同名端”，在同名端的对应端点旁用“·”标注。

同名端取决于绕组的绕制方向，这时一次、二次绕组中电压相位关系有两种可能，一是两者同相位，另一种是两者反相位（即相差180°电角度）。如果用$\dot{U}_{AX}$、$\dot{U}_{ax}$表示一次、二次绕组的电压相量，相位差的分布如图5-3a、b所示。若两个绕组的绕向都是左绕，且上端子均标为首端，下端子均标为末端，按电压正方向（A→X，a→x），这两个电压相量的相位差等于零，如图5-3a所示。如果两个绕组的绕向相同，但端子的标志相反，即一次绕组端子标志不变，而二次绕组端子标志对换，上端子标为末端x，下端子标为首端a。按电压正方向（A→X，a→x），这两个电压相量的相位差就变为180°电角度，如图5-3b所示。相电压相位差等于零的单相变压器的联结组标号就是“0”，相位差为180°电角度的联结组标号则为“6”。

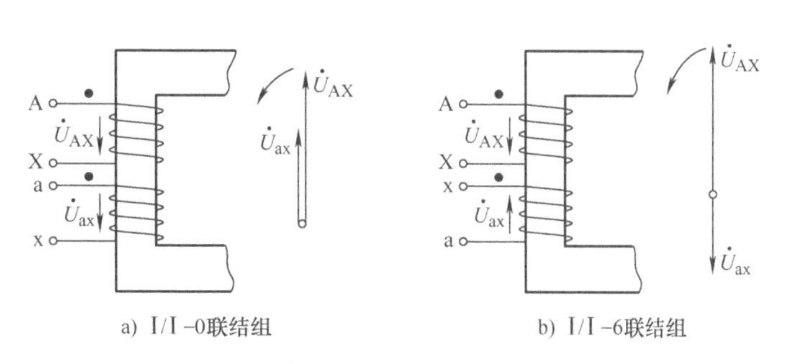

图5-3　单相变压器端子的两种表示法

明确了变压器一次、二次绕组相电压之间的相位关系，即可决定三相变压器的联结组标号，即一次、二次绕组线电压之间的相位。

决定三相变压器联结组标号的步骤如下：

1）按规定的绕组端子标志，连接成所规定的联结组，画出联结图。

2）标明绕组的同名端和相电压的方向。

3）判断同一相的相电压，画出高、低压绕组线电压三角形，并将两个三角形重心重合。

4）根据一次、二次绕组线电压三角形重心重合后的对应中性线位置，确定联结组标号。

联结组标号从0～11共有12个，每个标号互差30°电角度。为使电力变压器使用方便和统一，避免联结组过多而造成混乱，以至引起事故，GB/T 1094系列标准中规定常用的联结组标号除特殊联结外，为Yy0和Yd11（或Dy11）两类。

1）Yy0或Yyn0L联结组。Yy0的联结图如图5-4所示。这类联结组的一次、二次绕组绕向相同，端子标志一致，一次、二次绕组的首端为同名端，因此，按电压正方向确定，一、二次绕组对应的相电压相量应为同相位，将一次、二次侧两个线电压三角形的重心N和n重合，并使高压侧三角形的中性线NA指向钟面12，则二次侧对应的中性线na也将指向12，从时间上看是0点，故称该联结组标号为“0”。

2）Yd11或YNd11联结组。这类联结组的一次绕组为星形联结，二次绕组作三角形联结的顺序为a→x→c→z→b→y。由于把一次、二次绕组的同名端均作为首端，故一次和二次对应相的相电压为同相位，如图5-5所示。再把一次、二次两个线电压三角形的重心N和n重合，并使一次侧三角形的中性线NA指向钟面12，二次侧的对应中性线na则指向11，如图5-5b所示，故这种联结组标号为“11”。

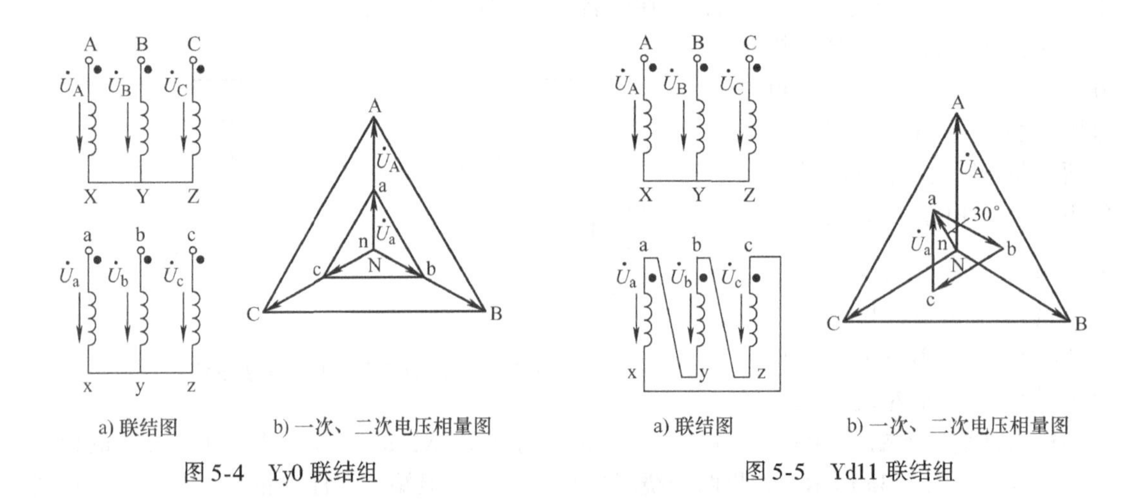

a) 联结图　b) 一次、二次电压相量图

图5-4　Yy0联结组

a) 联结图　b) 一次、二次电压相量图

图5-5　Yd11联结组

2. 三相变压器的磁路系统——铁心的结构形式

三相变压器的磁路系统即三相变压器的铁心，根据三相磁路是彼此独立还是相互独立，有三相组式变压器和三相芯式变压器两种。

三相组式变压器的实物图如图5-6所示，是由三个磁路彼此独立的单相变压器组成，其磁路系统如图5-7所示。各相主磁通都有自己独立的磁路，若一次侧施加的三相电压是对称的，各相主磁通必然对称，各相空载电流也就是对称的。三相芯式变压器的磁路则不然，它们是相互联系的，这种变压器的铁心如图5-8c所示。它是由彼此无关的磁路演变而来的，每相磁通都以其余两相的铁心柱作为闭合回路。

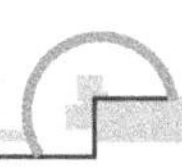

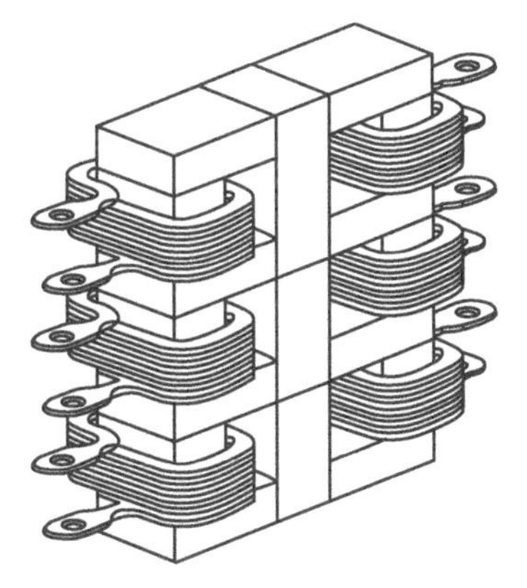

图 5-6　三相组式变压器实物图

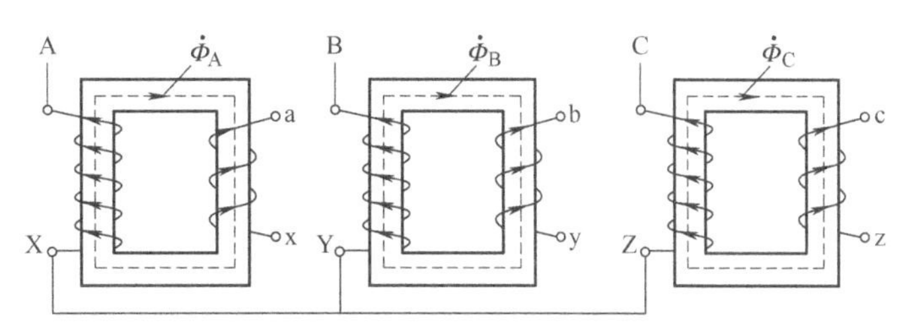

图 5-7　三相组式变压器的磁路系统

如将三个单相铁心并在一起，如图 5-8a 所示，在对称运行时，三相主磁通是对称的，因此和三相对称电压一样，三个主磁通相量$\dot{\Phi}_A$、$\dot{\Phi}_B$、$\dot{\Phi}_C$之和等于零，即$\dot{\Phi}_A+\dot{\Phi}_B+\dot{\Phi}_C=0$。根据磁路定律，互相并在一起的中间铁心柱中的磁通量$\dot{\Phi}_\Sigma$。应为各相磁通量之和，$\dot{\Phi}_\Sigma=\dot{\Phi}_A+\dot{\Phi}_B+\dot{\Phi}_C=0$。由此可知，中间铁心柱中的总磁通等于零，类似于对称的三相电流在中性线中不存在一样，因此可将中间铁心柱省去，如图 5-8b 所示。为了便于制造，且因磁路不对称造成的空载电流不对称仅占负载电流相当小的成分，不会影响变压器的运行，于是可以省去中间铁轭，把三相铁心柱布置在同一平面内，便成为图 5-8c 所示的形式，这样的磁路就相互联系了。

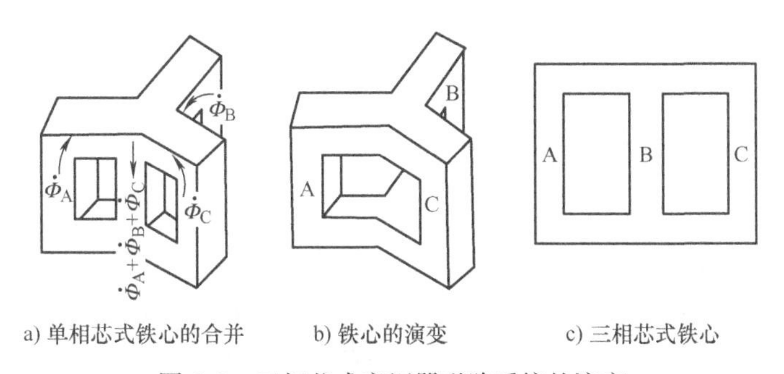

a) 单相芯式铁心的合并　　b) 铁心的演变　　c) 三相芯式铁心

图 5-8　三相芯式变压器磁路系统的演变

三相变压器的这两种磁路系统各有其优缺点。芯式结构省材料却带来磁路的稍不对称。因此，三相芯式变压器与三相组式变压器比较，价格便宜、维护简单，而后者特别是大型变压器，由于“化整为三”，运输较为方便，并可减少备用容量。

5.1.3　电力系统变压器

大多数电力变压器均为油浸式变压器：即以油作为绝缘和冷却介质，所用的油一般为矿物油。油浸式变压器由其核心部件（即实现电磁转换的铁心和绕组）、用于调整电压比的分接头和分接开关以及油箱和辅助设备构成，其结构如图 5-9 所示，各结构部件的特点见表 5-3。

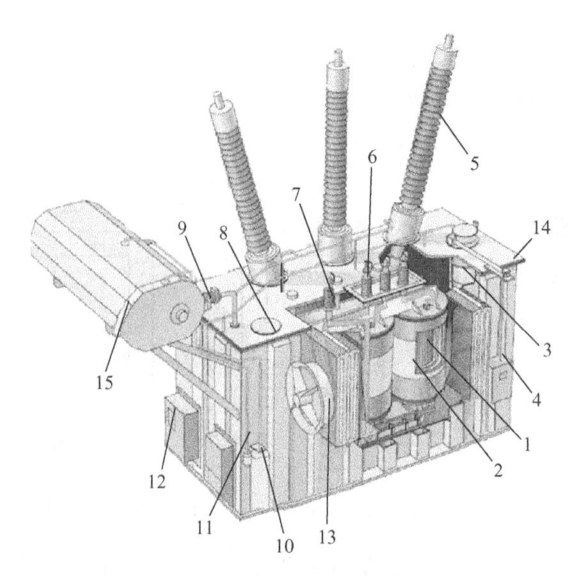

图 5-9　油浸式变压器结构

1—铁心　2—绕组　3—调压分接头　4—调压机构箱　5—高压侧套管
6—低压侧套管　7—高压侧中性点　8—压力释放阀门　9—气体继电器　10、11—吸湿器
12—主变端子箱　13—散热风扇　14—油箱　15—储油柜

表 5-3　油浸式变压器结构特点

结构	特点
铁心	1. 铁心的作用是为经过一次绕组和二次绕组的磁通提供低磁阻的磁路 2. 为了降低损耗和噪声，常用的铁心材料为晶粒取向电工钢片、高导磁电工钢片、磁畴细化的电工钢片、非晶合金、微晶钢片等高导磁低损耗材料 3. 为了防止铁心内的涡流循环，铁心叠片上一般带有高质量的绝缘涂层，也可采用附加绝缘层 4. 为了充分利用圆形绕组的内部空间结构，常将电工钢带叠积成尽可能接近圆形截面的铁心柱，如图 5-10 所示 5. 对于三相电力变压器而言，最常用的是三相三柱式铁心，如图 5-11a 所示，有时称为三相芯式铁心。因为在任何时候，由平衡三相电压系统所产生的三相磁通的相量之和都等于零，所以在三相铁心中不需要供磁通返回的旁柱，而且铁心柱和铁轭的截面可以相等 6. 图 5-11b 为三相五柱式铁心结构，这是降低大型变压器或自耦变压器运输高度的另一种铁心结构形式
绕组	1. 绕组是变压器的电路部分，绝大多数用铜制成，也有部分采用铝作为导体材料 2. 对于所有容量大于几千伏安的变压器，其绕组导线截面都为矩形 3. 在绕组每匝导线内部的单股导线之间必须相互绝缘，每匝导线也要与邻近的线匝绝缘，其扁平截面的铜导体按照多股方式组成了单相绕组，铜导体被纸绝缘材料螺旋状缠绕，以保证绕组间绝缘，其实物图如图 5-12 所示 4. 为了使绕组便于制造和在电磁力作用下受力均匀以及有良好的机械性能，一般将绕组制成圆形，根据它们在心柱上的安排方法不同可有同心式和交叠式两种结构，如图 5-13 所示 5. 常用的三相芯式铁心的变压器，其高、低压绕组同心缠绕于铁心柱上，考虑到和铁心的绝缘，以及分接绕组一般都接于高压绕组，一般将低压绕组靠近铁心布置，低压绕组通常都绕制在由绝缘材料（合成树脂粘结纸板）制成的硬纸筒上，如图 5-14 所示

（续）

结构	特点
调压方式与分接开关	1. 很多变压器在运行时，可以实现对电压比的调整，也即对电压的调整，调压的方式有无励磁调压和有载调压，无励磁调压需要在变压器停电以后，通过螺栓来实现绕组连接位置的变换。有载调压则可以在变压器带电运行时通过有载分接开关实现对电压的调整 2. 大部分电力变压器将分接线段设置在高压绕组上，调压的实现，依赖于绕组匝数的变化，也就是利用分接绕组来调整一次侧和二次侧的匝数比 3. 正/反调压结构中高压分接绕组的连接如图 5-15 所示，首先按负极性方式将分接线匝接入绕组中，随着分接位置的上升，分接线匝不断地从绕组中切除，然后将分接线匝按正极性方式接入绕组，采用这种调压结构可以减少分接绕组的实际尺寸，但结构较复杂，成本较高 4. 在有载调压中，分接位置的变化，需要依靠分接开关来实现。要求在分接变换过程中，不切断负荷电流；绕组的任何部位都不出现短路现象，图 5-16 采用切换开关的电抗式有载调压分接开关，具有两个独立的选择开关和切换开关，两个开关机械连锁，可以顺序操作，当分接位置由 1 到 2 变换时，首先打开切换开关 2，将选择开关 2 的分接头从 11 切换到 10，再闭合切换开关，见表 5-4
变压器油	1. 变压器油主要用于散热和充当绝缘介质，对大多数变压器来说，矿物油是吸收铁心、绕组热量，并将其热量传递给自冷或风冷外表面的最有效介质，有时要借助强迫油循环方式 2. 变压器油必须具备以下特性以满足要求：低黏度、低倾点（油的倾点是油能够流动的最低温度）、高闪点（即有优良的化学稳定性，很高的电气强度）
油箱、储油柜与附属设备	1. 变压器油箱作为铁心、绕组和介质液体的容器，绝大部分采用钢板制造，其顶盖可以拆除，箱盖通常用箱沿固定，箱盖通常与水平面有 1°的斜度，以防箱盖外表面积聚雨水 2. 油箱上必须设置用于注油或放油的阀，在需要时还要增设油样阀 3. 油箱上还要设计适量的可拆卸的小盖板，变压器油箱必须设有一个或多个安全装置，以便释放突然升高的内部压力，如图 5-17 所示 4. 变压器油箱上通常还要设置其他一些附件，如在箱盖上设置一个（或几个）温度计用于测量变压器顶部油温度；一块接线牌或铭牌用于详细标示变压器基本参数；一个接地端子用于变压器主油箱接地
变压器的散热	当变压器绕组中产生电阻损耗和其他损耗时，就要产生热量。必须要将这些热量传递到变压器油中，并由变压器油带走，油循环方式主要包括： 1. 自然油循环，利用油被加热后所产生的温差压力。油在绕组内部被加热而上升，在散热器中受到冷却而下降 2. 强迫（不导向）油循环，使用油泵将冷却油从散热器中抽出并输送到绕组底部，然后再通过绕组导线“上部”和“下部”撑条所形成的垂直轴向油道循环 3. 强迫导向油循环，油的冷却借助一些外部设备来实现

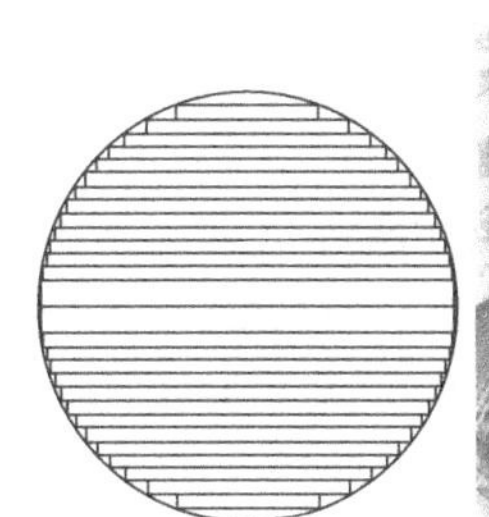

图 5-10　电工钢片堆叠为铁心的实物图

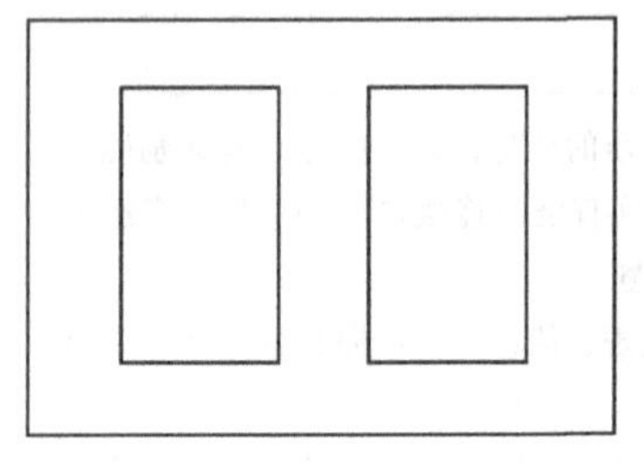
a) 三相三柱式铁心

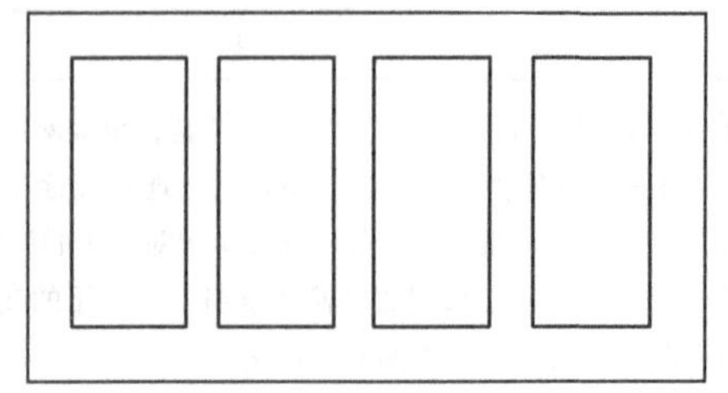
b) 三相五柱式铁心

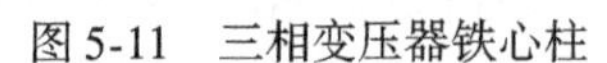
图 5-11 三相变压器铁心柱

图 5-12 变压器绕组实物图

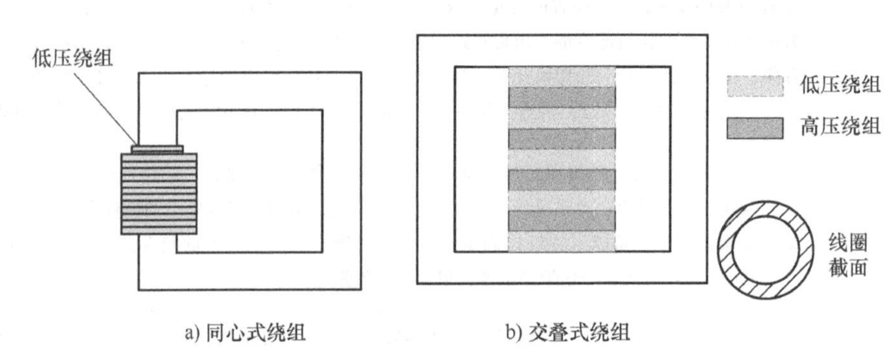

a) 同心式绕组　　b) 交叠式绕组

图 5-13 同心式绕组与交叠式绕组

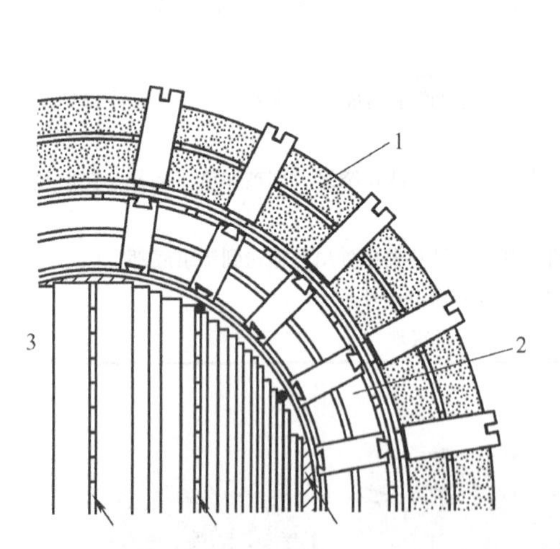

图 5-14 高、低压绕组的绕制

1—高压绕组 2—低压绕组 3—铁心

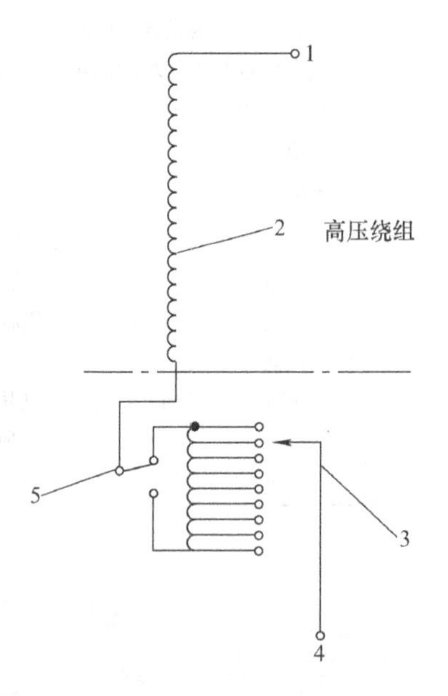

图 5-15 正/反调压结构中高压分接绕组

1—线端 2—高压绕组

3—正/反调节结构的分接绕组选择开关

4—中性点 5—切换开关

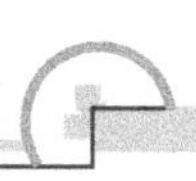

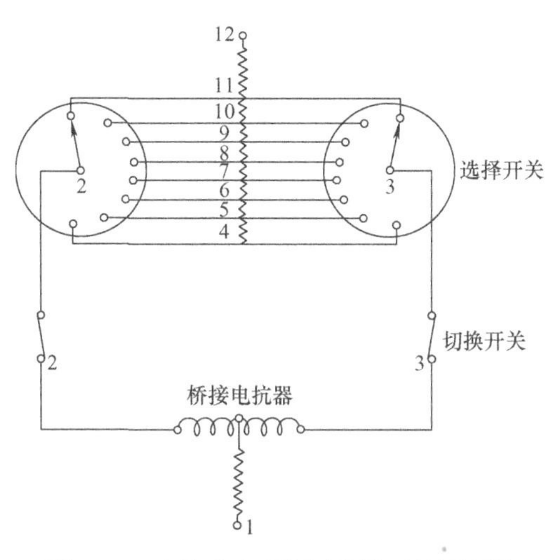

图 5-16 电抗式有载调压分接开关原理图

表 5-4 分接开关

分接位置	分接连接	
	左侧开关	右侧开关
1	2-11	3-11
2	2-10	3-11
3	2-10	3-10
4	2-9	3-10
5	2-9	3-9
6	2-8	3-9
7	2-8	3-8
8	2-7	3-8
9	2-7	3-7
10	2-6	3-7
11	2-6	3-6
12	2-5	3-6
13	2-5	3-5
14	2-4	3-5
15	2-4	3-4

5.1.4 变压器的型号

变压器型式多样，在设计和生产中往往需要使用型号来表示变压器的特征。如图 5-18 所示，变压器型号的表征一般按下列规则：

型号的描述见表 5-5。其中，设计序号是设计和生产厂家自定义的，不直接反映变压器本身的型式特征。以型号为 SFPZ5 - 120000/220 的变压器为例，解析如下：

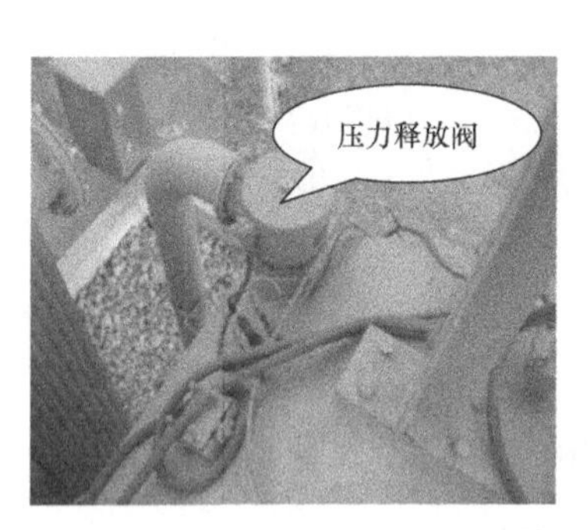

图 5-17　变压器结构图

对照表 5-5 可知，该变压器为“三相”变压器(S)，绕组外绝缘介质是“油”（缺省），冷却方式是“风冷”(F)，油循环方式是“强迫油循环”(P)，绕组数为“双绕组”(缺省)，调压方式为“有载调压”(Z)，设计序号为 5，“120000”表示该变压器的额定容量为 120000kV·A，“220”表示该变压器的高压绕组电压等级为 220kV。

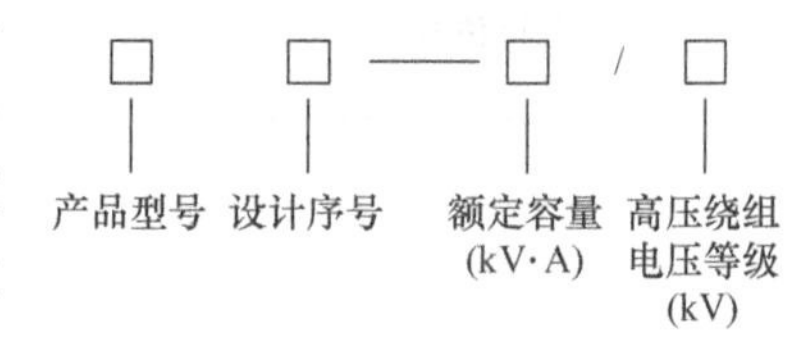

图 5-18　变压器的型号

表 5-5　变压器型号说明

相数	单相	D
	三相	S
绕组外绝缘介质	油	
	空气	G
	成型固体	C
冷却方式	自冷式	
	风冷	F
	水冷	W
油循环	自然循环	
	强迫油导循环	D
	强迫油循环	P
绕组数	双绕组	
	三绕组	S
调压方式	无励磁调压	
	有载调压	Z
绕组耦合方式	自耦	
	分裂	O

5.2　风电场变压器

5.2.1　变压器与风力发电机组的连接

大型风电场中常采用二级或三级升压的结构，在风电机组出口装设满足其容量输送的变压器将690V电压提升至10kV或35kV；在汇集后送至风电场中心位置的升压站，经过升压站中的升压变压器变换为110V或220kV送至电力系统。如果风电场装机容量更大，达到几百万千瓦的规模，可能还要进一步升压到500kV或更高，送入电力主干网。

风机出口的变压器一般归属于风电机组，需要将电能汇集后送给升压站，也称为集电变压器（图5-19a）；升压站中的升压变压器，其功能是将风电场的电能送给电力系统，因此也被称为主变压器（图5-19b）；为满足风电场和升压站自身用电需求，还设置有场用变压器或所用变压器（图5-19c）。变压器与风力发电机组的连接如图5-20所示，多台风力发电机组的连接如图5-21所示。

a)　　b)　　c)

图5-19　风电场变压器

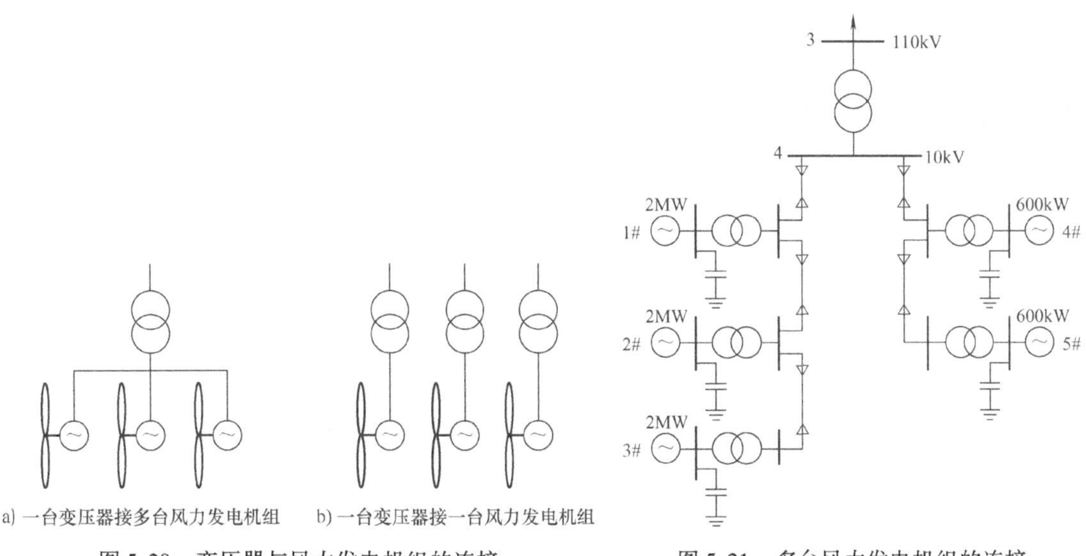

a) 一台变压器接多台风力发电机组　　b) 一台变压器接一台风力发电机组

图5-20　变压器与风力发电机组的连接

图5-21　多台风力发电机组的连接

5.2.2 风电场主变压器的选择

风电场开发过程中，升压变电站的大型设备——主变压器的选择主要从以下几个方面考虑：

1. 容量的确定

1）考虑风电场的愿景规划及分期开发规模，综合确定主变压器的安装台数和容量。

2）结合风力发电机组的出力特性，风力发电机组不会负荷运行，且考虑风力发电机组的同时率，风力发电机组全部处于满发状态的概率较低，因此主变压器的容量可选择与风电场的装机总容量相等，不考虑功率因数对变压器容量的放大。

2. 型式的确定

（1）调压方式

根据变压器分接头的切换方式，变压器的调压方式有两种：无励磁调压和有载调压。针对风电场主变压器特性，若风力发电机组发电，充当升压变，若风力发电机组不发电，从电网取电，充当降压变，因此主变压器宜选择有载调压变压器。

（2）电压及电压比

主变高压侧电压的确定：由于电源至用电设备间存在线路电压降，对于变压器一次侧是受电端，对于风电场相当于降压变，其额定电压应等于用电设备的额定电压，而变压器的二次侧相当于电源，对于风电场相当于升压变，其额定电压应比电力网额定电压高5%。因此风电场主变压器可以以平均电压为主分接头，例如，110kV系统可选用115±8×1.25%kV。

主变低压侧电压的确定：考虑风电场集电线路损耗及实际运行经验，集电线路电压一般选取35kV。因提高集电线路的运行电压水平，对减少集电线路损耗很重要，风电场主变压器低压侧电压应取较高电压水平，一般不低于平均电压36.75kV。

综上所述，对于110kV系统变压器电压比可选为115±8×1.25%/36.75kV。

（3）接线方式

在我国，110kV及以上电压等级中，变压器三相绕组都采用Yn接线方式，对于风电场主变压器接线型式应按标准接线型式选用Ynd11。

（4）冷却方式

变压器的冷却方式有：自然风冷、强迫空气冷却、强迫油循环水冷却、强迫油循环导向冷却、水内冷却及充气式冷却。针对风电场人员少、维护能力较弱的特点，应首选自冷变压器，强迫空气冷却变压器次之。

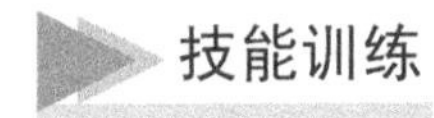

技能训练

技能训练　三相变压器的联结组测试

一、任务描述

出有一台三组式变压器，型号为DJ11，其铭牌参数：额定功率P_N为152/152/152W，额定电压U_N为220/63.6/55（V），额定电流I_N为0.4/1.38/1.6A，联结组为Y/△/Y。现需要判别变压器的极性，并按要求判断联结组标号，请按相关的标准、要求及步骤完成任务。

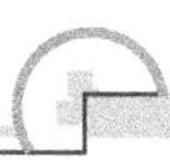

二、任务内容

1）测三相变压器的极性。

2）连接并判定以下联结组：①Yy12；②Yy6；③Yd11；④Yd5。

三、所需设备

三相变压器联结组实验所需的设备见表5-6。

表5-6 所需设备

序号	型号	名称	数量
1	D33	数/模交流电压表	1件
2	D32	数/模交流电流表	1件
3	D34-3	智能型功率、功率因数表	1件
4	DJ11	三相组式变压器	1件
5	DJ12	三相芯式变压器	1件

四、实施步骤

1. 测定极性

（1）测定相间极性

被测变压器选用三相芯式变压器DJ12，用其中一次绕组和二次绕组，额定容量P_N = 152/152V·A，U_N = 220/55V，I_N = 0.4/1.6A，Yy接法。测得阻值大的为高压绕组，用A、B、C、X、Y、Z标记。低压绕组标记用a、b、c、x、y、z。

1）按图5-22接线。A、X接电源的U、V两端子，Y、Z短接。

2）接通交流电源，在绕组A、X间施加约50%U_N的电压。

3）用电压表测出电压U_{BY}、U_{CZ}、U_{BC}，若$U_{BC} = |U_{BY} - U_{CZ}|$，则首末端标记正确；若$U_{BC} = |U_{BY} + U_{CZ}|$，则标记不对，须将B、C两相任一相绕组的首末端标记对调。

4）用同样方法，将B、C两相中的任一相施加电压，另外两相末端相连，定出每相首、末端正确的标记。

（2）测定三相变压器一次侧、二次侧极性

1）暂时标出三相低压绕组的标记a、b、c、x、y、z，然后按图5-23接线，一次侧、二次侧中性点用导线相连。

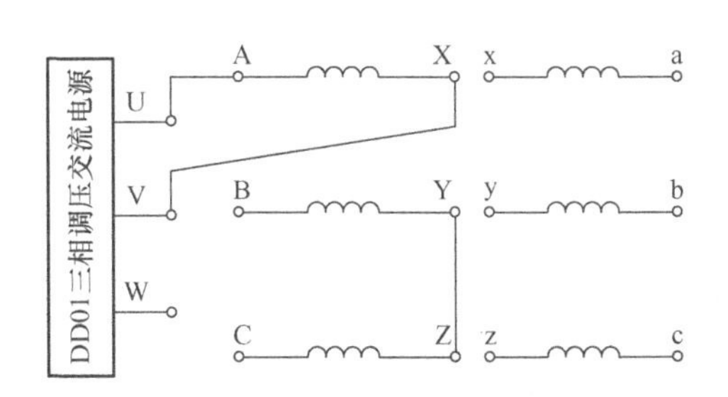

图5-22 测定相间极性接线图

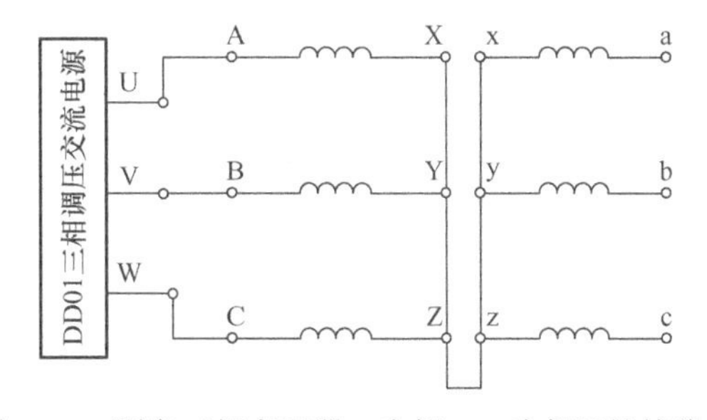

图5-23 测定三相变压器一次侧、二次侧极性接线图

2）高压三相绕组施加约50%的额定电压，用电压表测量电压U_{AX}、U_{BY}、U_{CZ}、U_{ax}、U_{by}、U_{cz}、U_{Aa}、U_{Bb}、U_{Cc}。若$U_{Aa} = U_{Ax} - U_{ax}$，则A相高、低压绕组同相，并且首端A与a端点为同极性。若$U_{Aa} = U_{AX} + U_{ax}$，则A与a端点为异极性；若U_{Aa}都不符合上述关系式，

则不是对应的低压绕组。

3）用同样的方法判别出 B、b、C、c 两相一次侧、二次侧的极性。

4）一次侧、二次侧三相绕组的极性确定后，根据要求连接出不同的联结组。

2. 检验联结组

（1）Yy12

按图 5-24 接线，A、a 两端点用导线连接，在高压方施加三相对称的额定电压，测出 U_{AB}、U_{ab}、U_{Bb}、U_{Cc}及 U_{Bc}，将数据记录于表 5-7 中。

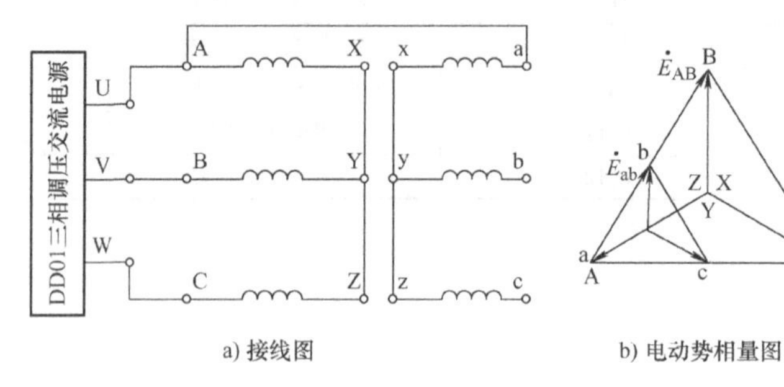

图 5-24　Yy12 联结组

表 5-7　数据记录

实验数据					计算数据			
U_{AB}/V	U_{ab}/V	U_{Bb}/V	U_{Cc}/V	U_{Bc}/V	$K_L=\frac{U_{AB}}{U_{ab}}$	U_{Bb}/V	U_{Cc}/V	U_{Bc}/V

根据 Yy12 联结组的电动势相量图可知：

$$U_{Bb}=U_{Cc}=(K_L-1)U_{ab}$$

$$U_{Bc}=U_{ab}\sqrt{K_L^2-K_L+1}$$

$$K_L=\frac{U_{AB}}{U_{ab}},\text{为线电压之比}$$

若用两式计算出的电压 U_{Bb}、U_{Cc}、U_{Bc}的数值与实验测取的数值相同，则表示绕组连接正确，属 Yy12 联结组。

（2）Yy6

将 Yy12 联结组的二次侧绕组首、末端标记对调，A、a 两点用导线相连，如图 5-25 所示。

按前面方法测出电压 U_{AB}、U_{ab}、U_{Bb}、U_{Cc}及 U_{Bc}，将数据记录于表 5-8 中。

表 5-8　数据记录

实验数据					计算数据			
U_{AB}/V	U_{ab}/V	U_{Bb}/V	U_{Cc}/V	U_{Bc}/V	$K_L=\frac{U_{AB}}{U_{ab}}$	U_{Bb}/V	U_{Cc}/V	U_{Bc}/V

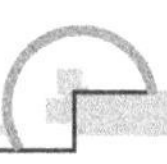

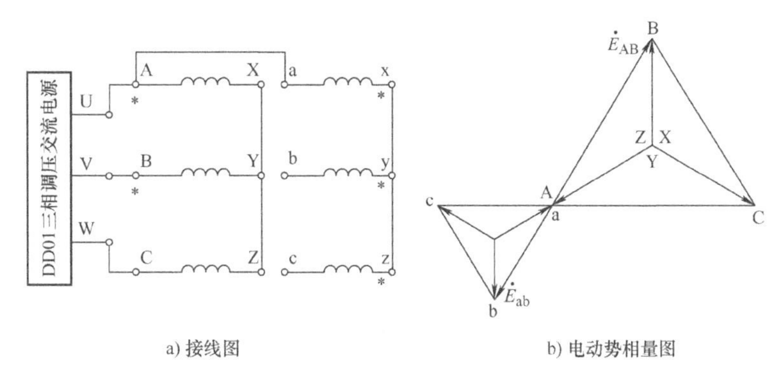

图 5-25　Yy6 联结组

根据 Yy6 联结组的电动势相量图可得

$$U_{Bb}=U_{Cc}=(K_L+1)U_{ab}$$

$$U_{Bc}=U_{ab}\sqrt{K_L^2+K_L+1}$$

若由上两式计算出电压 U_{Bb}、U_{Cc}、U_{Bc}的数值与实测相同，则绕组连接正确，属于 Yy6 联结组。

(3) Yd11

按图 5-26 接线，A、a 两端点用导线相连，高压侧施加对称额定电压，测取 U_{AB}、U_{ab}、U_{Bb}、U_{Cc}及 U_{Bc}，将数据记录于表 5-9 中。

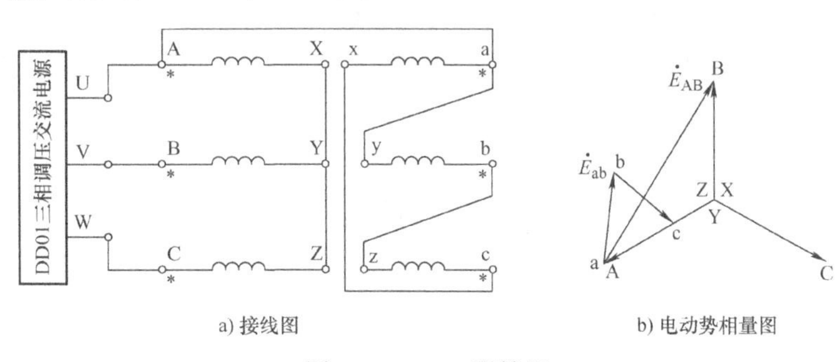

图 5-26　Yd11 联结组

表 5-9　数据记录

实验数据					计算数据			
U_{AB}/V	U_{ab}/V	U_{Bb}/V	U_{Cc}/V	U_{Bc}/V	$K_L=\frac{U_{AB}}{U_{ab}}$	U_{Bb}/V	U_{Cc}/V	U_{Bc}/V

根据 Yd11 联结组的电动势相量可得

$$U_{Bb}=U_{Cc}=U_{Bc}=U_{ab}\sqrt{K_L^2-\sqrt{3}K_L+1}$$

若由上式计算出的电压 U_{Bb}、U_{Cc}、U_{Bc}的数值与实测值相同，则绕组连接正确，属 Yd11 联结组。

(4) Yd5

将 Yd11 联结组的二次绕组首、末端的标记对调，如图 5-27 所示。实验方法同前，测取 U_{AB}、U_{ab}、U_{Bb}、U_{Cc}和 U_{Bc}，将数据记录于表 5-10 中。

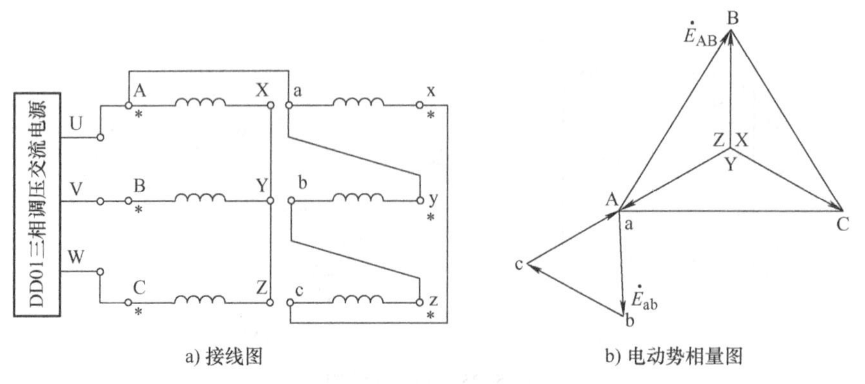

a) 接线图　　b) 电动势相量图

图 5-27　Yd5 联结组

表 5-10　数据记录

实验数据					计算数据			
U_{AB}/V	U_{ab}/V	U_{Bb}/V	U_{Cc}/V	U_{Bc}/V	$K_L=\frac{U_{AB}}{U_{ab}}$	U_{Bb}/V	U_{Cc}/V	U_{Bc}/V

根据 Yd5 联结组的电动势相量图可得

$$U_{Bb}=U_{Cc}=U_{Bc}=U_{ab}\sqrt{K_L^2+\sqrt{3}K_L+1}$$

若由上式计算出的电压 U_{Bb}、U_{Cc}、U_{Bc}的数值与实测相同，则绕组连接正确，属于 Yd5 联结组。

五、思考

1）说明联结组 Yy12、Yy6、Yd11、Yd5 的含义。

2）变压器为什么要进行“极性”测试？如何进行“极性”测试？

六、考核评价

1. 教学要求

1）教师讲解基本技能要领、安全知识和技术术语，尽可能让学生自己动手动脑独立操作完成教学内容，并养成良好的工作习惯。

2）每项内容均应根据实训技术要求、操作要点评出成绩，填入表 5-11 给出的评定表。

2. 考核要求

表 5-11　三相变压器联结组测试成绩评定表

项目	技术要求	配分	评分标准	扣分
三相变压器联结组测试	实验接线	10	不能正确接线一处	5
	通电测试	40	不能正常读数或无数据等	20
	结果记录	10	不能正确记录或者误差太大	5
	数据处理	20	不能按要求计算相关数据或计算错误	10
	实训总结	20	缺少本次测试的总结	10
安全文明操作、出勤		违反安全操作、损坏工具仪表、缺勤扣 20 ~ 50 分		

（续）

项目	技术要求	配分	评分标准	扣分
备注	除定额时间外，各项最高扣分不得超过配分数			
得分				

小　　结

风电场变压器主要都是三相电力变压器，因此本章主要介绍变压器的工作原理及分类、三相变压器的电路系统及磁路系统——即联结组和铁心结构，阐述了常用的电力系统变压器——油浸式电力变压器的结构特点。

变压器的核心部件是铁心和绕组，与电源侧连接的一侧称为一次绕组，与负荷连接的一侧称为二次绕组，变压器一次绕组和二次绕组电压与线圈匝数成正比，电流与线圈匝数成反比。

三相变压器一次、二次绕组的联结可接成星形，用 Y（y）表示，也可接成三角形，用 D（d）表示，中性点用 N（n）表示，如 YNd 表示一次绕组星形联结，引出中性线，二次绕组为三角形联结。由于三相变压器绕组可以采用不同的联结，一、二次绕组会形成不同的相位差，通常用“时钟表示法”来表示三相绕组的联结，联结组标号从 0 ~11 共有 12 个，每个标号互差 30°电角度。为使电力变压器使用方便和统一，避免联结组过多而造成混乱，一般采用 Yy0 和 Yd11（或 Dy11）两类联结，联结组标号要注意绕组联结、绕组的绕向及端子标志与电压相位的关系。

三相变压器根据铁心结构的不同，有三相组式变压器和三相芯式变压器，要注意分析各种磁路系统中铁心柱内磁通与铁轭磁通的关系。

油浸式电力系统变压器，要注意其结构组成及各部件的作用。

风电场变压器需要注意主变压器和集电变压器与风力发电机组的连接以及电压变换特点。

习　　题

5-1　简述变压器的工作原理。

5-2　变压器在出厂前要进行“极性”试验，接线如图 5-28 所示，在 AX 端加电压，将 X 与 x 相连，用电压表测量 Aa 间电压。设变压器额定电压为 220V/110V，若 A、a 为同极性端，电压表读数为多少？若不是同极性端，则读数又为多少？

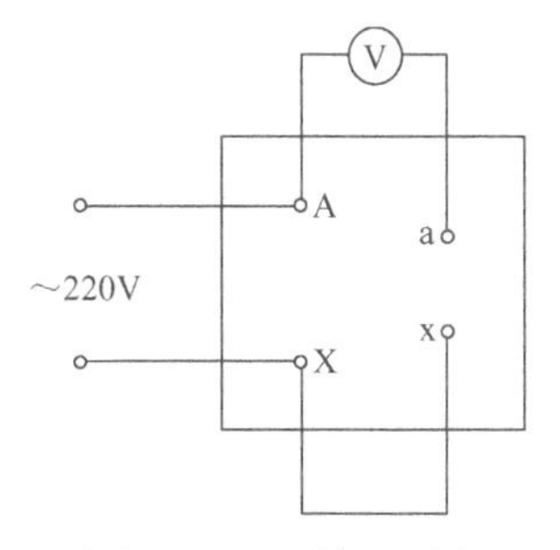

图 5-28　习题 5-2 图

5-3　简述电力变压器常用的油浸式变压器的结构组成。

5-4　简述变压器铁心的损耗、三相三柱式铁心和三相五柱式铁心的特点及应用。

5-5　简述三相芯式铁心绕组的绕制特点。

5-6　简述变压器型号“SFSZ9－31500/110”的含义。

5-7　简述风电场变压器的升压结构及特点。

5-8　风电场变压器根据连接功能的不同，可分为哪几种变压器？

参考文献

[1] 张文红，王锁庭．电机应用技术任务驱动式教程［M］．北京：北京理工大学出版社，2011.

[2] 顾绳谷．电机及拖动基础：上册［M］．北京：机械工业出版社，2015.

[3] 李付亮，欧仕荣．电机及应用［M］．北京：机械工业出版社，2011.

[4] 雷向福，张颗，杨国伟，等．2MW 电励磁直驱同步风力发电机研制［J］．大电机技术，2013（2）：9-12.

[5] 赵祥，张新丽，张世福．大型永磁同步发电机在风力发电中的应用［J］．电气技术，2010（11）：23-27.

[6] 王峰军．兆瓦级电励磁直驱风力发电机磁极线圈的设计研究［J］．东方电气评论，2017，31（2）：79-83.

[7] 方占萍．双馈异步风力发电机系统无速度传感器控制策略的研究［D］．兰州：兰州理工大学，2019.

[8] AKHMATOV V. 风力发电用感应发电机［M］．本书翻译组，译．北京：中国电力出版社．2009.

[9] LNCROPERA F P，DE WITT D P，等．传热和传质基本原理［M］．6 版．北京：化学工业出版社，2007.

[10] 侯雪，张润华．风力发电技术［M］．北京：机械工业出版社，2017.